国之重器出版工程
网 络 强 国 建 设

物联网在中国

物联网与供应链

Internet of Things and Supply Chain

沈孟如　王书成　王喜富　著

U0334679

電子工業出版社·
Publishing House of Electronics Industry
北京·BEIJING

内 容 简 介

本书依据物联网基本理论和关键技术，结合供应链管理发展演化过程，提出了供应链业务体系和智慧供应链运营体系，并在此基础上研究了物联网在供应链金融、供应链物流全程可视化的应用，构建并设计了基于物联网的智慧供应链服务平台和智慧供应链生态体系，为我国供应链领域提供了运用物联网技术实现智慧升级的重要参考。

本书结构完整、层次清晰、语言流畅、图文并茂、实用性强，将基础知识、关键技术与实际应用紧密结合，有助于推动物联网技术在供应链领域的应用。

本书既可以作为高等院校物联网及供应链相关专业的教学参考书，也适合相关企业产品研发人员、技术人员与管理人员学习使用。

图书在版编目（CIP）数据

物联网与供应链/沈孟如，王书成，王喜富著. —北京：电子工业出版社，2022.1
（物联网在中国）

ISBN 978-7-121-42443-4

Ⅰ. ①物…　Ⅱ. ①沈…　②王…　③王…　Ⅲ. ①物联网　②供应链　Ⅳ. ①TP393.4
②TP18　③F274

中国版本图书馆 CIP 数据核字（2021）第 244541 号

责任编辑：徐蔷薇　　特约编辑：张燕虹
印　　刷：北京七彩京通数码快印有限公司
装　　订：北京七彩京通数码快印有限公司
出版发行：电子工业出版社
　　　　　北京市海淀区万寿路 173 信箱　　邮编：100036
开　　本：720×1000　1/16　印张：18.5　字数：355 千字
版　　次：2022 年 1 月第 1 版
印　　次：2024 年 1 月第 4 次印刷
定　　价：98.00 元

凡所购买电子工业出版社图书有缺损问题，请向购买书店调换。若书店售缺，请与本社发行部联系，联系及邮购电话：（010）88254888，88258888。

质量投诉请发邮件至 zlts@phei.com.cn，盗版侵权举报请发邮件至 dbqq@phei.com.cn。

本书咨询联系方式：xuqw@phei.com.cn。

《物联网在中国》(二期)
编委会

主 任：张 琪

副主任：刘九如　卢先和　熊群力　赵　波

委 员：(按姓氏笔画排序)

马振洲	王 杰	王 彬	王 智	王 博
王 毅	王立建	王劲松	韦 莎	毛健荣
尹丽波	卢 山	叶 强	冯立华	冯景锋
朱雪田	刘 禹	刘玉明	刘业政	刘学林
刘建明	刘爱民	刘棠丽	孙文龙	孙 健
严新平	苏喜生	李芏巍	李贻良	李道亮
李微微	杨巨成	杨旭东	杨建军	杨福平
吴 巍	岑晏青	何华康	邹 力	邹平座
张 晖	张旭光	张学记	张学庆	张春晖
陈 维	林 宁	罗洪元	周 广	周 毅
郑润祥	宗 平	赵晓光	信宏业	饶志宏
骆连合	贾雪琴	夏万利	晏庆华	袁勤勇
徐勇军	高燕婕	陶小峰	陶雄强	曹剑东
董亚峰	温宗国	谢建平	靳东滨	蓝羽石
楼培德	霍珊珊	魏 凤		

《国之重器出版工程》
编 辑 委 员 会

李伯虎　中国工程院院士

李应红　中国科学院院士

李春明　中国兵器工业集团首席专家

李莹辉　国际宇航科学院院士

李得天　国际宇航科学院院士

李新亚　国家制造强国建设战略咨询委员会委员、
　　　　中国机械工业联合会副会长

杨绍卿　中国工程院院士

杨德森　中国工程院院士

吴伟仁　中国工程院院士

宋爱国　国家杰出青年科学基金获得者

张　彦　电气电子工程师学会会士、英国工程技术
　　　　学会会士

张宏科　北京交通大学下一代互联网互联设备国家
　　　　工程实验室主任

陆　军　中国工程院院士

陆建勋　中国工程院院士

陆燕荪　国家制造强国建设战略咨询委员会委员、
　　　　原机械工业部副部长

陈　谋　国家杰出青年科学基金获得者

陈一坚　中国工程院院士

陈懋章　中国工程院院士

金东寒　中国工程院院士

周立伟　中国工程院院士

前　言

　　物联网是新一代信息技术的高度集成和综合运用，对新一轮的产业变革和经济发展具有重要意义。物联网的概念最早由美国麻省理工学院的阿仕顿教师于 1999 年首次提出，其内涵是通过信息传感设备使现实世界中各种物体互联成网。物联网可以对物品和过程进行智能化感知、识别和管理，实现物与物、物与人的泛在连接，对人们的生产、生活产生深刻的影响。

　　随着大数据、云计算、人工智能、区块链等新兴技术加速与物联网结合，物联网具备了更加智能、开放、高效的智慧内涵，进入跨界融合、集成创新和规模化发展的新阶段。目前，物联网已经在智慧农业、智能制造、智慧交通、智慧城市等多个重点行业和关键领域应用落地，成为突破行业发展瓶颈、实现产业变革转型的重要手段。

　　供应链是物联网最具现实意义的应用领域之一，积极探索物联网在供应链领域的应用对于优化供应链运行效率、提升供应链服务水平至关重要。当前供应链的发展已经跨越了强调物流管理、强调价值增值链、强调价值网络三个阶段，进入动态化、数字化、平台化发展的新阶段。在供应链领域应用物联网技术，有助于推动供应链业务体系高效运转，加强供应链管理的清晰化、精确化和透明化，实现供应链全程可视化。同时，通过构建基于物联网的智慧供应链生态体系，促进流通环节降本增效，实现仓储环节短时高效，保障末端配送集约智能。

　　物联网技术在供应链领域的应用具有基础性、规模性、广泛性等特征。

通过对人员、流程、产品的实时监测和有效控制，赋能研发设计、采购、运输、制造、仓储、配送、销售、废旧回收等业务环节，实现供应商、制造商、分销商、零售商、物流服务提供商等多个参与者的完美协调，建设信息互联、协同共享的智慧供应链生态体系，提升供应链核心价值。

本书在介绍物联网基本概念、技术原理的基础上，围绕物联网在供应链领域的应用进行了深入研究，并且开展了优质的物联网应用解决方案案例分享。本书梳理了供应链的核心业务，并提出了具备完整性和合理性的供应链业务体系，在此基础上探索了由运营策略、技术应用、管理平台和运营环节等共同构成的智慧供应链运营体系，为企业提供智慧供应链运营的思路与方法。同时，详细研究了物联网在供应链金融、供应链物流全程可视化等细分领域的应用，构建并设计了基于物联网的智慧供应链平台，并且从技术、平台、业务体系、用户等方面提出了基于数字化技术的智慧供应链生态体系。

本书的主体内容包括以下 7 个方面：

（1）物联网基础理论和关键技术。

（2）供应链管理发展演化与业务体系构成。

（3）智慧供应链运营体系构成及价值分析。

（4）物联网在供应链金融中的应用方案及效果。

（5）基于物联网的供应链物流全程可视化技术应用及应用价值。

（6）基于物联网的智慧供应链服务平台构建技术研究及架构设计。

（7）基于数字化技术的智慧供应链生态体系构建。

本书在撰稿过程中，参考了大量国内外专家的专著、文章和其他资料，在此谨向相关文献的作者表示衷心的感谢！同时，作者多次到相关智慧供应链企业、物流网企业进行调研，综合了众多领域专家及行业技术人员的意见，在此向相关企业领导和专家致以衷心的感谢！本书由沈孟如、王书成、王喜富著，参加本书撰写的还有马榕、于永顺、韩宇、林长通、姜帅良、彭琪、孙逸宸、刘洪江、王政斌、李宝玉等。

由于作者水平及时间有限，加之物联网与供应链行业发展迅速，相关技术、应用理念不断翻新，书中难免有疏漏和不足之处，恳请读者批评指正。

作　者

2021 年 4 月

目 录

第1章 绪论 ··· 001

1.1 物联网发展过程 ·································· 001

1.2 物联网国内外研究现状 ···················· 003

   1.2.1 国外研究现状 ························· 003

   1.2.2 国内研究现状 ························· 006

1.3 物联网应用现状 ································ 007

   1.3.1 物联网在第一产业中的应用 ····· 008

   1.3.2 物联网在第二产业中的应用 ····· 009

   1.3.3 物联网在第三产业中的应用 ····· 011

1.4 物联网在供应链中的应用 ················· 013

   1.4.1 供应链的发展过程 ·················· 013

   1.4.2 供应链信息化与物联网 ··········· 015

   1.4.3 供应链智能化与物联网 ··········· 016

1.5 本章小结 ··· 017

参考文献 ··· 018

第2章 物联网基础理论 ····················· 020

2.1 物联网的概念与范畴 ······················· 020

   2.1.1 物联网的概念 ························· 020

   2.1.2 物联网的特点 ························· 022

   2.1.3 物联网的工作原理 ·················· 023

2.2 物联网的基本结构与组成 ················· 024

   2.2.1 感知层 ·································· 025

   2.2.2 网络层 ·································· 026

　　2.2.3　应用层 ································· 026
　　2.2.4　物联网的基本结构特点 ················· 027
2.3　物联网的层级划分 ························· 027
　　2.3.1　国际级物联网 ······················· 028
　　2.3.2　区域级物联网 ······················· 029
　　2.3.3　行业级物联网 ······················· 029
　　2.3.4　企业级物联网 ······················· 029
2.4　物联网技术体系 ··························· 031
　　2.4.1　物联网技术概述 ····················· 031
　　2.4.2　物联网相关技术需求分析 ··············· 032
　　2.4.3　物联网技术体系框架 ·················· 034
2.5　物联网体系架构 ··························· 036
2.6　物联网标准体系 ··························· 038
　　2.6.1　建立物联网标准体系的必要性 ··········· 038
　　2.6.2　物联网标准化现状 ···················· 038
　　2.6.3　物联网标准体系优化 ·················· 041
2.7　本章小结 ······························· 042
参考文献 ·································· 043

第3章　物联网关键技术 ·························· 045
3.1　物联网的感知技术 ························· 045
　　3.1.1　RFID 技术 ························· 045
　　3.1.2　传感器技术 ························· 047
　　3.1.3　嵌入式系统 ························· 051
3.2　物联网的网络技术 ························· 055
　　3.2.1　EPC 系统 ·························· 055
　　3.2.2　EPC ONS 技术 ······················ 058
　　3.2.3　信息服务交换技术 ···················· 059
　　3.2.4　物联网中间件 ······················· 064
　　3.2.5　无线传感器网络 ····················· 066
　　3.2.6　云计算 ···························· 071
3.3　物联网的信息服务技术 ····················· 076

3.3.1 EPCIS 技术 ………………………………………… 076

3.3.2 物品信息服务发现技术 ……………………………… 077

3.4 物联网安全技术 ……………………………………………… 079

3.4.1 感知层安全机制 ……………………………………… 080

3.4.2 网络层安全机制 ……………………………………… 081

3.4.3 应用层安全机制 ……………………………………… 082

3.5 本章小结 ……………………………………………………… 085

参考文献 …………………………………………………………… 086

第 4 章　供应链管理发展演化 …………………………………… 088

4.1 供应链理论 …………………………………………………… 088

4.1.1 供应链的概念 ………………………………………… 088

4.1.2 供应链的特征 ………………………………………… 088

4.1.3 供应链的分类 ………………………………………… 090

4.2 供应链发展历程 ……………………………………………… 093

4.2.1 供应链发展阶段 ……………………………………… 093

4.2.2 供应链发展趋势 ……………………………………… 095

4.3 供应链管理 …………………………………………………… 097

4.3.1 供应链管理概念 ……………………………………… 097

4.3.2 供应链管理内容 ……………………………………… 099

4.3.3 供应链管理目标 ……………………………………… 101

4.3.4 供应链绩效与评价 …………………………………… 103

4.4 城市供应链与产业供应链 …………………………………… 107

4.4.1 城市供应链 …………………………………………… 107

4.4.2 产业供应链 …………………………………………… 109

4.5 案例分析 ……………………………………………………… 112

4.6 本章小结 ……………………………………………………… 113

参考文献 …………………………………………………………… 114

第 5 章　供应链场景与业务体系 ………………………………… 115

5.1 供应链业务体系 ……………………………………………… 115

5.1.1 供应链业务主体 ……………………………………… 116

5.1.2 供应链支撑要素 ……………………………………… 117

5.2 研发设计链 ·· 118

    5.2.1 概述 ·· 118

    5.2.2 研发设计链构成 ·· 119

    5.2.3 发展趋势 ·· 121

5.3 采购业务链 ·· 122

    5.3.1 概述 ·· 122

    5.3.2 采购业务链构成 ·· 123

    5.3.3 发展趋势 ·· 124

5.4 运输业务链 ·· 125

    5.4.1 概述 ·· 125

    5.4.2 运输业务链构成 ·· 126

    5.4.3 发展趋势 ·· 127

5.5 制造业务链 ·· 128

    5.5.1 概述 ·· 128

    5.5.2 制造业务链构成 ·· 129

    5.5.3 发展趋势 ·· 130

5.6 仓储业务链 ·· 131

    5.6.1 概述 ·· 131

    5.6.2 仓储业务链构成 ·· 133

    5.6.3 发展趋势 ·· 134

5.7 配送业务链 ·· 135

    5.7.1 概述 ·· 135

    5.7.2 配送业务链构成 ·· 136

    5.7.3 发展趋势 ·· 137

5.8 销售业务链 ·· 137

    5.8.1 概述 ·· 137

    5.8.2 销售业务链构成 ·· 138

    5.8.3 发展趋势 ·· 140

5.9 废旧回收链 ·· 140

    5.9.1 概述 ·· 140

    5.9.2 废旧回收链构成 ·· 141

    5.9.3 发展趋势 ·· 143

　5.10　戴尔供应链案例分析 ·································· 143
　　　5.10.1　研发环节 ······································· 144
　　　5.10.2　采购环节 ······································· 144
　　　5.10.3　生产环节 ······································· 145
　　　5.10.4　销售环节 ······································· 145
　　　5.10.5　物流环节 ······································· 146
　　　5.10.6　废旧回收环节 ·································· 147
　5.11　本章小结 ·· 147
　参考文献 ·· 147

第6章　智慧供应链运营体系建设 ···························· 149
　6.1　运营体系构成 ·· 149
　　　6.1.1　供应链运营策略与组织 ······················· 150
　　　6.1.2　供应链运营技术应用 ························· 150
　　　6.1.3　供应链运营管理平台建设 ····················· 151
　　　6.1.4　供应链运营核心环节 ························· 152
　6.2　研发设计 ·· 152
　　　6.2.1　概述 ··· 152
　　　6.2.2　运营管理模式与方法 ··························· 153
　　　6.2.3　价值分析 ······································· 154
　6.3　智慧采购 ·· 154
　　　6.3.1　概述 ··· 154
　　　6.3.2　运营管理模式与方法 ··························· 155
　　　6.3.3　价值分析 ······································· 157
　6.4　智慧生产 ·· 157
　　　6.4.1　概述 ··· 157
　　　6.4.2　运营管理模式与方法 ··························· 158
　　　6.4.3　价值分析 ······································· 159
　6.5　智慧销售 ·· 160
　　　6.5.1　概述 ··· 160
　　　6.5.2　运营管理模式与方法 ··························· 161
　　　6.5.3　价值分析 ······································· 162

6.6 智慧物流服务 ································· 162

6.6.1 概述 ································· 162

6.6.2 运营管理模式与方法 ················· 163

6.6.3 价值分析 ························· 164

6.7 案例分析 ································· 165

6.7.1 无锡不锈钢电子交易中心 ············· 165

6.7.2 京东智慧供应链 ················· 170

6.8 本章小结 ································· 172

参考文献 ································· 172

第7章 物联网在供应链金融中的应用 ················· 174

7.1 供应链金融发展现状及趋势 ············· 174

7.1.1 我国供应链金融发展现状 ············· 174

7.1.2 我国供应链金融发展存在的问题 ······· 177

7.1.3 供应链金融发展趋势 ················· 178

7.2 供应链金融基础理论 ··················· 180

7.2.1 供应链金融的内涵及功能 ············· 180

7.2.2 供应链金融的参与主体 ··············· 182

7.2.3 供应链金融的业务模式 ··············· 183

7.3 物联网技术应用 ······················· 186

7.3.1 融资过程优化 ······················· 186

7.3.2 质押过程监控 ······················· 189

7.3.3 风险控制 ························· 190

7.3.4 物联网应用的问题及趋势 ············· 191

7.4 案例分析——平安银行 ················· 193

7.4.1 发展背景 ························· 193

7.4.2 物联网金融服务模式 ················· 194

7.4.3 典型应用 ························· 194

7.5 本章小结 ································· 196

参考文献 ································· 197

第8章 基于物联网的供应链物流全程可视化 ··········· 199

8.1 供应链物流过程总体分析 ··············· 199

8.2 基于物联网的供应链物流技术应用 ················· 200

8.2.1 基于物联网的采购物流 ····················· 201

8.2.2 基于物联网的生产物流 ····················· 202

8.2.3 基于物联网的销售物流 ····················· 203

8.3 基于物联网的供应链物流应用价值 ················· 204

8.3.1 合理配置资源，提高采购物流效率 ··········· 204

8.3.2 协调各个环节，提升生产物流水平 ··········· 205

8.3.3 加快响应速度，实现销售物流高效化 ········· 205

8.4 案例分析——海运物流平台（TradeLens）应用 ········ 205

8.4.1 物联网技术在数据流动中的应用 ············· 206

8.4.2 物联网技术在文书流转中的应用 ············· 206

8.4.3 物联网技术在商品流通中的应用 ············· 206

8.5 本章小结 ····································· 207

参考文献 ··· 207

第9章 基于物联网的智慧供应链服务平台 ·············· 209

9.1 基于物联网的智慧供应链服务平台概述 ············· 209

9.2 智慧供应链服务平台构建技术 ····················· 210

9.2.1 数据感知技术 ······························ 211

9.2.2 数据挖掘技术 ······························ 211

9.2.3 网络通信技术 ······························ 211

9.2.4 数据计算技术 ······························ 212

9.2.5 数据集成展示技术 ·························· 212

9.3 基于物联网的智慧供应链服务平台总体架构 ········· 212

9.3.1 企业运营管理系统 ·························· 214

9.3.2 采购管理系统 ······························ 217

9.3.3 库存管理系统 ······························ 221

9.3.4 销售管理系统 ······························ 224

9.3.5 配送管理系统 ······························ 226

9.3.6 供应链金融服务系统 ························ 230

9.3.7 供应链协同管理系统 ························ 234

9.3.8 决策支持系统 ······························ 237

6.6　智慧物流 ··· 162

　　6.6.1　概述 ·· 162

　　6.6.2　运营管理模式与方法 ······························· 163

　　6.6.3　价值分析 ··· 164

6.7　案例分析 ··· 165

　　6.7.1　无锡不锈钢电子交易中心 ························· 165

　　6.7.2　京东智慧供应链 ·· 170

6.8　本章小结 ··· 172

参考文献 ·· 172

第7章　物联网在供应链金融中的应用 ······························· 174

7.1　供应链金融发展现状及趋势 ···································· 174

　　7.1.1　我国供应链金融发展现状 ························· 174

　　7.1.2　我国供应链金融发展存在的问题 ·············· 177

　　7.1.3　供应链金融发展趋势 ································· 178

7.2　供应链金融基础理论 ··· 180

　　7.2.1　供应链金融的内涵及功能 ························· 180

　　7.2.2　供应链金融的参与主体 ···························· 182

　　7.2.3　供应链金融的业务模式 ···························· 183

7.3　物联网技术应用 ··· 186

　　7.3.1　融资过程优化 ·· 186

　　7.3.2　质押过程监控 ·· 189

　　7.3.3　风险控制 ··· 190

　　7.3.4　物联网应用的问题及趋势 ························· 191

7.4　案例分析——平安银行 ·· 193

　　7.4.1　发展背景 ··· 193

　　7.4.2　物联网金融服务模式 ································· 194

　　7.4.3　典型应用 ··· 194

7.5　本章小结 ··· 196

参考文献 ·· 197

第8章　基于物联网的供应链物流全程可视化 ······················ 199

8.1　供应链物流过程总体分析 ······································· 199

10.4　智慧供应链生态体系构建···272
　　10.4.1　技术要素···273
　　10.4.2　供应链业务体系···273
　　10.4.3　生态主体···273
　　10.4.4　平台发展目标···274
　　10.4.5　实施效果···275
10.5　物联网在智慧供应链领域的应用展望···275
　　10.5.1　促进流通环节降本增效···275
　　10.5.2　实现仓储环节短时高效···276
　　10.5.3　保障末端配送集约智能···276
　　10.5.4　改变"最后一公里"服务模式···276
10.6　本章小结···276
参考文献···277

第1章

绪　　论

1.1　物联网发展过程

物联网（Internet of Things，IoT）强调物与物的互联，被看作一种通过各种信息传感设备使现实世界中各种物体互为连通而形成的网络，其使得所有物品都有数字化、网络化的标识，方便人们识别、管理与共享。在信息技术产业飞速发展过程中，物联网被公认为是继计算机、互联网之后世界信息产业的第三次浪潮，代表了下一代信息技术发展方向，将成为下一轮世界经济发展的技术驱动力，被世界各国当作振兴经济、应对突发疫情、金融危机的重点技术领域。物联网的发展使人类迈入全新的通信时代。

物联网发展过程如图 1-1 所示。

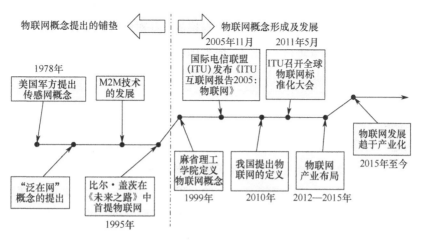

图 1-1　物联网发展过程

在传感器技术和网络技术发展的大背景下，美国军方于 1978 年提出传感网（Sensor Network，SN）概念，并由美国国防部高级研究计划局开始资助卡耐基梅隆大学进行分布式传感器网络的研究项目。随着技术突破，"泛在网"概念被提出，受到诸多国家的重视。泛在网可以看作物联网的前身，其概念及描述相对于物联网更为抽象、笼统，缺乏技术性和实现性指导。传感网、RFID（Radio Frequency Identification，射频识别）、M2M（Machine to Machine，机械与机械）、EPC（Electronic Product Code，产品电子代码）、泛在网等技术与概念的出现和发展，为人们思考物与人、物与物之间的信息交流和工作组织提供了启示。

1995 年，比尔·盖茨在《未来之路》一书中首次提出物联网的说法。受限于网络技术、智能终端、感知设备的发展水平，物联网并未得到重视，没能获得一个具体"概念"。1999 年，美国麻省理工学院 Auto-ID 中心的凯文·艾什顿定义了物联网的概念，即结合 RFID 和互联网技术，通过互联网实现全球范围内产品信息的识别和管理，借此最终形成的网络。这是世上首个物联网概念，标志着物联网的发展实现了从说法到定义的转变。它强调物联网感知识别物体、把物体并入网络的特征，同时也预示着一个比互联网范围更广、对人们生活影响更深刻的网络时代即将到来。

2005 年 11 月 17 日，在突尼斯举行的信息社会世界峰会上，国际电信联盟（International Telecommunication Union，ITU）发布了《ITU 互联网报告 2005：物联网》。该报告对物联网的定义进行了拓展，全面透彻地分析了物联网的关键技术、市场机遇与挑战，并对物联网改变社会运转方式和人类生活的远景进行了展望。根据国际电信联盟的描述，无所不在的物联网通信时代即将来临。国际电信联盟也成为牵头物联网标准化的重要组织。

2009 年 1 月，IBM 首席执行彭明盛提出"智慧地球"构想，认为物联网是"智慧地球"不可或缺的一部分。IBM 对"智慧地球"的描述是，智慧地球的核心是以一种更智慧的方法，利用新一代信息技术改变政府、企业和人们的交互方式，来提高交互的明确性、效率、灵活性和响应速度。其三个主要特征为：更透彻的感知、更广泛的互联互通、更深入的智能化。"智慧地球"的提出促使"物联网"在 2009 年成为热点词汇。

2010 年，我国正式提出了物联网的定义。物联网是指通过信息传感设备，按照约定的协议把任何物品与互联网连接起来，进行信息交换和通信，以实现智能化识别定位跟踪监控和管理的一种网络。

2010 年以后，物联网相关的技术和应用如雨后春笋般接连被发表。但是，这些物联网应用缺少统一的标准体系。美国、日本、欧盟和中国都意欲在物联网的标准化竞争中寻得一席之地。2009 年，我国成立"感知中国"技术团队。该团队多次出席有关物联网标准制定的国际会议，积极推进中国标准与国际标准接轨，参与标准化竞争。2011 年 5 月，国际电信联盟召开了全球物联网标准化大会，正式将物联网视为一项重要的未来网络技术加以研究。我国在物联网标准化领域投入了大量人力、物力。

2012—2015 年是物联网产业布局阶段。随着物联网技术在各个产业领域中的影响逐渐扩大，各大电信与科技公司开始纷纷涉足物联网领域，进行产业布局。企业间的竞争尤为激烈，并购频繁发生。物联网领域并购交易总规模在三年内超过 310 亿美元。

时至今日，物联网经过政府牵头推进、科技企业争相布局两大阶段，发展趋于产业化。各个国家对物联网的关注点从物联网的定义转移到物联网的实际应用上。物联网的应用领导物联网的标准化进程。

1.2 物联网国内外研究现状

中国、美国、欧盟、日本视物联网为构建新型社会的驱动力。对世界各国来说，物联网是新一代信息技术的高度集成和综合运用，对新一轮产业变革和经济社会绿色、智能、可持续发展具有重要意义。

近年来，随着技术突破和大数据、人工智能等新技术的崛起，物联网迎来了前所未有的发展机遇期。各国高度重视物联网发展，积极进行战略布局，竞争未来国际经济科技的主动权。

1.2.1 国外研究现状

1. 美国物联网研究现状

物联网在美国有着较长的发展历史。无论是在基础设施、技术水平上，还是在产业链的发展程度上，美国都走在世界各国的前列。美国物联网在政府、高校和科技企业三方面的扶持下，加速渗透各个领域，正处于爆发式增长期。

在政策层面，美国已将物联网上升为国家创新战略的重点之一。美国国防部把传感网定为五大国防建设领域之一，美国国家情报委员会将物联网列为 2025 年对美国利益潜在影响的六种关键技术之一。

在技术研究层面，美国高校和科研院所在无线传感器网络方面展开了大量深入的研究，如加州大学洛杉矶分校的嵌入式网络感知中心实验室、无线集成网络传感器实验室、网络嵌入系统实验室等。麻省理工学院从事着极低功耗的无线传感器网络方面的研究；奥本大学对自组织传感器领域展开了大量的研究，并完成了一些实验系统的研制；宾汉顿大学计算机系统研究实验室在移动自组织网络协议、传感器网络系统的应用层设计等方面做了很多研究工作；州立克利夫兰大学（俄亥俄州）的移动计算实验室在基于 IP 的移动网络和自组织网络方面结合无线传感器网络技术进行了研究。

在产业层面，美国正在加强与扩大自身在物联网产业上的优势。美国国防部的"智能微尘"、国家科学基金会的"全球网络研究环境"等项目提升了美国的创新能力；IBM、微软在通信芯片及通信模块设计制造上处于全球领先地位；美国物联网已经在军事、工业、农业、环境监测、建筑、医疗、空间和海洋探索等领域投入应用。

2. 欧盟的物联网研究现状

欧盟的物联网的技术水平位于世界前列。其发布的物联网行动计划有很强的参考性，是各个国家制定物联网战略的行动指南。欧盟的物联网行动计划每年更新，随更新进度补充相关配套的制度和标准。除此之外，为了保持自身物联网领域的竞争优势地位，欧盟在物联网重点应用领域的资金投入也逐年增加。

在政策层面，2009 年，欧盟发布《物联网——欧洲行动计划》，提出欧洲在建构新一代网络模型的过程中应起主导作用。2009 年 9 月，欧盟发布《欧盟物联网战略研究路线图》，提出了欧盟到 2010 年、2015 年、2020 年三个阶段的物联网研发路线图，并提出物联网在航空航天、汽车、医药、能源等 18 个主要应用领域和识别、数据处理、物联网架构等 12 个方面需要突破的关键技术。

在技术层面，欧盟致力于团结各方势力，共同打造健全的欧洲物联网生态体系。欧盟在 2015 年 3 月成立了"物联网创新联盟"，以便汇集欧盟各成员国的物联网技术与资源。2015 年 5 月，欧盟通过"单一数字市场策略"，强调要避免分裂和促进共通性的技术与标准来发展物联网。2014—2017 年，欧盟共投资了 1.92 亿欧元用于物联网的研究和创新。欧盟在发展物联网的同时，也同步进行各种预防性研究，如隐私和安全、商业模式、可用性、法律层面和对社会可能造成的冲击。

在产业层面，欧盟正面对来自美国企业的竞争压力。以苹果为代表的科技企业正逐渐夺走欧洲物联网企业的生存空间，为了应对垄断风险，欧洲物联网相关企业在欧盟支持下成立联盟，并由该联盟来制定标准、政策、执行大型试点计划。近年来，欧盟开始注重反垄断调查，以应对谷歌、亚马逊、三星和苹果等科技公司在物联网领域迅速崛起所带来的产业发展风险。

3. 日本物联网研究现状

日本一直把物联网视为打造新型社会的基石之一。在政策层面，日本很早就提出了物联网战略。2000—2010 年，日本虽然推出了 i-Japan、u-Japan 等物联网战略，但研究成果未能成功推广，未取得预期成效。近年来，随着物联网技术大环境的成熟，日本经产省又提出了结合物联网、大数据与人工智能技术打造数据驱动型社会的战略计划。所谓数据驱动型社会是指一种以机器人化、定制化和资源分配优化为特征的社会形态。在数据驱动型社会，物联网技术是信息流的起点，起到获取数据、辅助决策的作用。

在此基础上，日本政府于 2015 年 10 月成立了物联网 IoT 推进联盟，该机构的主要职能为技术开发、技术应用和解决政策问题。为保护知识产权，日本专利厅也于 2016 年 11 月 14 日设立了物联网相关技术的专利分类。

在技术研发方面，日本的许多知名高校、实验室都参与了物联网的研究。野村综合研究所自 1999 年起对外输出物联网领域专业人才，为日本制定物联网初期战略提供了大量人才储备；东京大学的坂村越冢实验室从事网络计算机架构的研究，提出"无处不在的计算机"和"普适计算"的概念；东京大学的另一所研究室松尾研究室则对基于区块链的 AI 共同开发平台进行研究。

在产业层面，日本在物联网产业上的优势体现在各行各业对物联网的积极应用上，物联网技术已经渗透到人们的衣食住行中。日本电气公司通过与本土企业合作，在物联网平台开发领域积累了丰富的经验。丰田、松下等企业通过与地方自治体合作、收购外资企业等手段，吸收了优秀知识产权，这加速了日本物联网实用化的进程。日本以养老院、便利店为平台进行全国范

围物联网应用实验，在智能养老管理、环境卫生把控和厨房库存检测等与生活密切相关的物联网技术上有较丰富的经验。

1.2.2 国内研究现状

1. 政策保障

我国政府积极部署物联网发展环境，不断推出物联网有关政策。2010年，国务院发布《国务院关于加快培育和发展战略性新兴产业的决定》，将物联网作为新一代技术纳入战略性新兴产业。国家将物联网纳入战略性新兴产业，标志着我国开始推动物联网技术和应用发展。此后，政府跟进出台物联网标准化的扶持政策，为我国物联网标准在国际舞台争取优势地位打下基础。

政府的另一职能是把政策落到实处。政府的工作内容包括：提出指导意见、规划物联网示范工程、推动物联网标准化。物联网示范工程名额的分配由竞争决定。这种模式是物联网在我国良好发展的有力保障。

2. 技术研发

物联网感知技术和应用技术的研发成果显著。在感知技术层面，传统行业以 IoT 技术赋能自身，助力产业智能化升级。物联网技术能提升传统行业信息采集能力，深化移动物联网在工业制造、仓储物流、智慧农业、智慧医疗等领域应用，提升生产效率。在应用技术层面，以阿里为代表的金融科技公司致力于打造智慧生活。这些企业在智能家居、可穿戴设备、儿童及老人照看、宠物追踪等领域推广物联网应用，并在资源共享、刷脸登录、快捷支付等方面有技术创新和突破。

我国物联网的技术研发紧跟国际脚步，专利申请数量逐年增加。当前，全球物联网专利申请数量处于爆发式增长阶段，而中国作为全球物联网技术最大的输出国，相关专利申请涉及了物联网技术各个层面，基本覆盖了物联网技术创新各环节。数据显示，截至 2020 年 9 月，我国国内累计申请了 5.07 万件物联网专利。这些专利的主要研究方向是智能监测、智能远程控制、智能设备研发、智能安防和数据采集共享，覆盖了社区、家居、办公、校园、交通、城市、农业、能源、物流、医疗、金融、汽车等多个产业和场景。

3. 产业发展

从产业规模来看，我国物联网在近几年保持较高的增长速度。2014—2019 年，我国的物联网产业规模不断增长，并形成以北京—天津、上海—无锡、深圳—广州、重庆—成都为核心的四大产业集聚区。2014—2020 年，我国物联网技术研发概况如图 1-2 所示。

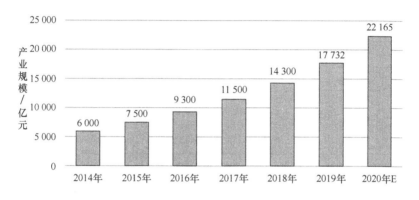

图 1-2　2014—2020 年，我国物联网技术研发概况

从产业链来看，中国较完整的物联网产业链的各关键环节的发展也取得重大进展。M2M 服务、中高频 RFID、二维码等环节产业链业已成熟，国内市场份额不断扩大，具备一定领先优势；基础芯片设计、高端传感器制造、智能信息处理等相对薄弱环节与国外的差距不断缩小，尤其是光纤传感器在高温传感器和光纤光栅传感器方面取得重大突破；物联网第三方运营平台不断整合要素形成有序发展局面，平台化、服务化的发展模式逐渐明朗，成为中国物联网产业发展的一大亮点。

1.3　物联网应用现状

本节讨论和整理物联网在三大产业的应用情况，内容包括物联网在第一产业的农业、林业、畜牧业、渔业中的应用；物联网在第二产业的采矿业、制造业、电力和热力业、建筑业中的应用；物联网在第三产业的交通运输业、物流业、供应链和智慧城市建设中的应用。物联网应用情况如图 1-3 所示。

应用领域		应用案例
第一产业	农业	• 农业智能监控、农业云平台、农产品溯源等
	林业	• 林业感知化、林业互联化、林业智能化
	畜牧业	• 动物疫情防控、动物产品安全监督、畜牧环节一体化管理
	渔业	• 远程监控、视频信息回看、传输和存储、指标监控
第二产业	采矿业	• 矿物供应链可视化、生产商运营优化
	制造业	• 生产过程工艺优化、生产设备监控管理、环保监测及能源管理、安全生产管理
	电力和热力业	• 智能抄表、电力监控、节能减排
	建筑业	• 故障分析、能耗管理、设备监控、物业管理
第三产业	交通运输业	• 车载智能终端、公路交通、智慧出行
	物流业	• 物品信息处理、增值业务拓展、运输车辆监控、仓储信息管理
	供应链	• 采购、生产、销售和客户管理
	智慧城市建设	• 基础设施、生态环保、安全服务、社会管理、民生服务、产业发展

图 1-3 物联网应用情况

1.3.1 物联网在第一产业中的应用

1. 农业领域的应用分析

农业物联网一般是指由大量传感器节点构成的农业用监控网络，其应用产品包括农业智能监控、农业云平台、农产品溯源等。农业物联网的原理是通过各种传感器采集信息，帮助农民及时发现问题，并准确地确定发生问题的位置。结合物联网，农业逐渐地从以人力为中心依赖机械的生产模式转向以信息和软件为中心依赖传感器的生产模式，实现农业生产的专业化、精细化、科学化。

2. 林业领域的应用分析

物联网在林业领域的应用体现在三个方面：林业感知化，林业互联化，林业智能化。感知化，就是利用传感设备使林业系统中的森林、湿地、沙地、野生动植物等林业资源可以相互感知，获取数据和环境信息；互联化，就是

利用内网和外网建立网络的通道；智能化，就是精准的信息采集、计算、处理和管理服务。

3. 畜牧业领域的应用分析

物联网在畜牧业的应用包括动物疫情防控、动物产品安全监督、畜牧环节一体化管理等。以中国移动为例，中国移动与农业农村部合作开发的动物标识溯源系统能够对动物疫情与动物产品安全事件进行准确的溯源和快速的处理。该系统通过标识编码、标识佩戴、信息录入与传输、数据汇总、分析和查询，实现各环节一体化全程监控，达到动物养殖、防疫、检疫和监督的有机结合。放入动物耳中的传感器能及时反馈动物的生命体征信息，抓住动物群体病症的早期征兆，达到防控动物疫情的效果；采取 RFID 技术构筑的信息管理平台能为每个动物登记个体信息，实现养殖、放牧、屠宰、动物产品加工等环节的可追溯化，在养殖阶段实现畜牧一体化管理，在加工销售等环节起到动物产品责任可追究、安全有监督的效果。

4. 渔业领域的应用分析

物联网在渔业领域的应用一般是搭建监控鱼类生理状况的传感器网络，通过在养殖区域内设置可移动监控设备，实时查看现场环境。其应用包括远程监控、视频信息回看、传输和存储、指标监控等。渔业物联网的目的是及时发现养殖过程的问题，以妥善处理确保安全生产。其他功能还包括温度检测、光照检测、pH 值检测，这些数据会被上传到网络平台，统一管理。

1.3.2　物联网在第二产业中的应用

1. 采矿业领域的应用分析

物联网在采矿业领域的应用体现在两个方面：矿物供应链可视化、生产商运营优化。传统采矿作业是运营孤岛，采矿、加工和运输之间的整合程度低。数字化能实现从矿山到港口的供应链的全流程可视化，分析整个链条上的数据。举例来说，澳大利亚铁矿石生产商 Roy Hill 将其整个工作流程的数字化置于首位，通过与施耐德电气公司合作，推出基于物联网技术的 EcoTtruxure 矿业平台，以帮助巩固其运营的可视化，并优化其矿业价值链。该解决方案简化了需求链规划、库存跟踪、质量管理和仓库容量模拟等功能。

2. 制造业领域的应用分析

物联网在制造业领域的应用有四个主要方向：生产过程工艺优化、生产设备监控管理、环保监测及能源管理、安全生产管理。应用方法有：生产数据分析、设备故障自动报警、有害排放物监测、安全检测。所谓安全检测，指对煤矿、矿井、烟花爆竹等安全生产重要作业环节、关键部位用视频监控图像进行实时监控。物联网应用到制造业是传统工业生产提升到智能制造的必经之路，它意味着工业生产的各个环节的效率大幅提高，产品质量得到改善，产品成本和资源消耗降低。

3. 电力和热力业领域的应用分析

物联网在电力和热力业的应用包括智能抄表、电力监控、节能减排等。举例来说，中国的国家电网公司设立过很多的物联网项目，如变电站的巡检、高压气象状态检测、高压电气设备检测、智能电网等。其中，智能电网作为电网行业新技术应用的核心产物，在生产、生活中起着不可替代的作用。近年来，应用物联网技术节能减排是电力业发展的一大趋势。物联网技术能精准捕捉电力损耗情况，为制定决策提供数据支撑。在热力领域，物联网技术相比传统技术，增加了智能抄表、热力设施设备智能定位追踪和室内环境监测等功能。由于物联网设备轻便、灵敏和不易老化的特征，信息中心得到的热力数据比以传统方式采集到的数据更加真实稳定。出现节能减排的需求时，工作人员也能更快找出高消耗的原因。

4. 建筑业领域的应用分析

物联网在建筑业的应用体现在智能建筑上。智能建筑有三个阶段：第一阶段是建筑物搭载控制系统，实现故障分析、能耗管理、设备监控、物业管理。第二阶段是建筑物搭配门户网站，在门户网站上监控和管理数据，具体来说是对空调通暖、排水、电梯、照明等功能进行能耗计量。第三阶段是集成管理，智能建筑的门户网站还可以对楼控、安防、一卡通等进行统一操作。相比传统建筑，智能建筑在家居、楼控、工控、保卫、交通等功能上应用了传感器技术，能实现更高水平的管理，提供更高质量的便民服务。

1.3.3 物联网在第三产业中的应用

1. 交通运输业的应用分析

物联网技术在交通业的应用包括车载智能终端、公路交通、智慧出行。车辆智能终端能辅助公交管控和特种车辆监管。搭载智能终端的车辆能被实时监控、跟踪，车内的异常状况会被指挥中心的工作人员把握，是应对逐年增多的公交车暴力事件的可行对策。

在公路交通方面，物联网技术能实现高速公路的全程监控，对长途客运、危险货物运输进行动态监管成为可能。物联网设备的普及也是实现 ETC（Electronic Toll Collection，电子不停车收费）的关键。截至 2019 年年底，我国已有 29 个省市进行了 ETC 系统建设，我国 9116 个收费站已连通 9023 个，占比达 99%，这离不开高密度设置的信息采集设备。我国也自主开发了拥有完全自主知识产权的车路协同系统，辅助车辆、车道自动保持间距，实时上传车路信息。

在智慧出行方面，物联网技术能为出行人群提供信息预测预报服务，内容包括车辆路线跟踪、到站时间预测、车辆信息公示等。

2. 物流业的应用分析

物联网在物流业的应用包括物品信息处理、增值业务拓展、运输车辆监控、仓储信息管理。物品信息处理是指以 RFID、EPC 为代表的物联网技术对物流过程中的物品信息的自动、快速、并行、实时、非接触式处理。增值业务拓展是指物流业还可以利用物联网平台拓展信息增值业务，通过获取准确、全面和及时的信息来提供独一无二的服务。运输车辆监控和仓储信息管理的实现依赖快递智能终端，其原理是利用终端的信息收集能力对车辆和货物实时跟踪。

物流业应用物联网技术的优势是提高了信息获取能力。传统物流业各项信息的获得都有延迟，许多环节都是在不透明的情况下进行的。物联网技术提供的信息获取能力让随时随地追踪商品信息、监控车辆状况、调查仓库情况成为可能。因此，提高物流企业的信息获取能力是物联网技术在物流业中的主要任务。

3. 供应链领域的应用分析

物联网可以应用到供应链的各个环节，包括采购、生产、销售和客户管理。在供应链的采购环节，应用物联网技术可以合理安排采购批次和采购量，监控原料采购质量，保证采购过程的合理和采购效率。利用物联网还可以对供应商的信息进行有效采集和管理，从而提高企业的采购水平和供应商的忠诚度。

在供应链的生产环节，应用物联网技术可以搭建自动化生产线，实现在整个生产线上对原材料、零部件、半成品和产成品的识别与跟踪。物联网技术能帮助企业的生产管理人员快速从品类繁多的库存中准确地找出工位所需的原材料和零部件，即时跟进生产环节，并根据生产进度发出补货信息实现流水线均衡、稳步生产，同时这也加强了对产品质量的控制与追踪。

在供应链的销售环节，物联网可以降低出错率，提高容错率。物联网能改进零售商的库存管理，实现适时补货，有效跟踪运输与库存，这极大提高了工作效率。物联网还可以应用于结算，在交易结束后，快速更新商品信息。

物联网还能辅助客户管理，提高售后服务的质量。企业也可以跟踪消费者的使用情况，针对使用过程中的问题追溯产生问题的缘由。针对较大的产品事故，物联网技术还可以辅助回溯产品在各个阶段的信息。

另外，由于电子标签本身包含了大量信息，人们可以借用物联网技术区分管理生产日期、保质期、储存方法及与其不能共存的商品，减少商品的损耗。

4. 智慧城市建设领域的应用分析

智慧城市建设主要包括基础设施、生态环保、安全服务、社会管理、民生服务、产业发展六大领域。在基础设施方面，物联网的应用能提升城市治理能力，让城市管理迈入智能化时代，优化政务服务，提高行政效率。在生态环保方面，物联网的应用体现在对各种废弃物的检测上，工作人员能够根据收集的信息拟定回收方案。例如，装在垃圾桶上的传感器能在容量即将装满时向当局和垃圾收集车发送通知。这也方便使用不同种类的垃圾桶来存放纸张、塑料、玻璃和废弃食品。城市传统的安全服务、民生服务在物联网的影响下普遍升级，变得快捷化、智能化。城市的产业发展是物联网技术在城市中广泛应用的必然结果。一个完整的城市物联网会为发展产业提供巨大便利，体现出极高的效率。可以说，发展物联网是在为建设智慧城市打下基础。

以巴塞罗那为例，自 2014 年以来，巴塞罗那投入大量资金搭建城市物联网。如今，市内大多数灯柱都安装了 LED 灯，城市供电系统会依据外界环境自动将灯光调暗调亮。灯柱还可以作为 Wi-Fi 网络热点，并配有传感器来监测空气质量。市内大多数停车位都配有专门设计的地面停车传感器。这个由物联网供电的系统能提供城市各个地区免费停车位的实时信息。其原理是使用光和金属探测器来检查停车位是否被占用，并把信息上传到根据该计划推出的手机应用程序上。这都是智慧城市的体现。

1.4　物联网在供应链中的应用

1.4.1　供应链的发展过程

中国《物流术语》国家标准给出的供应链定义为：生产及流通过程中，为了将产品或服务交付给最终用户，由上游与下游企业共同建立的需求链状网。根据美国生产与库存管理协会的研究，把供应链的发展分为以下四个阶段。

1. 孤岛阶段

在这个阶段中，企业内部各职能部门之间，缺乏明确的职责定义和信息沟通。企业和外部企业只有简单的交易关系。

该阶段的企业可能存在的情况有：管理层缺乏长期的规划，只能提供企业发展的大致方向和目标；企业内部生产执行随意，缺乏计划性；销售预测信息没经过严格核对，经常过于乐观；产品设计过程中，研发团队很少与其他部门沟通；仓库员工缺乏训练；卡车装载缺乏计划；生产计划仅制定到月度计划这一层面，只有物料清单和订单完成情况的数据。

这类企业还处在产品比拼和销售的阶段，对于供应链的重视程度很低。中国很多工厂处于这一水平，特别是中小规模的民营企业，只有很简单的 MRP（Material Requirement Planning，物料需求计划）系统。有的企业甚至没有在使用任何系统，仅仅依靠 Excel 来完成对于物料需求的计算。对于原

材料,采购员完全是在凭借以往的个人经验下订单,用于后续生产活动。最终结果往往就是库存高、订单反应速度慢、交货的持续性差等问题。

2. 供应环阶段

在这个阶段中,真正意义上的信息流已经出现了,各个职能部门也已经被明确地定义了,虽然它们之间还是缺乏紧密合作。每个部门都是一个环,但是还没有形成整体的链条。与客户和供应商之间,没有形成伙伴的关系。该阶段的企业可能存在以下的情况:仓库中的人工操作被半自动或全自动设备替代;企业能够初步地控制库存;采购部门能实施采购策略以获取更低价格的产品或服务;物流部门能通过选用有价格优势的运输供应商来降低运输费用;销售部门可以获取并分析预测信息;MRPII(Manufacturing Resourcing Planning,制造资源计划)开始应用,可能是一些能实现基本物料需求,采购需求和仓库管理功能的系统软件。但是,和其他系统软件的数据兼容性比较差。

在这个阶段,企业内部各个部门之间部分的流程已经打通,但跨部门的沟通还不是非常顺畅。比如,市场部对于未来趋势预测的信息无法有效地与其他部门进行对接。这类企业的典型代表是合资或外资工厂,在信息管理系统方面还没有思爱普或甲骨文这类较为先进的 ERP(Enterprise Resource Planning,企业资源计划)软件。或者,企业使用了一套 MRP 软件,但是无法提供中长期预测和产能管理的工具。

在这个阶段,企业有一个特征:各个部门能把自己的工作做好,但涉及跨部门的协作就会出现问题。在这个阶段,企业内部的职能部门都已经搭建好了,但跨部门的沟通协调比较困难。比如,新产品的研发阶段没有让供应链部门参与介入,新产品量产后就可能出现因包装箱的回收问题而引发物流运输费用超标等问题。

3. 内部供应链集成阶段

在这个阶段中,企业开始关注业务流程集成和销售与运营规划流程。该阶段的企业可能存在以下的情况:ERP 软件开始应用,跨部门之间的合作变得更加高效和容易;产品设计让更多部门参与,包括市场销售和采购等等;库存水平得到更好的控制,需求预测变得更加准确,能够更好地完成客户订单;物流费用得到进一步优化,更好地平衡物流费用和客户满意度;仓库管

理的自动化程度得到进一步提高。

在这个阶段，企业开始打破内部各个部门之间的壁垒，使得内部流程整体化。同时，逐步联合外部供应商，比如第三方物流供应商来优化物流费用。目前，国内的一些外企和行业内领先的公司通过 SAP 或其他 ERP 软件的实施，已经到达第三阶段。

4. 扩展供应链阶段

在这个阶段中，核心企业打破了企业之间的边界，作为领导人实现协同计划、设计、补货和配送的整合。该阶段的企业可能存在以下的情况：核心企业和其上下游的客户与供应商，针对某些产品开展了协同合作；大量新的信息技术和软件被应用；用于安排供应商补货和安排后续的生产；企业之间的竞争从单个公司之间的竞争升级为供应链之间的竞争。

在这个阶段，企业已经完成了内部各个部门的整合，并和一些战略合作伙伴协同合作，增强整个供应链的效率，提升产品服务的质量。这类企业在整个行业里都处于绝对领先的地位，比如 Apple Computer 的成功，不仅是产品的成功，也是供应链的成功。我国大部分企业的供应链管理水平都处在第一、第二阶段。这些企业都存在一些比较类似的问题，即企业发展到一定的规模就很难再往上发展，实现大的突破。

企业发展的瓶颈不完全受制于产能和资金，而是受制于内部管理、信息系统和人力资源。在经济形势好的时候，大家都是忙于扩大生产，争取更多的销售订单。而随着中国经济进入新常态，传统的经营模式势必会使这些企业放缓发展的脚步。在这个阶段，企业迎来完善自身的流程的最好时机。升级改造信息系统和加强人才培养都是必经之路。

1.4.2　供应链信息化与物联网

物联网通过 EPC/RFID 技术实现了物品信息的采集和传递。这是实现供应链信息化的关键一步。基于物联网的信息采集技术，传统的供应链也迎来相应的变革。如何在供应链的各个环节铺设物联网基础设施并充分利用，是实现供应链信息化、智能化的关键。

1. 物联网与运输环节

利用物联网技术可以实现运输环节的车辆实时管理，提高物流运输过程

的实时性、智能性、系统性，提高运输效率和安全性。当货物进入运输环节时，车辆配备的传感器、RFID 设备、智能定位设备等能实现对货载单元的实时监控，对货物运输过程的装载、运送、交接过程进行可视化管理。物联网技术还可以有效解决超重、路线错误等安全问题，有效减少运输风险。

2. 物联网与仓储环节

利用物联网技术可以实现仓储环节的自动识别盘点。当商品送入仓库时，在仓库货架上安装的阅读器能自动识别盘点，立即将数据上传到数据库中，可以实时监控仓库中商品的数量和位置，帮助企业掌握仓储情况。物联网技术还可以有效降低仓库的库存量，保证商品出入库的准确性，有效降低配送错误率，进而降低库存管理成本。

3. 物联网与配送环节

在供应链的配送环节，应用物联网技术可以有效提升效率，降低失误率。EPC 技术的应用可以确认商品的身份，实现自动通关，保证商品在配送环节中是安全且可视的，可以追踪商品流通的全过程。

1.4.3 供应链智能化与物联网

从供应链的角度来看，物联网只是技术手段，而供应链的智能化是需要实现的目标。供应链智能化不仅要通过自动采集物流信息做出判断选择，还要与网络相连，随时把物联网传感器采集的信息通过网络上传到数据中心或者指挥中心，由指挥中心做出判断，进行实时调整、动态管控和动态自动选择。

供应链智能化与物联网有着密切的关系。物联网为供应链智能化提供近乎完美的物品联网环境，物联网通过信息采集过程，将实体的"物"转变为信息和数据进入运行环境中，这种高效的信息传递为供应链智能化打下了基础。

1. 供应链的信息共享

物联网集合了编码技术、网络技术、射频识别技术等，突破了以往获取信息模式的瓶颈，可以促进实现供应链的全链路信息共享，对供应链中的实体资源进行全程追踪。与此同时，物联网平台可以向供应链中所有节点企业实时传递信息，并保证其准确性，从而准确把握生产、库存、销售情况，对

采购、生产、销售策略进行快速响应与调整，降低各项成本，并实现供应链协同与智能化。

2．供应链的协同优化

物联网技术的应用可以将传统供应链管理中"物—人—物"的模式转变为"物—物"模式，减少信息中转环节，提高信息处理速度，提高整条供应链的响应效率，进而实现企业供应链的高效协同与智能优化。物联网技术还可以对物流供应过程中的物流资源进行实时监控与追踪管理。

3．供应链的可视化

以物联网为基础的供应链可以实现供应链全程可视化。供应链的相关管理人员可以通过 EPC 和 RFID 技术识别产品标签，获得标签内存储的产品信息和交互信息，进而了解产品从生产到加工、储存、配送、销售的全链路信息，推进供应链可视化，实现供应链管理的透明化与公开化。

4．供应链的网络无缝化

随着我国经济建设的快速发展，消费者需求的发展也趋于个性化。这就要求供应链不断提升与完善。同时，为了满足消费者的个性化需求，供应链中的物流企业必须提升运作效率，并保证物资供应的灵活性与变通性。但是，这种模式将增加运作与管理成本，应采用基于物联网的智能型供应链网络，提升对供应链信息流、资金流以及物流的控制水平，并使企业选择最为正确的资源供应路线，减少企业库存成本，提高运输效率，从而实现智慧供应链的无缝衔接。

1.5　本章小结

本章介绍了物联网发展过程，总结了美国、欧盟、日本、中国的物联网研究现状，并在物联网发展过程和研究现状的基础上分析了物联网在第一产业、第二产业、第三产业的应用现状。本章最后介绍了供应链发展过程，结合供应链运输、仓储、配送环节和物联网的关系，研究供应链智能化和物联网的关系。在新技术的驱动下，物联网已经发展到新的阶段，供应链和物联网的关系也比以往更加紧密。随着物联网技术体系不断完善，供应链将进一步升级、发展。

参 考 文 献

[1] 周开宇. ITU-T 物联网标准化综述[J]. 电信技术，2016，506(5)：10-12.

[2] 罗松，张丽堃. 国际电信联盟（ITU-T）物联网和智慧城市标准化的最新态势和我国推进策略[J]. 电信网技术，2017(5)：35-39.

[3] 蒋林涛. 云计算、物联网和宽带网络技术[J]. 世界电信，2012，25(8)：51-54.

[4] 蒋林涛. 论通信技术在窄带物联网中的应用[J]. 通讯世界，2017(11)：36-37.

[5] 刘慧. 基于物联网技术的智能路灯监控系统[J]. 建材与装饰，2018，545(36)：300.

[6] 刘慧，陈龙. 物联网技术在智慧农业节水灌溉中的应用[J]. 中国科技信息，2018(12)：61+63.

[7] 刘慧. 物流行业应走专业化转型之路[N]. 中国经济时报，2016-08-08(003).

[8] 任凤双，刘慧. 基于物联网的智能家庭研究[J]. 吉林工程技术师范学院学报，2011(12)：7-8.

[9] 张大品，欧清海，何业慎，等. 基于物联网的电网智能节能量测量方法及实现[J]. 电信科学，2019，35(3)：140-146.

[10] 梁琨，楼贤拓，张翼英，等. 面向区域行业多元需求的物联网专业建设研究[J]. 中国轻工教育，2017(4)：69-74.

[11] 中国互联网络信息中心（CNNIC）. 第 45 次中国互联网络发展现状统计报告[R]. 2020.

[12] 刘云浩. 物联网导论[M]. 3 版. 北京：科学出版社，2017.

[13] 王迅，陈金贤. 供应链管理在不同历史时期的演化过程和未来趋势分析[J]. 科技管理研究，2008，28(10)：194-195，193.

[14] 张梦馨. 物联网在供应链物流管理中的应用[J]. 物流工程与管理，2014，36(12)：62-63.

[15] 杨语焉. 基于物联网的智能物流供应链管理研究[J]. 中国市场，2015(28)：29+37.

[16] wgbz2008. 供应链发展的四个阶段，你了解吗？[EB/OL](2018-8-27)[2021-01-12]. http://www.360doc.com/content/18/0827/20/41302147_781681703.shtml.

[17] 宋志远. 浅析物联网技术在供应链中的应用[EB/OL](2011-8-30)[2021-01-12]. http://tech.rfidworld.com.cn/2011_08/2_8fcbdb39e5974e81.html.

[18] 中商产业研究院. 2019 年中国物联网行业市场前景研究报告[R/OL]. 2020[2021-1-24]. https://www.askci.com/news/chanye/20190528/1750321146969_3.shtml.

[19] 前瞻产业研究院. 2019 年物联网行业市场研究报告[R/OL]. 2019[2021-1-24].

https://bg.qianzhan.com/report/detail/1908191411410400.html.

[20] 中国智慧农业网. 智慧渔业：物联网中水产养殖管理的应用 [EB/OL].
2020[2021-2-28]. https://zhuanlan.zhihu.com/p/33875161.

[21] 成都创软科技. 农视云为你解析什么是智慧林业 [EB/OL]. (2020-12-03)
[2021-2-24]. https://zhuanlan.zhihu.com/p/328285107.

[22] 六业科技. 智慧城市：物联网最大的应用场景，也是最大的发展障碍[EB/OL].
(2019-07-31)[2021-2-25]. https://zhuanlan.zhihu.com/p/75986595.

[23] 易虎. 物联网如何打造智慧城市 [EB/OL]. (2019-06-03)[2021-2-26]. https://
zhuanlan.zhihu.com/p/67874299.

[24] 百度百科. 农业物联网[EB/OL]. (2021-01-27)[2021-02-27]. https://baike.baidu.
com/item/%E5%86%9C%E4%B8%9A%E7%89%A9%E8%81%94%E7%BD%91/92
82675?fr=aladdin.

[25] 王喜富. 物联网与智能物流[M]. 北京：北京交通大学出版社，2014.

[26] 王喜富. 物联网与物流信息化[M]. 北京：电子工业出版社，2011.

[27] 王喜富. 区块链与智慧物流[M]. 北京：电子工业出版社，2020.

[28] WPR. 欧盟的物联网战略[EB/OL]. (2016-09-24)[2021-01-13]. https://mp.weixin.
qq.com/s/JqTonGKCKvigbnpG6fsSfA.

[29] 盛达物联. 日本物联网 IoT 战略计划出台[EB/OL]. (2016-11-03)[2021-01-13].
https://mp.weixin.qq.com/s/j6orsSK8Qf7qBTABIX75sQ.

第2章

物联网基础理论

2.1 物联网的概念与范畴

从狭义的角度看，只要是物品之间通过传感介质连接而成的网络，不论是否接入互联网，都应算是物联网的范畴。从广义角度看，物联网不局限于物与物之间的信息传递，其必将和现有的电信网实现无缝融合，最终形成物与物的信息交互。

2.1.1 物联网的概念

物联网强调物与物的互联，被看作一种通过各种信息传感设备使现实世界中各种物体互相连通而形成的网络，使得所有物品都有数字化、网络化标识，方便人们识别、管理与共享。在英文表述中，物联网称为"Internet of Things"，具有更为深广的含义，强调"Any Things Connection（任何物体的连接）"，而"Things（物体）"不但包括现实世界的物，也包括各种计算设备与虚拟空间的人工物体，还包括用户。

维基百科对物联网的定义较为简单：像家用电器一样的物体的互联网。物联网实际上包含了物与物之间、物与人之间、人机之间、人与人之间等各种"主体"之间的互联。自 20 世纪 90 年代以来，互联网日益普及，人机交互、人与人之间的社会性交互、计算机与计算机之间的通信已经得以实现。因此，在当前对物联网的研究与实践中，主体内容是现实世界中物的互联。

传感网、泛在网和物联网的区别及联系如图 2-1 与表 2-1 所示。

表 2-1　传感网、泛在网和物联网的区别及联系

网络名称	区别	联系
传感网	通常指无线传感器网络；传感器信息更注重对物体信号的感知，一般具有低速率、短距离、低功耗，且在组网上有一定的特殊性的特征	传感网又称为传感器网，而物联网在标识和指示物体时，需要使用传感器，因此传感网属于物联网的一部分
泛在网	强调智能在周边的部署，以及自然人机交互和异构网络融合；除人与人、物与人、物与物的沟通外，还涵盖了人与人、物与人的关系	泛在网包含物联网、互联网、传感网的所有内容，以及人工智能和智能系统的部分范畴
物联网	包含传感网、RFID、二维码等关键技术；区别于人与人之间的 Internet，是物与物、物与人相连的网	与泛在网的联系在于均具有网络化、物联化、互联化、自动化、感知化、智能化特征

泛在网是一个整合了多种网络的更加综合全面的网络系统，实现了信息的无缝连接，其范围大于物联网。传感网与物联网之间属于局部与整体的关系。其中，物联网更强调物与物之间的连接，注重物体的标识与指示，突出物的本质属性；传感网则强调对技术与设备的客观表述，注重对物体信号的感知。泛在网、物联网与传感网之间的关系如图 2-1 所示。

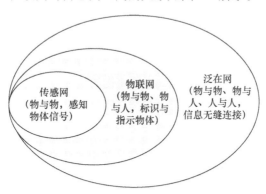

图 2-1　传感网、泛在网和物联网的区别及联系

从物联网的内涵来看，首先关注的是人与周边的和谐交互，而各种感知设备与网络是实现物物互联的方式和手段；在最终的网络形态上，不但涉及互联网的内容，同时还有一部分属于智能系统（如推理、情境建模、业务触发等领域）范畴。由于涵盖了物与人的关系，因此物联网涵盖的内容更为丰富。物联网在概念的指向上强调了从物到物的信息交互，因而如何阐述物与

物之间的关系就变得尤为重要。这里涉及的"物"是指物理世界中的实体存在，也包括人的实体属性；而"人"是指控制层面中人的意志，物联网中所有活动均为人的意愿服务；网络与标准规范是物联网运行环境中的两个重要组成要素，其主要是为信息交互提供外界环境支持。物联网运行规律如图 2-2 所示。

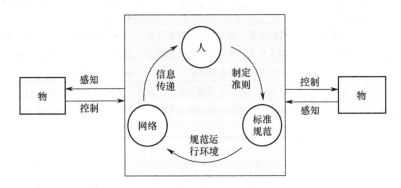

图 2-2 物联网运行规律

物联网通过信息采集过程，将实体的"物"转变为信息和数据放入运行环境中。物联网运行过程中的核心是信息，有效信息在网络传输过程中遵循一定的标准和规范，最终传递到"人"，由人来进行相应的操作和处理，从而实现对"物"的集中控制。物联网将物、人和运行环境三个要素有机结合，保证了整个运行过程的自由周转。

综上所述，物联网是利用感知手段将物的属性转化为信息，在相关标准规范的约束下通过传输介质进行物与物之间的信息交互，进而实现物与物之间的控制与管理的一种网络。

2.1.2 物联网的特点

物联网作为新技术时代下的信息产物，在其漫长的演化与发展过程中不断完善自身，在现有网络概念的基础上，将其用户端延伸和扩展到任何物品与物品之间，进行信息交换和通信，从而更好地进行"物与物"之间信息的直接交互。物联网主要有以下四个方面的特点。

1. 连通性

连通性是物联网的本质特征之一。国际电信联盟认为，物联网的"连通性"有三个维度：一是任意时间的连通性（Anytime Connection），二是任意地点的连通性（Anywhere Connection），三是任意物体的连通性（Anything Connection）。

2．技术性

物联网是技术变革的产物，代表着未来计算与通信技术的发展趋势，而其发展又依赖众多技术的支持，如射频识别技术、传感技术、纳米技术、智能嵌入技术。

3．智能性

物联网使人们所处的物质世界得以实现极大程度的数字化、网络化，使得世界中的物体不仅以传感方式，也以智能化方式关联起来，网络服务也得以智能化。物联网具有智能化感知性，它可以感知人们所处的环境，最大限度地支持人们更好地洞察、利用各种环境资源，以便做出正确的判断。

4．嵌入性

物联网的嵌入性表现在两个方面：一是各种各样的物体本身被嵌入在人们所生活的环境中；二是由物联网提供的网络服务将被无缝地嵌入人们日常的工作与生活中。

2.1.3　物联网的工作原理

"物联网"概念的出现和应用，将传统思维中的物理世界与 IT 世界进行了全面整合，建筑物、实体设备设施将与芯片、宽带整合为统一的基础设施。因此，物联网中的基础设施是一个整体，经济管理、生产运行、社会管理乃至个人生活都与物联网密不可分。物联网工作原理如图 2-3 所示。

物联网工作原理主要有以下几个过程。

1．信息的感知

信息来源于对物体属性的感知过程：首先对物体属性进行标识，物体属性包括静态属性和动态属性，静态属性可以直接存储在标签中，动态属性需

要由传感器实时探测；其次通过识别设备完成对物体属性的读取，并将信息转换为适合网络传输的数据格式。

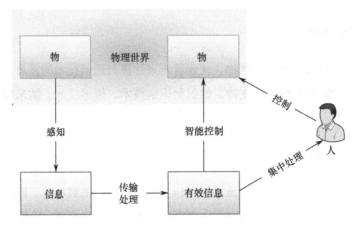

图 2-3　物联网工作原理

2．信息的传输处理

物体属性通过感知采集过程转化为信息，通过网络传输到信息处理中心（处理中心可能是分布式的，如家用计算机或者手机；也可能是集中式的，如中国移动的 IDC），由处理中心完成物体通信的相关计算，将有效信息进行集中处理。

3．信息的应用

物体的有效信息分为两个应用方向：一是经过集中处理反映给"人"，通过"人"的高级处理后根据需求进一步控制物；二是直接对"物"进行智能控制，不需要经过"人"进行授权。

2.2　物联网的基本结构与组成

物联网的基本结构是物联网系统化的重要体现，物联网各组成部分分工协作、有机结合，以实现物与物之间的交互沟通。物联网的组成包括感知层、网络层和应用层，物联网的基本结构如图 2-4 所示。

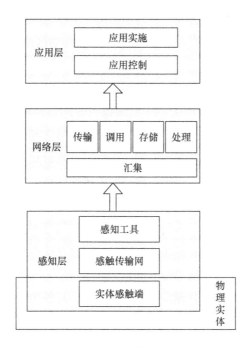

图 2-4　物联网的基本结构

2.2.1　感知层

物联网的"物"是物理实体，正是物理实体的集合构成了物质世界，即物联网的作用对象。物联网的感知层通过对物质世界的物理实体的感知布局，实现对物理实体的属性的感知、采集与捕获，使之成为可供传输和识读的信息。

感知层的构成包括实体感触端、感触传输网与感知工具。实体感触端与物质世界紧密相连，是物联网对物理实体属性信息进行直接感触的载体，也是整个物联网的末梢节点。实体感触端既可以以实物方式存在，也可以是虚拟的。感触传输网是对物理实体的属性信息进行传输的网络，距离可以很长。感知工具是将实物的属性信息转化为可在网络层的传输介质中进行传输的信息的工具。

感知层作为物联网基础信息的来源，其布局决定了物联网的作用范围。目前运用于物联网感知层的技术和相关设备主要包括二维码、标签和识读器、RFID 标签和读写器、摄像头、GPS（Global Positioning System，全球定位系统）、传感器，以及 M2M 终端、传感器网络等。在物联网的发展和完善

过程中，感知层要突破的方向是具备更敏感、更全面的感知能力（如通过嵌入式技术和纳米技术），降低功耗，实现小型化和降低成本。

2.2.2　网络层

物联网的网络层通过相关的工具和媒介对感知层将物体属性转化而成的信息进行汇集、处理、存储、调用、传输。围绕这五项作用，网络层的构成中有相应的组成部分完成各项职能。汇集工具与感知层相衔接，将感知层采集终端的信息进行集中，并接入物联网的传输体系；处理工具用于对传输信息进行选择、纠正，以及不同信息形式间的转化等处理工作；存储工具对信息进行存储；调用工具以某种方式实现对感知信息的准确调用；传输工具是网络层的主体，通过用可传递感知信息的传输介质构建传输网络，使感知信息可传递到物联网的任何工作节点。

网络层是物联网提供普遍服务的基础设施，其各功能要素的实现水平决定了整个物联网体系的工作效率和服务质量。在传输工具的选择上，通信网络与互联网形成的融合网络是较好的解决方案。网络层的发展、优化方向在传输速率、传输安全等方面。

2.2.3　应用层

应用层将物联网所提供的物的信息引入相关领域，与其现有技术相结合，实现广泛智能化应用的解决方案。

应用层可由应用控制和应用实施构成，物联网通过感知层和网络层传递的信息是原始信息，这些信息只有通过转换、筛选、分析、处理后才有实际价值，应用控制层就承担了该项工作。应用实施是通过应用控制分析、处理的结果对事物进行相关应用反馈的实施，实现物对物的控制。应用实施既可由人参与，也可不由人参与，实现完全的智能化应用。

应用层是物联网实现其社会价值的部分，也是物联网拓宽产业需求、带来经济效益的关键，更是推动物联网产业发展的原动力。目前，物联网的应用层通过应用服务器、手机、PC（Personal Computer，个人计算机）、PDA（Personal Digital Assistant，个人数字助理，又称为掌上电脑）等终端，可在物流、医疗、销售、家庭等产业实现应用。未来，应用层需要拓宽产业领域，增加应用模式，创新商业运营模式，推进信息的社会化共享。

2.2.4　物联网的基本结构特点

物联网的三层基本结构是通过技术特点和在物联网体系中所起的作用及功能来划分的，这样的层级组成具有如下特点。

（1）物联网分解为三层，各层在功能上是相对独立的，各层内部的改变不会影响其他层，这使物联网的设计变得相对简单、灵活，同时对物联网的扩大和发展也是有利的。

（2）层与层之间是逐层上下连接的关系，下层作为上层的基础，为上层实现其功能提供服务。

（3）层与层之间有不同技术体系、功能模式，以及协议、标准、社会保障及法律法规等支撑体系。

物联网的三层基本结构划分是目前业界对物联网基本结构划分较为统一的认识，是不同类型物联网的构成基础。但随着业界对物联网的研究不断深入，以及物联网本身的不断发展，物联网的基本结构也可能会有所变化。

2.3　物联网的层级划分

物联网可按其应用规模和应用的整体性与系统性进行层级划分，可分为国际级物联网、区域级物联网、行业级物联网和企业级物联网。物联网层级划分如图 2-5 所示。

国际级物联网
（全球一体化）

区域级物联网　　　企业级　　　行业级物联网
（区域一体化）　　物联网　　（行业应用数字化、
　　　　　　　　（基础环节）　　　智能化）

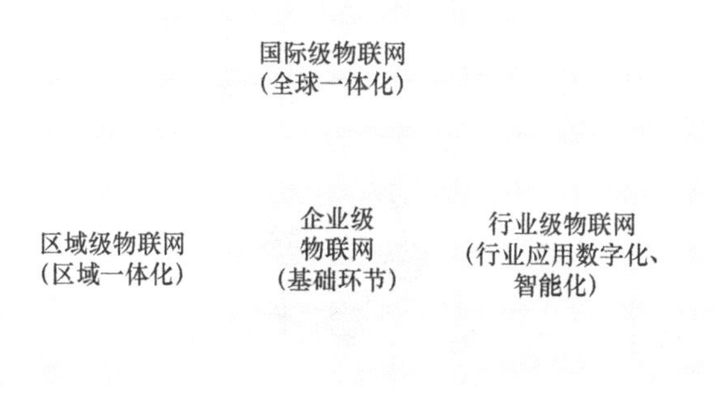

图 2-5　物联网层级划分

如图 2-5 所示，层级由内到外具有包含关系，其中区域级物联网和行业

级物联网相互部分包含，区域级物联网可包括多个行业级互联网，行业级物联网也可跨越多个区域级物联网。其中，国际级物联网致力于实现物联网应用的全球一体化目标，便于国际运营商提供服务与合作。区域级物联网顺应区域一体化趋势，实现多种多样的面向民生、产业和政府公共管理的物联网应用。行业级物联网最终可形成行业应用数字化、智能化物联网应用模式。企业级物联网作为物联网层级结构中的基础环节，是其他层级的物联网的基本构成要素。

2.3.1 国际级物联网

国际级物联网是物联网发展的终极目标，即在世界范围内实现泛在网，使世界上的物与物、物与人之间能够进行直接沟通。国际级物联网的实现对人类社会的改变效果最大，对标准和协议的统一性要求也最高，实现起来较为困难，需要国际组织制定和发布统一的标准及协议，这也是国际级物联网实现的关键。国际级物联网的构成如图 2-6 所示。

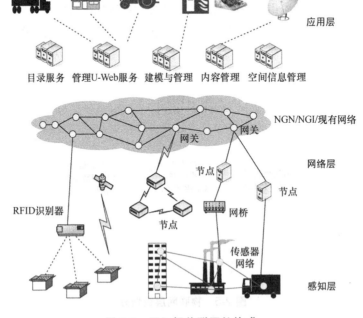

图 2-6 国际级物联网的构成

在物联网市场快速发展的今天，国际物联网技术领域孕育着巨大的市场潜力。随着经济全球化发展，物联网应用的全球化趋势也愈加明显，跨国企业用户希望通过一家服务提供商来实现物联网的全球覆盖与管理，而这正是运营商可以抓住的切入点。运营商应当抓住机遇，应对挑战，充分利用资源优势，整合国际资源，提升全球服务能力，为客户提供全球一体化解决方案；同时坚持开放与合作，实现产业共赢，将国际级物联网作为物联网领域新的发展动力和突破方向。

2.3.2　区域级物联网

区域级物联网是以国家、地区为范围，实现物物广泛连接的物联网。区域级物联网的发展是构建国际级物联网的必经之路。区域级物联网主要涵盖三个领域的应用：公共管理、民生福祉和生产管理，包括智能家居、智慧交通、智能办公、智能物流、智慧医疗等。此外，区域级物联网可以利用新技术和市场需求而不断扩充。

区域级物联网与国际级物联网较为相似，但范围更小，也需要相关组织制定和发布统一的标准及协议。目前，很多国家都已建立起本国的区域级物联网。

2.3.3　行业级物联网

行业级物联网是率先形成的规模型物联网。企业级物联网作为最先发展起来的物联网基本单元，将行业级物联网通过网络的方式组织在一起。行业级物联网的建设是整个行业的重大突破性举措，它打破信息孤岛局面，推动各种单一行业的物联网应用进行有效的联合，拓展物联网技术应用，实现效益最大化。

各行各业都有其特性，行业级物联网有一定的封闭性。因此，各行业级物联网在发展过程中具有不平衡性。行业级物联网易于实现，但也需要相关标准、组织和规则的支撑。

2.3.4　企业级物联网

企业级物联网是构成国际级物联网的基本物联网单元，是物联网应用的基本主体，是推动物联网发展的动力。企业级物联网的技术体系与国际级物联网相似，在网络层主要依靠企业内部的局域网进行信息的传输与交互，外

网则用于与企业外的客户、供应商、金融机构、政府部门等进行信息传输服务。由于对物联网标准没有过多的要求,投资规模也较小,所以企业级物联网的实现难度最低。企业级物联网的结构如图 2-7 所示。

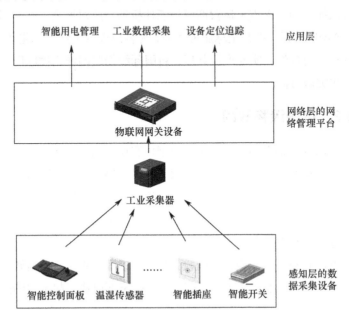

图 2-7　企业级物联网的结构

企业级物联网主要包含感知层的数据采集设备和网络层的网络管理平台两个部分:通过感知层的数据采集设备采集数据后,实现设备与网络相连接;进而通过网络层的网络管理平台对实体进行识别、管理与控制。其中,感知层的智能控制面板、温湿传感器、智能插座、智能开关将企业实时运行状态、资源使用情况等数据进行采集,由数据采集设备将企业内设备运行状态数据实时上传至网络层的网络管理平台,以此提高管理效率及数据的准确性。通过物联网技术,企业可以便捷实现对终端车辆、人员等的协调控制。

企业级物联网的应用包括智能用电管理、工业数据采集、设备定位追踪。智能用电管理是指通过智能排插,将企业用电情况实时反馈给网络层的网络管理平台,企业可以实时监控所有用电设备的用电情况、电量统计、用电趋势,并根据时间、功率、循环策略进行通断电控制。工业数据采集是指通过数据采集设备,将工业设备运行状态数据实时上传至网络层的网络管理平台，企业可以实时监控工业设备运行状态、记录/存储数据、自动处理异常状态，提高数据处理效率和准确性。设备定位追踪是指通过物联网技术，企业可以轻松实现设备、车辆、人员的定位和调度。

一切事物的发展都是从少到多、从简单到复杂的过程。物联网也以企业级物联网的发展为开端，进而形成行业级物联网和区域级物联网，最终实现遍布整个地球的国际级物联网。

2.4 物联网技术体系

2.4.1 物联网技术概述

物联网是一次技术革命，它揭示了计算机和通信的未来，它的发展也依赖一些重要领域的动态技术创新。物联网借助集成化信息处理的帮助，工业产品和日常物体会获得智能化特征与性能。它还能满足远程查询的电子识别需要，并通过传感器探测周围物理状态的改变，甚至像灰尘之类的微粒都能被标记并纳入网络。这样的发展会刺激更多创新产品和服务的诞生。

物联网实现了一个完全可交互、可反馈的网络环境的搭建。物联网技术给消费者、制造商和各类企业都带来了巨大的潜力。首先，无线射频识别技术具有连接日常用品与物联网设备并将物品信息导入大型数据库和通信网络的功能。其次，数据收集受益于传感器技术探测物体物理状态改变的能力。物体的嵌入式智能技术能够通过在网络边界转移信息处理能力而增强网络的威力。另外，小型化技术、纳米技术的优势意味着体积越来越小的物体能够进行交互和连接。这些技术将世界上的物体从感官上和智能上连接到一起。

物联网主要从应用出发，利用互联网、无线通信网络资源进行业务信息的传送，是互联网、移动通信网络应用的延伸，是自动化控制、遥控遥测及信息应用技术的综合展现。目前，我国物联网技术处于融合发展的阶段，正在加速重构其技术体系，物联网的广域网络规模部署及网络技术不断取得突破。

根据物联网自身的特征，物联网技术应该提供以下几类服务功能：

（1）联网类服务。包括物品标识、通信和定位。

（2）信息类服务。包括信息采集、存储和查询。

（3）操作类服务。包括远程配置、监测、远程操作和控制。

（4）安全类服务。包括用户管理、设备保护、资产管理、攻击检测和防御、访问控制、事件报警。

（5）管理类服务。包括故障诊断、性能优化、系统升级、计费管理服务。

2.4.2 物联网相关技术需求分析

随着物联网产业的发展，信息技术又产生了一次新的变革，人们对物联网技术提出了更高的要求，在实现物与人、物与物智能化控制的同时，也加大了物联网信息技术的集成化管理。由于物联网相关技术是构建物联网信息技术平台架构的基础，因此，从物联网技术角度可将物联网技术需求分为感知技术需求、传输技术需求、应用技术需求、服务技术需求、安全技术需求。物联网相关技术需求如图 2-8 所示。

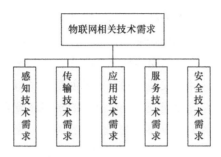

图 2-8　物联网相关技术需求

1. 物联网感知技术

由物联网结构与组成可知，感知技术是物联网中的一个重要技术组成。它通过 RFID 技术、射频识读器及传感器与无线传感网等感知技术实现对"物"的感知，将"物"的属性转化为信息。在感知过程中，包括静态信息数据、动态信息数据的采集与传输。静态信息数据是指物品的编码信息，这类信息包含在物品标签内，通过 RFID 技术、射频识读器实现对产品制造商、产品类型等相关数据的采集；动态信息数据是指对物品移动或所属状态信息的采集，主要通过传感器、传感网络及嵌入式技术对物品的物理和化学属性进行采集。

2. 物联网传输技术

物联网信息采集过程将实体"物"转化为信息和数据传输到网络环境中，

再通过通信网络、无线或有线网络将感知信息传递至物联网应用平台中，通过物联网传输技术，在物联网运行过程中将信息传递至"人"并对信息进行相应的处理和应用，保证信息数据能够正确地在物与人或物与物之间进行传输，从而完成信息传输过程中的复杂交互。因此，信息数据传输在物联网平台中起着信息桥梁的作用。

3．物联网应用技术

物联网信息平台中存储了大量单一、零散的信息资源。为了保证物联网与企业系统之间能够达到无缝连接，将物联网海量信息资源中有效的信息传递至客户终端，对单一、零散的数据进行有机整合与筛选，从而完成信息高度集成化管理。因此，在物联网应用层采用云计算、数据仓库等技术对物的信息进行大量的存储与计算，并对信息进行集中整合与有效处理，为物联网应用平台提供良好的服务基础。

4．物联网服务技术

物联网服务指为外界与物联网系统之间提供服务技术平台，建立服务接口，使相关信息数据能够在企业之间共享，实现企业与物联网系统的协同管理。物联网服务技术基于面向服务体系架构（Service-Oriented Architecture，SOA）为物联网应用提供信息服务平台，将服务支撑平台运用到企业物联网，为物联网提供协同式的信息服务模式，对信息数据进行查询、访问与监控。物联网信息服务系统能够作为客户的服务器主机网关，在存货跟踪、自动处理事务、供应链管理等方面发挥重要的作用。

5．物联网安全技术

物联网安全的总体需求指感知层的接入安全、网络层的传输安全、应用层的处理安全。物联网安全技术的实现指通过二维码识读设备、射频识别设备、红外感应设备、定位设备及激光扫描设备等，按照协议约定，将物品与互联网连接，从而进行信息的交换、通信等，最终实现智能化识别、定位、跟踪、监控及管理。从这方面来看，物联网安全技术已经超越了人口的限制，各国际运营商也已经将物联网安全技术作为新的业务增长点。在发展物联网技术的同时，也应加快与物联网相关的安全技术措施的建设，提高物联网防范技术水平，使物联网信息安全得到保障。

物联网与供应链

2.4.3　物联网技术体系框架

本节对物联网三层基本结构应用的关键技术进行归属划分，在前人提出的物联网技术体系的基础上进行一定的修正，提出物联网的技术体系框架，如图 2-9 所示。

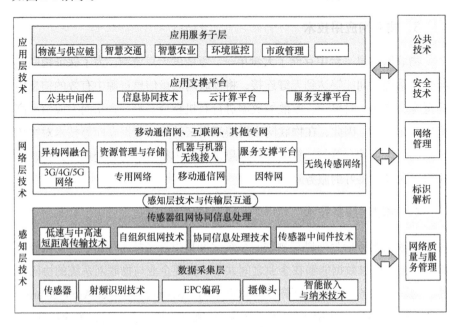

图 2-9　物联网的技术体系框架

1．感知层技术

数据采集与感知主要用于采集物理世界中发生的物理事件和数据，包括各类物理量、标识、音频、视频数据。物联网的数据采集涉及传感器、射频识别技术、EPC 编码、摄像头、智能嵌入与纳米技术等多种技术。

低速与中高速短距离传输技术主要是指传感器网络组网和协同信息处理技术为实现传感器、射频识别等数据采集技术所获取数据的短距离传输过程应用的技术；自组织组网技术可提高网络的灵活性和抗毁性，增强数据传输的抗干扰能力，而且组网建网时间短、抗毁性强；同时，组织组网及多个传感器要通过协同信息处理技术对感知到的信息进行处理；并经传感器中间件转换、过滤和筛选之后传递到网络层，进行远距离传输。蓝牙与 ZigBee 技术是进行短距离传输的无线传输技术。

2．网络层技术

为了实现更加广泛的互联功能，将感知到的信息无障碍、高可靠性、高安全性地进行传输，就需要将传感器网络与移动通信技术、互联网技术相融合。经过十余年的快速发展，下一代网络技术发展如今已经进入 5G 行列，新兴网络信息技术有助于促进物联网信息传输新的发展需求，而异构网融合技术有利于人们更加充分地应用已有的网络资源，实现信息大规模、高速度的安全传输。

物联网的网络层提供相应的信息资源管理与存储技术对末端感知网络、感知节点进行标识解析和地址管理。M2M 无线接入和远程控制技术是为了实现物联网中物与物之间的直接智能化控制。WSN(Wireless Sensor Network，无线传感网络) 通过组织网络，实现对数据的高效、可靠传输。

3．应用层技术

应用平台是在物联网传感技术，计算机控制技术，数据采集、存储与处理技术，决策分析技术的基础上开发出的，旨在帮助建设智慧城市，上承多种应用服务，下接终端硬件，在整合物联网应用体系中起到承上启下的作用。应用层主要包含应用支撑平台和应用服务，其中应用支撑平台用于支撑跨行业、跨应用、跨系统之间的信息协同、共享和互通。

应用层技术包括云计算技术与 M2M 技术等，其中 M2M 是现今阶段物联网的普遍应用形式。应用服务子层包括物流与供应链、智慧交通、智慧农业等行业应用。公共中间件主要用于网络层信息在各行业应用时对信息进行转换、过滤、筛选等；信息协同技术主要用于海量信息在智能应用过程中的协同处理过程，以避免出现信息冗余和信息孤岛；云计算平台通过硬件资源的虚拟化，屏蔽软件对硬件的相关性，增强系统的可维护性和快速部署能力，提高业务系统的弹性和灵活性；服务支撑平台是面向服务的基础技术架构，可提高物联网在行业、企业中应用时的服务水平。

4．公共技术

公共技术不属于物联网技术的某个特定层面，而与物联网技术架构的三层都有关系，它包括安全技术、网络管理、标识解析、网络质量与服务管理。

2.5　物联网体系架构

物联网的服务需求是设计和验证物联网体系架构设计的主要依据。物联网的服务需求包括三个方面的内容：一是全面感知，即利用相应技术随时、随地进行物体信息的获取；二是可靠传递，即通过多种通信网络与互联网的融合，将物体的信息实时、准确地传递出去；三是智能处理，即利用云计算、模糊识别等各种智能计算技术，对海量数据、信息进行分析和处理，并对物体实施智能化控制和企业应用智能决策支持。

物联网体系架构可以分为三个层次：泛在化末端感知网络、融合化网络通信设施与普适化应用服务支撑体系，即感知层、网络层与应用层。其中，感知层包括 RFID 标签和 RFID 识别器、传感器、传感网络等，是物联网的皮肤和五官——识别物体，采集信息。网络层包括移动通信网、互联网和其他专网；物联网管理中心、物联网信息中心；标识解析、地址管理、信息发布、信息存储，是物联网的神经网络——信息汇集与传递。应用层是物联网的神经中枢和大脑——对网络层传递的信息进行处理和应用，实现物联网与行业技术的专业融合，实现行业智能化。物联网体系架构如图 2-10 所示。

物联网三层架构所实现的具体功能包括：感知层实现物联网全面智能化感知，网络层实现由信息管理及计算机网络和通信网络构成的承载网络，应用层实现集成应用服务和用户应用服务。

感知层主要实现物联网泛在化的末端智能感知，由各种类型的采集和控制模块组成，完成物联网应用的数据采集和设备控制功能。感知层泛在化的特征说明两个问题：第一，全面的信息采集是实现物联网的基础；第二，解决低功耗、小型化与低成本是推动物联网普及的关键。感知层只产生数据，并通过与它互联的网络将数据传输出去，而自身不承担转发其他网络数据的功能。

网络层一方面需要实现物联网感知层与应用层之间的信息通信功能，另一方面需要具有高度承载能力的通信网络来完成海量信息的、安全、高速度传输。多种通信网络的融合为物联网的发展提供了一个高水平的网络通信基础设施条件。物联网增加了末端感知网络与感知节点标识，对应于"标识解析系统"与"地址管理系统"，用于感知层信息的编码名称解析和信息资源的寻址管理等。同时"信息发布服务系统"将处理后的信息向承载网络进行发布。此外，网络层还需要具备专有的信息存储服务器，以备信息查询和信息发布应用等。

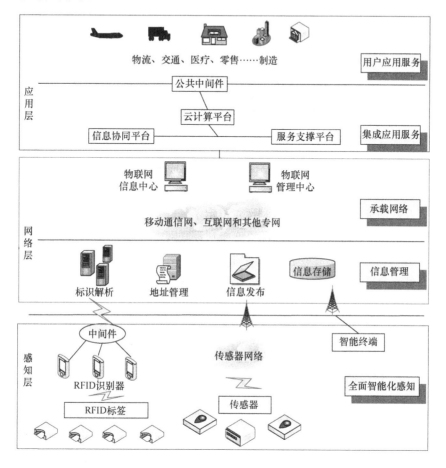

图 2-10 物联网体系架构

应用层的集成应用子层由各种服务支撑平台和公共中间件等组成，其主要功能包括对采集数据的汇集、转换、分析，以及用户层呈现的适配和事件的触发等。集成应用子层是物联网的智能性的集中体现，如协同处理、决策支持，以及具有算法库和样本库的决策支持等。云计算平台规模化带来的经济性对实现物联网应用服务的普适化将起到重要推动作用。物联网已在公共管理和服务、企业、个人与家庭三大领域实现应用，并出现大批应用于生产物流、智慧交通、城市管理、精准农业等的物联网应用示范系统，体现了应用服务普适化的特点。

2.6 物联网标准体系

物联网的发展潜力无限，但物联网的实现并不仅是技术方面的问题，建设物联网的过程涉及规划、管理、协调、合作问题，还涉及标准和安全保护等问题，这就需要制定、完善一系列相应的配套政策和规范。本节将对物联网标准体系进行研究和分析。

2.6.1 建立物联网标准体系的必要性

标准是对于所有技术的统一规范，标准的缺失将大大制约技术的发展和产品的规模化应用。因此，标准体系的建立将成为发展物联网产业的先决条件，是物联网发挥自身价值和优势的基础支撑。

互联网标准为互联网的顺利运营奠定了基础，从而实现了在全世界任何一个角落，使用任意一台电脑即可连接到互联网中进行通信。

与互联网相比，在物联网的感知层、网络层和应用层会有大量的技术出现，可能会采用不同的技术方案。如果各行其是，大量小规模的专用网相互之间就无法联通，不能进行互联互通，不能形成规模经济和整合的商业模式，也不能降低研发成本。因此，尽快统一技术标准，形成一个管理机制，是物联网需要持续考虑的问题。

2.6.2 物联网标准化现状

自 2010 年以来，由国家发展和改革委员会（简称"国家发改委"）、国家标准化管理委员会（简称"国家标准委"）会同有关部门，相继成立了国家物联网标准推进组、国家物联网基础标准工作组，以及公安、交通、医疗、农业、林业、环保等 6 个物联网行业应用标准工作组，初步形成了组织协调、技术协调、标准研制三级协调推进的标准化工作机制。我国物联网标准化工作架构如图 2-11 所示。

我国已初步形成三级协调的物联网标准化工作机制，物联网标准制定已经取得阶段性成果，但标准研制工作仍亟待加强。目前，物联网关键技术领域与应用领域的标准化制定工作仍落后于产业需求。

鉴于物联网标准体系的重要性，目前有很多标准化组织开展了与物联网相关的标准化工作，国外主要标准化组织包括国际标准化组织（International Organization for Standardization，ISO）、国际电工委员会（International Electro technical Commission，IEC）和 ITU 等。其中，ISO 主要针对物联网、传感网的体系结构及安全等进行研究，ISO/IEC JTC1 成立了 WG10 物联网标准工作组专门开展物联网相关的标准化工作；ITU-T 主要从泛在网角度出发进行研究，提出了泛在网（USN/UN）和物联网的架构；IEEE（Institute of Electrical and Electronics Engineers，电气与电子工程师学会）则针对设备底层通信协议进行研究。

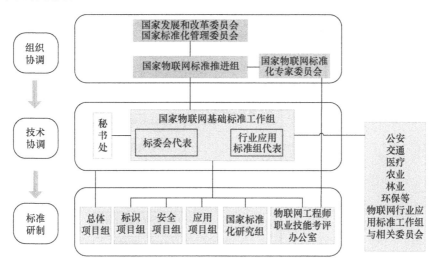

图 2-11 我国物联网标准化工作架构

根据国家物联网基础标准工作组发布的《物联网标准化白皮书（2018版）》可知，物联网标准体系可划分为六大类，分别为基础类、感知类、网络传输类、服务支撑类、业务应用类、共性技术类。物联网标准体系总体结构如图 2-12 所示。

基础类标准包括总体标准、标识标准和安全标准等。通过从整体架构和信息资源管理角度出发，统一对物联网的定义，规范基本术语与通用参考模型等基本要素，属于总体参考指导的地位。总体标准属于标准体系中的顶层设计与指导性文件；标识标准为物联网应用提供统一的编码标识；安全标准对网络安全等方面进行规范。

感知类标准对物联网感知层技术的认识进行统一，为感知层关键技术的标准化及其他各部分标准提供总体参考。其中，考虑物联网感知层的共性需求和特定应用而提出传感器标准。条码标准主要用于规范条码的编码规则、编码方式、条码尺寸、标签设计、符号位置等。射频识别标准帮助用户获得更准确完善的物品信息，解决编码、通信、接口和数据共享等问题。

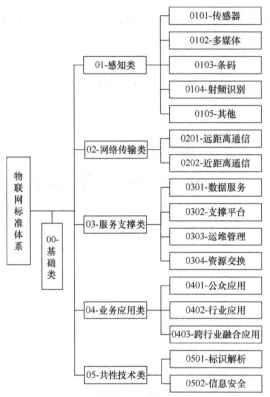

图 2-12 物联网标准体系总体结构

网络传输类标准规定了网络技术在物联网承载网络中的实际应用，为感知层与数据处理层标准的指定提供更好的衔接指导。远、近距离通信标准规定了采用远、近距离无线通信技术将物理距离分散、临近的局域网（LAN）、对象连接起来进行信息交流与网络接入需求的规范。

服务支撑类标准中的数据服务标准指数据接入、数据存储、数据融合、数据处理等；支撑平台标准指设备、用户、配置、计费管理等标准；运维管理标准指系统运行监控、故障诊断，以及系统相关的合规性管理标准；资源交换标准指物联网系统与外部信息共享的标准。

业务应用类标准对物联网典型应用领域所需标准进行规范。其中，公众应用标准用于规范物联网公共服务领域总体技术标准、联网技术标准等；行业应用标准与跨行业融合应用标准用于规范行业内部及行业间合作领域的标准。

共性技术类标准规范推动物联网产业技术进步、支撑与引领经济社会发展；规范信息物理系统的基本框架、概念模型等，解决物联网行业数字化在安全与隐私保护方面的关键需求。

2.6.3　物联网标准体系优化

目前，物联网还未形成统一的全球化标准，虽然许多国际标准化组织或联盟都在进行物联网相关参考体系结构的研究，但在构建标准体系架构时仍应关注如下几个方面的标准问题：物品信息分类与编码标准制定；信息采集技术标准的制定和推广应用；信息交换标准的制定，完善电子数据交换（Electronic Data Interchange，EDI）系统；应用平台标准的制定。标准化对于物联网行业快速发展具有重要作用，由此可见，对物联网标准体系进行优化具有必要性。

综合分析以上问题，结合物联网层次结构和特点，本书提出包括通用标准、感知层标准、网络层标准和应用层标准四部分的物联网标准体系架构，如图 2-13 所示。

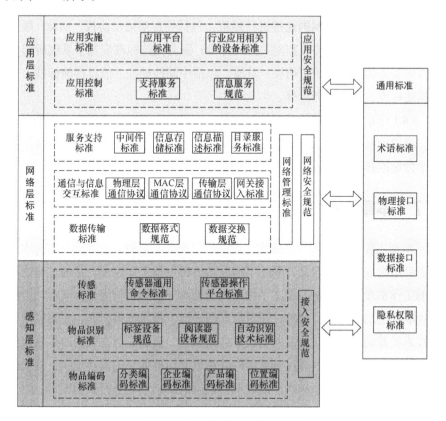

图 2-13　物联网标准体系架构

（1）通用标准存在物联网的各层结构中，包括术语标准、物理接口标准、数据接口标准和隐私权限标准。术语标准规定了物联网中一般规定术语、定义和对应的外文名称；接口标准规定了各感知系统数据接口的操作规范；隐私权限标准规定了对数据采集、处理和传输过程及各节点位置等信息的保护。

（2）感知层标准包括物品编码标准、物品识别标准、传感标准和接入安全规范。其中，物品编码标准规范了物品、设备、地点、属性等数字化名称，包括分类编码标准、企业编码标准、产品编码标准、位置编码标准；物品识别标准包括标签设备规范、阅读器设备规范和自动识别技术标准；传感标准包括传感器通用命令标准和传感器操作平台标准。

（3）网络层标准包括数据传输标准、通信与信息交互标准、服务支持标准、网络管理标准和网络安全规范。其中，数据传输标准规定物联网获取及传输信息时的技术规范，包括数据格式规范和数据交换规范；通信与信息交互标准对物品与互联网的连接进行规范，包括物理层通信协议、MAC 层通信协议、传输层通信协议和网关接入标准；服务支持标准规范了系统所提供的基础服务功能，来进行衔接、共享，包括中间件标准、信息存储标准、信息描述标准、目录服务标准。

（4）应用层标准包括应用控制标准、应用实施标准和应用安全规范。其中，应用控制标准包括支持服务标准和信息服务规范；应用实施标准包括应用平台标准和行业应用相关的设备标准。

2.7 本章小结

本章主要对物联网的基础性理论进行了研究与探讨。通过对物联网本质的研究给物联网下了定义，阐述了物联网的特点及工作原理，并通过对物联网的工作机理进行分析，定义了物联网的基本三层结构与组成，同时，给出了物联网的层级划分。此外，还对物联网进行了技术体系研究，在物联网相关技术的基础上提出了物联网的技术体系架构。最后，对物联网的体系架构和标准体系进行研究，通过分析国内外物联网标准体系的发展现状，提出优化的必要性及标准体系结构。通过对物联网的基础理论进行归纳梳理，为后续的研究提供了系统的理论依据。

参 考 文 献

[1] JARA A J, ZAMORA M A, SKARMETA A. An architecture based on Internet of Things to support mobility and security in medical environments[J].Consumer Communications and Networking Conference, 2010:109- 111.

[2] IP R, LAU H, CHAN F. An intelligent Internet information delivery system to evaluate site preferences[J].International Journal of Expert Systems With Applications, 2000: 33-42.

[3] 张罡. RFID 技术与物联网[J]. 计算机与网络，2010：201-211.

[4] 沈杰，邢涛. 传感网标准化分析[J]. 电信技术，2010：34-36.

[5] ITU. ITU 互联网报告 2005：物联网[R]. 2005.

[6] IBM 商业价值研究院. 智慧地球[M]. 北京：东方出版社，2010.

[7] 邹生，何新华. 物流信息化与物联网建设[M]. 北京：电子工业出版社，2010.

[8] 周洪波. 物联网：技术、应用、标准和商业模式[M]. 北京：电子工业出版社，2010.

[9] 吴功宜. 智慧的物联网——感知中国和世界的技术[M]. 北京：机械工业出版社，2010.

[10] 王志良. 物联网——现在与未来[M]. 北京：机械工业出版社，2010.

[11] 郑海初. 正在爆发的物联网革命[M]. 北京：中华工商联合出版社有限责任公司，2010.

[12] 项有建. 冲出数字化——物联网引爆新一轮技术革命[M]. 北京：机械工业出版社，2010.

[13] 张福生. 物联网：开启全新生活的智能时代[M]. 太原：山西人民出版社，2010.

[14] 张成海，张铎. 物联网与产品电子代码（EPC）[M]. 武汉：武汉大学出版社，2010.

[15] ROMER K, OSTERMAIER B, MATTERN F. Real-Time Search for Real-World Entities: A Survey[J].Proceedings of the IEEE, 2010:1887-1902.

[16] ROY S, JANDHYALA V, SMITH J R. RFID: From Supply Chains to Sensor Nets[J].Proceedings of the IEEE, 2010:1583-1592.

[17] MICHAEL K, ROUSSOS G, HUANG G. Planetary-Scale RFID Services in an Age of Uberveillance[J].Proceedings of the IEEE, 2010:1663-1671.

[18] WU S X, MA Y J, XIANG Y T. A Secure Networking Architecture for the Internet of Things[J].Progress in Measurement and Testing, PTS 1 and 2: Advanced Materials Research, 2010:135-140.

[19] BOOS D, GROTE G, LEHTONEN M. Investigating Accountability Relations with

Narrative Networks[J].ECCE 2009-European Conference on Cognitive Ergonomics-Designing Beyond the Product-Understanding Activity and User Experience in Ubiquitous Environments: VTT Symposia, 2009:411-415.

[20] 马健. 上海移动基于 RFID 技术企业级物联网商业应用投入运行[J]. 物联网技术，2011(01)：19.

[21] 赵欣. 物联网发展现状及未来发展的思考[J]. 计算机与网络，2012，38(3)：126-129.

[22] Adrian McEwen，Hakim Cassimally. 物联网设计：从原型到产品[M]. 张崇明，译. 北京：人民邮电出版社，2015.

[23] 周丽莎,孔勇平,陆钢. 物联网安全政策解读及技术标准综述[J]. 广东通信技术，2017，37(12)：39-41，45.

[24] 郎为民，张汉，赵毅丰，等. ISO/IEC JTC1 SC41 物联网标准化进展研究[J]. 电信快报，2019(06)：1-5.

[25] 高泽华，孙文生. 物联网——体系结构、协议标准与无线通信[M]. 北京：清华大学出版社，2020.

[26] 刘云浩. 物联网导论[M]. 北京：科学出版社，2017.

[27] 孙亮，许志勇，彭晓玉. 国际物联网发展趋势及运营商应对策略浅析[J]. 邮电设计技术，2017(8)：11-14.

[28] 邢丹，姚俊明. 面向医疗行业物联网：概念、架构及关键技术研究[J]. 物联网技术，2014，4(11)：49-52.

[29] 余文科，程媛，李芳，等. 物联网技术发展分析与建议[J]. 物联网学报，2020，4(04)：105-109.

[30] 刘博,霍家亮. 物联网安全技术现状及发展研究[J]. 信息与电脑（理论版），2020，32(04)：165-166，169.

[31] 国家物联网基础标准工作组. 物联网标准化白皮书[R]. 2018.

[32] 王刚. 物联网标准的中国智慧[J]. 物联网技术，2018，8(1)：3-4.

[33] 百恒物联. 物联网与传感网、互联网、泛在网的联系和区别[EB/OL]. 2018-06-19. http://www.iotbh.cn/article/48.html.

[34] 王喜富. 物联网与智能物流[M]. 北京：北京交通大学出版社，2014.

[35] 王喜富. 物联网与物流信息化[M]. 北京：电子工业出版社，2011.

第3章

物联网关键技术

物联网关键技术包括感知技术、网络技术、信息服务技术、安全技术等。感知技术用于感知"物"。网络技术用于传递与交换"物"的相关信息、服务。信息服务技术用于为用户提供各种类型的信息服务。安全技术用于解决物联网过程中存在的安全问题。

3.1 物联网的感知技术

物联网的感知技术用于感知"物",感知技术是物联网产业发展的核心,主要用于实现智能感知和处理功能,包括信息采集、捕获、物体识别、信息传输和处理。感知技术主要包括 RFID 技术、传感器技术、嵌入式系统。RFID 技术的目的是标识物,给每个物品一个"身份证";传感器技术的目的是及时、准确地获取外界事物的各种信息,如温度、湿度等;嵌入式系统的目的是实现对设备的控制、监视或管理等功能。

3.1.1 RFID 技术

1. RFID 技术概述

射频识别(RFID)是一种先进的非接触式自动识别技术,其基本原理是利用射频信号及其空间耦合、传输特性,实现对静止的或移动中的待识别物体的自动机器识别。

RFID 技术的突出特点是实现非接触双向通信,解决了无源和非接触这一难题,是电子器件领域的一大突破。RFID 技术广泛应用于生产、物流、交通、运输、医疗、防伪、跟踪、设备和资产管理等领域。随着大规模集成

电路技术的进步，RFID 成本将不断降低，其应用将越来越广泛。

2．RFID 系统的组成

在具体的应用过程中，根据不同的应用目的和应用环境，RFID 系统的组成会有所不同，但从 RFID 系统的工作原理来看，其基本构成是固定的。RFID 系统的基本构成如图 3-1 所示。

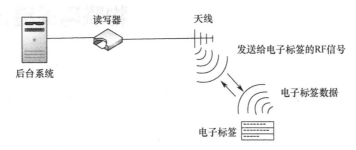

图 3-1　RFID 系统的基本构成

如图 3-1 所示，RFID 系统通常由电子标签、读写器、天线和后台系统组成。

1）电子标签

电子标签由耦合元件及芯片组成，每个标签具有唯一的电子编码，用于标识目标对象，并存储被识别物体的相关信息，如产品编号、品名、规格、颜色、位置及其他种类信息。

2）读写器

读写器负责读取/写入电子标签数据，起到连接电子标签与后台系统的基础作用。采用手持式、固定式等方式时，部分产品可以实现多协议兼容。

3）天线

天线负责无线电信号的感应，在电子标签和读写器间传递射频信号，分为电子标签天线和读写器天线。天线的设计对 RFID 读取性能有较大影响。

4）后台系统

后台系统负责信息收集、过滤、处理、传递和利用，并提供信息共享机制。后台系统包括中间件、公共服务体系和应用系统。

3．RFID 系统的基本工作流程

（1）读写器将无线电载波信号经过发射天线向外发射。

（2）当电子标签进入发射天线的工作区时，凭借电磁/电感感应电流所获得的能量将存储在芯片中的自身编码等信息通过天线发射出去，或者主动发送某一频率的信号。

（3）读写器的接收天线接收电子标签发出的信号，经天线的调节器传输给读写器。

（4）读写器对接收到的信号进行解调和译码，送往后台的计算机进行有关数据处理。

（5）后台系统根据逻辑运算判断该电子标签的合法性，针对不同的设定做出相应的处理和控制，如发出指令信号控制执行机构的动作或进行相关处理。

4．RFID 标签的分类

RFID 标签主要分为被动标签和主动标签两种。主动标签自身带有电池，读写距离远，体积较大，成本更高，也称为有源标签，其不足之处在于电池寿命有限，需更换电池。被动标签也称为无源标签，在收到读写器发出的微波信号后，将部分微波能量转换为直流电供自己工作，其优点是免维护、成本较低、使用寿命长、体积小且轻，缺点是读写距离较近。

按照存储信息能否被改写，分为只读式标签与可读写式标签。只读式标签的信息在集成电路生产时将信息写入，以后不能修改。可读写式标签可采用专门的设备多次擦写。一般写入的时间远大于读取的时间。写的时间为秒级，读的时间为毫秒级。读取距离也大于写入距离。

按照工作频率的不同，RFID 标签可分为低频、高频、超高频、微波等不同种类。

3.1.2　传感器技术

在物联网的前端技术中，获取物的实时信息，如温度、湿度、运动状态及其他物理、化学变化等信息需要使用传感器。在信息时代，即实现物物相连的今天，传感器技术已经成为物联网技术中必不可少的关键技术之一。

1．传感器的基本原理

传感器是指那些对被测对象的某一确定的信息具有感受和检出功能，并按照一定规律转换成可用输出信号的元件或装置。传感器是测试和自动控制

系统的首要环节，它的作用是将外界的各种各样的信号转换成电信号。假如没有传感器对原始参数进行精确可靠的测量，那么无论是信号转换还是信息处理，或者是最佳数据的显示和控制都没有办法实现。传感器一般由敏感元件和转换元件两大部分组成，通常也将基本转换电路及辅助电路作为其组成部分。传感器的组成结构如图 3-2 所示。

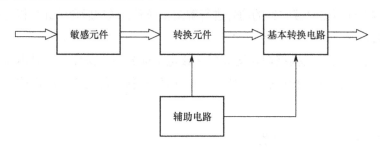

图 3-2　传感器的组成结构

传感器的基本特性可以分为静态特性和动态特性两类。

1）传感器的静态特性

与静态特性相关的主要因素有灵敏度与信噪比、线性度、时滞、环境特性、稳定性和精度等。对传感器的静态特性的基本要求是：输入为 0 时，输出也应为 0；输出相对于输入应保持一定的对应关系。

2）传感器的动态特性

由于传感器检测的输入信号是随时间而变化的，传感器的特性应能跟踪输入信号的变化，这样可以获得准确的输出信号。如果外界环境的变化太大，传感器就可能跟踪不上这样的变化。这种现象就是响应特性，即传感器的动态特性。

设计传感器时要根据其动态特性要求与使用条件选择合理的方案和确定合适的参数。使用传感器时要根据其动态特性与使用条件确定合适的使用方法，同时对给定条件下的传感器动态误差做出估计。

2. 传感器的分类与工作方式

信息收集、计量测试、产品制造或销售中所需的计量等都需要通过测量来获得准确的定量数据。对于某种特定的要求，需检测目标物的存在状态，把某状态信息转换为数据。对系统或装置的运行状态进行监测，当发现异常情况时发出警告信号并启动保护电路工作，这样就可以使系统或装置正常运行并实现安全管理。判断人体各部位的异常诊断等需要由专用测量设备来完成。传感器可以提供上述感知或控制信息的采集，检测控制系统处于某种状态的信息，并由此控制系统的状态或跟踪系统变化的目标值。

传感器种类及品种繁多，其原理也各种各样。可以根据工作原理、被测量、能量关系、作用形式、输出信号形式、传感器的特殊性等方式，对传感器进行分类。

1）按工作原理分类

传感器按照其工作原理一般可以分为物理型、化学型和生物型三大类。

（1）物理型传感器。物理型传感器是利用敏感元件的物理性质或某些功能材料的特殊物理性能制成的传感器。例如，利用金属材料在被测量作用下引起的电阻值变化的应变效应的应变式传感器；利用半导体材料在被测量作用下引起的电阻值变化的压阻效应的压阻式传感器。

（2）化学型传感器。化学型传感器是利用电化学反应原理，把无机或有机化学的物质成分、浓度等转换为电信号的传感器。化学型传感器的核心部分是离子选择性敏感膜。膜可以分为固体膜和液体膜。玻璃膜、单晶膜和多晶膜属于固体膜；带正、负电荷载体膜和中性载体膜为液体膜。化学型传感器广泛用于化学分析、化学化工的在线检测和环保检测等应用场景中。

（3）生物型传感器。生物型传感器是近年来发展很快的一类传感器。它是一种利用生物活性物质选择性来识别和测定生物化学物质的传感器。生物活性物质对某种物质具有选择性亲和力，也称其为功能识别能力；利用这种单一的识别能力来判定某种物质是否存在，其浓度是多少，进而利用电化学的方法进行电信号的转换。生物型传感器的最大特点是能在分子水平上识别被测物质，在化学工业的监测、医学诊断、环保监测等方面都有广泛的应用前景。

2）按被测量分类

按传感器的被测量分类，传感器可以分为温度传感器、压力传感器、流量传感器、物位传感器、加速度传感器、速度传感器、位移传感器、转速传感器、力矩传感器、湿度传感器、黏度传感器、浓度传感器等。

事实上，根据制作材料或制作方式的不同，传感器仍可以有更加细分的类别。温度传感器中就包括用不同材料和方法制成的各种传感器，如热电偶温度传感器、热敏电阻温度传感器、金属热电阻传感器、P-N 结二极管温度传感器、红外温度传感器。通常，对传感器的命名就是将其工作原理和被测

参数结合在一起，先是工作原理，后是被测参数。

针对传感器的分类，不同的被测量可以采用相同的测量原理，同一个被测量可以采用不同的测量原理。因此，必须掌握在不同的测量原理之间测量不同的被测量时各自所具有的特性。

3）按能量关系分类

（1）能量转换型传感器直接由被测对象输入能量使其工作，如热电偶、光电池等，这种类型的传感器又称有源传感器。

（2）能量控制型传感器从外部获得能量使其工作，由被测量的变化控制外部供给能量的变化，如电阻式传感器、电感式传感器等。这种类型的传感器必须由外部提供激励源（电源等），因此又称无源传感器。

4）按作用形式分类

（1）主动型传感器有作用型传感器和反作用型传感器。这类传感器能对被测对象提供一定的探测信号，能检测探测信号在被测对象中所产生的变化，或者由探测信号在被测对象中产生某种效应而形成信号。检测探测信号变化方式的称为作用型传感器，检测产生响应而形成信号方式的称为反作用型传感器。雷达与无线电频率范围探测器是作用型实例，而光声效应分析装置与激光分析器是反作用型实例。

（2）被动型传感器只是接收被测对象本身产生的信号，如红外辐射温度计、红外摄像装置等。

5）按输出信号形式分类

输出为模拟信号的传感器的输出为连续的模拟信号。输出周期性信号的传感器实质上也是模拟信号传感器，但周期信号容易变为脉冲信号，可作为准数字信号使用，因此可以称为准数字信号传感器。例如，利用振动的传感器就是这种类型的传感器。

输出为数字信号的传感器是输出 1 和 0 两种信号的传感器。这两种信号可由电路的通断、信号的有无、绝对值的大小、极性的正负等实现。例如，双金属温度开关等就是这类传感器。

数字传感器是一种获得代码信号输出的传感器，敏感元件本身为数字量的极少，一般与编码器组合而成。例如，旋转编码器能检测旋转角，线性编码器能检测位置、距离等。感知的物理量一般要经模数转换为数字信号。

6）按传感器的特殊性分类

在实际应用中往往也有按照传感器自身的特殊性来划分类别的，主要有以下几种类型。

（1）按转换现象的范围可以分为电化学传感器、电磁传感器、力学传感器、光应用传感器等。

（2）按材料可分为陶瓷传感器、有机高分子材料传感器、半导体传感器、气体传感器等。

（3）按用途可分为工业传感器、民用传感器、科研传感器、医疗传感器、农用传感器、军用传感器等，以及汽车传感器、宇宙飞船传感器、防灾传感器等。

（4）按功能可分为计测传感器、监视传感器、检查传感器、诊断传感器、控制传感器、分析传感器等。

3. 传感网

传感网是指将各种信息传感设备，如 RFID 装置、红外感应器、全球定位系统、激光扫描仪等与互联网结合起来而形成的一个网络系统。

传感网主要是让各类物品都能够被远程感知和控制，并与现有的网络连接在一起，形成一个更加智慧的信息服务体系。传感网综合应用了传感器技术、嵌入式计算技术、网络通信技术、分布式信息处理技术等，能够通过各类集成化的微型传感器协作地实时感知各种环境或检测对象的信息，通过嵌入式系统对信息进行处理，并通过随机自组织无线通信网络以多跳中继方式将所感知信息传送到用户终端，从而真正实现泛在计算的理念。

传感网具有很广阔的应用前景，是目前非常活跃的一个研究领域。传感网技术涉及计算机、电子学、传感器技术、机械、生物学、航天、医疗卫生、农业、军事国防等众多领域。该技术的广泛应用也是一种必然的趋势，它的发展必定会给人类社会带来极大的变革，将会影响我们工作与生活的方方面面。

值得注意的是，由于传感器往往是遍布在一个区域的，这个区域有时是人们不可达的，所以传感器的末端接入通常采用无线通信方式。因此，目前在传感器技术领域中，人们重点研究的是无线传感网。

3.1.3　嵌入式系统

1. 嵌入式系统概述

嵌入式系统是将先进的计算机技术、半导体技术和电子技术与各行业的

具体应用相结合后的产物。这就决定了它必然是一个技术密集、资金密集、高度分散、不断创新的知识集成系统。嵌入式系统是指将应用程序、操作系统与计算机硬件集成在一起的系统。这种系统具有高度自动化、可靠性高等特点。

嵌入式系统主要由硬件和软件两部分组成：嵌入式系统的硬件主要包括嵌入式核心芯片、存储器、I/O 端口等；嵌入式系统的软件则由嵌入式操作系统和相应的各种应用程序构成。有时，把这两者结合起来，应用程序控制系统的运作和行为，而嵌入式操作系统控制应用程序编程与硬件的交互作用。

嵌入式软件就是嵌入在硬件中的操作系统和开发工具软件。嵌入式软件与嵌入式系统是密不可分的，嵌入式系统是控制、监视或者辅助设备、机器和车间运行的装置，是以应用为中心、以计算机技术为基础，适用于应用系统对功能、可靠性、成本、体积、功耗有严格要求的专用计算机系统。嵌入式软件是基于嵌入式系统设计的软件，也是计算机软件的一种，同样由程序及其文档组成，可细分成系统软件、支撑软件、应用软件三类，是嵌入式系统的重要组成部分。

2．嵌入式系统的应用

嵌入式系统技术具有广阔的应用前景，其应用领域包括工业控制、交通管理、信息家电、家庭智能管理、POS（Point of Sale，销售终端）网络及电子商务、机器人等。

1）工业控制领域

基于嵌入式芯片的工业自动化设备将实现长足的发展，目前已有大量的 8 位、16 位、32 位嵌入式微控制器投入应用。网络化是提高生产效率和产品质量、减少人力资源的主要途径，如工业过程控制、数字机床、电力系统、电网安全、电网设备监测、石油化工系统等。

2）交通管理领域

在车辆导航、流量控制、信息监测与汽车服务等交通管理方面，嵌入式系统技术已获得了广泛的应用，内嵌 GPS 模块、GSM（Global System for Mobile Communications，全球移动通信系统）模块的移动定位终端在各种运输行业获得了成功的使用。目前，GPS 设备已从尖端产品进入了普通百姓的家庭，只需要几千元，就可以随时随地找到你的位置。

3）信息家电领域

嵌入式系统技术在智能信息家电的应用上也有突破性进展，特别是数字信号处理的应用和发展，使得系统的语音和图像处理能力大大增强，不仅可以最大限度地利用硬件投入，而且还避免了资源浪费。

4）家庭智能管理领域

在家庭智能管理方面，水表、电表、煤气表等远程自动表，安全防火、防盗系统中内置的专用控制芯片将代替传统的人工检查，并可以实现更高、更准确和更安全的性能。

嵌入式技术是在网络的基础上产生和发展的，因此在家庭智能控制中，应具有安全、快速地与外界进行信息交换的功能，这就要求计算机的存储器、运算速度等性能指标比较高。嵌入式系统一般都是小型专用系统，使嵌入式系统很难承受占有大量系统资源的服务。实现嵌入式系统的网络接入、"瘦" Web 服务器技术及嵌入式网络安全技术是嵌入式系统接入网络技术的关键和核心。

5）POS 网络及电子商务领域

在 POS 网络及电子商务方面，公共交通无接触智能卡发行系统、公共电话卡发行系统、自动售货机、各种智能 ATM（Automated Teller Machine，自动取款机）终端全面走入人们的生活，手持一卡就可以行遍天下。

6）机器人领域

嵌入式芯片的发展使机器人在微型化、高智能方面的优势更加明显，同时会大幅度降低机器人的价格，使其在工业领域和服务领域获得更广泛的应用。

除上述介绍的应用外，嵌入式系统与互联网相结合还会产生其他应用，如自动售货机、掌上电脑、水电表控制、楼宇控制、工厂自动化、蜂窝电话及保密系统等。嵌入式系统与互联网相结合的应用如图 3-3 所示。

物联网技术中所采用的各类高灵敏度识别、专用的信号代码处理等装置的研发，将会更进一步推动嵌入式智能技术在物联网中的应用。

嵌入式软件的发展主要在国防、工控、家用、商用、办公、医疗等领域，如常见的移动电话、掌上电脑、数码相机、机顶盒、MP3 等都是用嵌入式软

件技术对传统产品进行智能化改造的结果。目前最值得关注的嵌入式软件的产品市场主要集中在以下五类：家庭信息网络、移动计算设备、网络设备、自动化与测控仪器仪表、交通电子设备。嵌入式系统是中国企业从"中国制造"向"中国创造"转变的最佳契机。

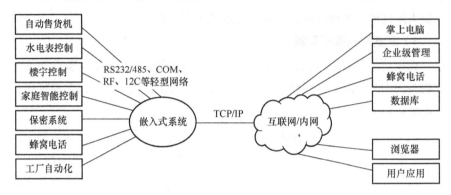

图 3-3　嵌入式系统与互联网相结合的应用

3. 嵌入式系统的发展现状

随着信息化、智能化、网络化的发展，嵌入式系统技术也将获得广阔的发展空间。进入 20 世纪 90 年代，嵌入式技术得以全面展开，目前已经成为通信和消费类产品的共同发展方向。

在通信领域，数字技术正在全面取代模拟技术；在广播电视领域，美国已开始由模拟电视向数字电视转变，欧洲的数字电视广播（Digital Video Broadcasting，DVB）技术已在全球大多数国家推广；数字音频广播（Digital Audio Broadcasting，DAB）也已进入商品化试播阶段；而软件、集成电路和新型元器件在产业发展中的作用日益重要。

在所有上述的技术产品中，都离不开嵌入式系统技术。"维纳斯计划"生产机顶盒，其核心技术就是采用 32 位以上芯片级的嵌入式技术。在个人领域中，嵌入式产品主要是个人商用，作为个人移动的数据处理和通信软件。由于嵌入式设备具有自然的人机交互界面，以图形用户界面（Graphical User Interface，GUI）为中心的多媒体界面就给人带来很大的亲和力。手写文字输入、语音拨号上网、收发电子邮件，以及彩色图形、图像等技术已取得初步成效。

在硬件方面，不仅有各大公司的微处理器芯片，还有用于学习和研发的各种配套开发包。目前，低层系统和硬件平台经过若干年的研究，已相对比较成熟，实现各种功能的芯片应有尽有，而且巨大的市场需求提供了学习研发的资金和技术力量。

在软件方面，也有相当部分的成熟软件系统。国外商品化的嵌入式实时操作系统，已进入我国市场的有 WindRiver、Microsoft、QNX 和 Nuclear 等产品。我国自主开发的嵌入式系统软件产品有科银（CoreTek）公司的嵌入式软件开发平台 DeltaSystem、中科院推出的 Hopen 嵌入式操作系统等。因为是研究热点，所以可以在网上找到各种各样的免费资源，从各大厂商的开发文档到各种驱动、程序源代码，甚至很多厂商还提供微处理器的样片。这对于从事这方面的研发，无疑是个资源宝库。

3.2　物联网的网络技术

网络技术用于传递与交换"物"的相关信息与服务，主要包括 EPC 系统、EPC ONS（Object Name Service，对象名称解析服务器）技术、信息服务交换技术、物联网系统中间件技术、无线传感器网络及云计算技术。

其中，EPC 技术针对 RFID 技术，实现物品信息服务的传递与交换，从而实现物流供应链的自动追踪管理。信息服务交换技术在 EPC 技术的基础上，面向所有信息服务，实现信息服务的整合与共享。物联网系统中间件负责实现与 RFID 硬件及配套设备的信息交互和管理，起到一个中介的作用。无线传感器网络采用无线通信方式，以网络为信息传递载体，实现物与物、物与人之间的信息交互。云计算用于整合网络内的人员、机器、设备和基础设施，实施实时管理和控制，是物联网的计算中心。

3.2.1　EPC 系统

1. EPC 概述

EPC 的提出源于射频识别技术和计算机网络技术的发展。人们设想为世界上的任何一件物品都赋予一个唯一的编号，电子标签是这一编号的载体，编码是 EPC 的重要组成部分，它是对实体及实体的相关信息进行代码化，通过统一并规范化的编码建立全球通用的信息交换语言。当电子标签贴在物品上或内嵌在物品中的时候，即将该物品与电子标签中的唯一编号建立起一一对应关系。

EPC 编码是在原有全球统一编码体系基础上提出的，它是新一代的全球

统一标识的编码体系，是对现行编码体系的一个补充。标识编码是给每个产品赋予的全球贸易项目代码（Global Trade Item Number，GTIN）、全球位置代码（Global Location Number，GLN）、系列货运包装箱代码（Serial Shipping Container Code，SSCC）等一系列代码编码，被赋予标签的载体内。产品电子代码 EPC 及 EPC 系统的出现，使 RFID 技术向跨地区、跨国界物品识别与跟踪领域的应用迈出了划时代的一步。

2．EPC 体系架构

EPC 系统是一个非常先进、复杂的综合性系统，其目标是为每个物品建立全球、开放的标识标准。它主要由全球产品电子代码的编码体系、射频识别系统及信息网络系统三大部分组成。EPC 系统的构成如表 3-1 所示。

表 3-1　EPC 系统的构成

系统	名称	注释
EPC 的编码体系	EPC 编码标准	识别目标的特定代码
射频识别系统	EPC 标签	贴在物品上或内嵌在物品中
	读写器	识读 EPC 标签
信息网络系统	EPC 中间件	EPC 系统的软件支持系统
	ONS 服务器	定位商品对应的信息
	实体标记语言	描述商品的相关信息

1）EPC 的编码体系

EPC 编码是由使用协议的版本号、物品的生产厂商代码、物品的分类代码、单个物品的 SN 序列编号这四部分的数据字段所组成的一组数字。现在，EPC 标签的编码应用较多的主要有 64 位、96 位、256 位三种。由于每个 EPC 编码具有全球唯一性，并且它的号码数量近似无穷大，达到 2^n 幂次级，足以分配到全球任一物品进行识别。另外，该编码还具有科学性、兼容性、全面性、合理性、国际性、无歧视性等特性。

2）射频识别系统

射频识别系统是实现 EPC 代码自动采集的功能模块，它由 EPC 标签、天线及读写器组成。EPC 标签是 EPC 的载体，附着于可跟踪的物品上，从而实现全球流通。读写器与信息系统相连，是读取标签中的 EPC 代码并将其输入网络信息系统的设备。EPC 标签与读写器之间通过无线电感应方式进行信息交换。

3）信息网络系统

信息网络系统由本地网络和全球互联网组成，是实现信息管理、信息流通的功能模块。信息网络系统在全球互联网的基础上，通过 EPC 中间件（Savant）及 ONS 和 PML（Physical Markup Language，实体标记语言）实现全球实物互联。

EPC 中间件负责过滤、整合读写器送来的标签或传感器的数据流，极大地降低了传送到企业应用软件的数据量，减轻了网络的数据负荷。

ONS 服务器可提供 EPC 查找服务，将给定的 EPC 代码转化为一个或多个含有物品信息的主机的 URL 地址，以获取 EPCIS（Electronic Product Code Information Service，产品电子代码信息服务）服务器上更多的物品相关信息，其功能类似于互联网中的 DNS（Domain Name Service，域名解析服务）。EPCIS 存放了大量制造商生产的所有物品相关数据信息的 PML 文件。

3. EPC 工作机理

EPC 信息在 EPC 系统中的流通分为三步：首先，RFID 系统传送 EPC 代码；然后，本地网络处理 EPC 代码；最后，互联网返回物品的 PML 信息。EPC 系统借助互联网，把分布在全球每个角落的含有标签的自然物品自动无缝地连接起来。

（1）当贴有 EPC 标签的物品进入读写器的阅读范围时，读写器立即以电磁波的形式发出指令，"告知" EPC 标签，请将 EPC 代码发送给读写器。EPC 标签在得到命令后，先将存储器中的 EPC 代码通过内部电路调制；然后借助其天线以电磁波的方式"答复"读写器。读写器对 EPC 标签发送的电磁波进行解调后便获得了 EPC 代码。

（2）在读写器获得标签的 EPC 代码后，将其传递给本地网络层中的 Savant。经 Savant 信息过滤后，提交至企业应用程序来处理。企业应用程序根据实际情况，将 Savant 信息传给本地 ONS 系统，由它来负责查询此 EPC 代码对应的物品存放在互联网上的其余相关信息的统一资源标识符（Uniform Resource Identifier，URI）地址。

（3）应用软件在得到 URI 地址后，自动链接至互联网上相应的 EPCIS 服务器。此时，人们便可以查询到物品相关的一切信息了。

在由 EPC 标签、读写器、Savant、ONS 服务器、Internet、EPCIS 服务

器及众多数据库组成的物联网中,读写器读出的 EPC 代码没有任何实际意义,它只是一个信息参考,由这个信息参考需要从 Internet 找到 IP 地址并获取该地址中存放的相关物品信息,并采用分布式的 EPC 中间件处理由读写器读取的一连串 EPC 信息。由于在标签上只有一个 EPC 代码,计算机需要知道与该 EPC 匹配的其他信息,因此需要 ONS 系统来提供一种自动化的网络数据库服务,Savant 将 EPC 传给 ONS 系统,ONS 系统指示 Savant 到一个保存着产品信息的 EPCIS 服务器上查找。

3.2.2 EPC ONS 技术

ONS 服务是建立在 DNS 基础之上的专门针对 EPC 编码与货品信息的解析服务。在整个 ONS 服务工作过程中,DNS 解析是作为 ONS 不可分割的一部分存在的。将 EPC 编码转换成 URI 格式,再由客户端将其转换成标准域名,之后的工作就由 DNS 承担了。DNS 经过递归式或交谈式解析,将结果以 NAPTR 记录格式返回给客户端,ONS 即完成了一次解析服务。ONS 与 DNS 主要的区别在于输入与输出内容的区别,ONS 在 DNS 基础上专门用于 EPC 解析,因此输入端是 EPC 编码,而 DNS 用于域名解析,输入端是域名; ONS 返回的结果是 NAPTR 格式,而 DNS 则更多返回查询的 IP 地址。

1. ONS 的技术原理

ONS 系统主要用来处理 EPC 与其代码对应的 EPCIS 服务器地址的映射管理和查询,而产品电子代码的编码技术采用了遵循 EAN-USS 的 SGTIN 格式,和域名分配方式非常相似。因此,ONS 技术的实现采用域名解析服务的实现原理,借鉴在互联网络中已经很成熟的 DNS 技术思想,并利用 DNS 构架实现 ONS 服务。

2. ONS 系统的组成

作为 EPC 物联网组成技术的重要一环,ONS 的作用是通过 EPC 代码获取 EPC 数据访问通道信息。目前,根 ONS 系统及配套的发现服务系统由 EPC Global 委托 VeriSign 公司进行运维。ONS 系统分为三个层次:顶层是根 ONS 服务器,中间层是各地的本地 ONS 服务器,底层是 ONS 缓存。

1)根 ONS 服务器

根 ONS 服务器负责各个本地 ONS 服务器的级联,组成 ONS 网络体系,并提供应用程序的访问、控制认证。它拥有 EPC 名字空间的最高层域名，因此基本上所有的 ONS 查询都要经过它。

2）本地 ONS 服务器

本地 ONS 服务器包括两部分功能：一是实现与本地产品对应的 EPC 信息服务地址的存储；二是提供与外界交换信息的服务，回应本地 ONS 查询，并向根 ONS 服务器报告该信息、获取网络查询结果。

3）ONS 缓存

ONS 缓存是 ONS 查询的第一站，它保存着最近查询的、查询最为频繁的 URI 记录，以减少对外的查询次数。应用程序进行 EPC 代码查询时首先看 ONS 缓存中是否含有其相应的记录，若有则直接获取，这样可以大大缩短查询时间，提高查询效率。

可以看到，映射信息是 ONS 系统所提供服务的实际内容，它指定了 EPC 编码与其相关的 URI 的映射关系，并且分布存储在不同层次的各个 ONS 服务器中。这样，物联网便实现了产品相关信息查询定位的功能。

ONS 的作用是将一个 EPC 映射到一个或多个 URI，通过这些 URI 可以查找到在 EPCIS 或 Web 服务器上关于此产品的其他详细信息。在这里，ONS 存有制造商位置的记录，而 DNS 则是到达 EPCIS 服务器位置的记录，所以 ONS 的设计运行在 DNS 之上。这样，ONS 系统便最大限度地利用现有互联网体系结构中的 DNS 系统，避免了大量的重复投资。

3.2.3 信息服务交换技术

1. 概述

在 EPC 架构中，信息服务提供方是众多分布式的遵循 EPCIS 标准规范的 EPCIS，信息服务需求方是广大企业用户的客户端，而连接信息服务需求方与信息服务提供方的是进行域名解析和服务路由的 ONS。EPCIS 是针对 RFID 特定应用的信息服务提供方，它采用统一的系统结构，数据库中的数据也规范。但在物流信息领域中，各类信息服务系统无论是在系统结构和数据结构上，还是在功能上均是异构的。因此，有必要将这种思想进行扩展，形成更普适的信息服务交换架构。

信息服务交换的基本思想是，在一个分布式的开放环境中，通过信息服务的索引与指向，建立异构信息服务提供方与信息服务需求方之间的连接，

为信息服务需求方提供可用的服务资源的信息，将异构的信息服务标准化，通过服务索引与路由功能，为用户提供一站式信息服务。

信息服务交换技术的价值体现在以下方面。

（1）数据在信息服务提供方本地，只在需要时提供给信息服务需求方，而不需要集中建立海量数据中心。

（2）用户及信息服务提供方不需要开发大量异构的接口，只需要一个标准接口。

（3）提供一体化的信息服务。

（4）拓展了信息服务需求方获取服务资源的范围，同时也扩大了信息服务提供方的客户范围与规模。

（5）任何一个企业既可以是信息服务需求方，也可以是信息服务提供方。

2．信息服务交换网络架构

1）传统信息服务方式

（1）直接获取方式。信息服务需求方直接访问信息服务提供方，获取信息服务。这种方式的缺点是，信息服务需求方需要针对每个信息服务提供方定制开发访问接口，进行点对点的访问。

（2）信息服务整合运营商方式。信息服务整合运营商通过数据集中方式收集各方数据，存入大型数据库，并进行数据整合与处理，向用户提供一站式服务。这种方式的缺点是，数据集成的工作难度大、数据同步不及时、数据来源的范围较窄；平台的承载能力有限，容易超负荷。

2）信息服务交换网络架构

（1）胖网络方式。在信息服务交换模式下，各个信息服务提供方（如电子口岸、港口）首先将所提供的服务（如动态船期查询服务、信用查询服务、通关状态查询服务、车辆跟踪服务等）在信息服务交换平台上注册，由平台统一负责受理信息服务提供方的注册，并统一受理信息服务需求方的请求。平台收到请求后，在平台内部进行搜索，得到与该请求相关的信息服务提供方清单，并将服务请求转发给相关的信息服务提供方；信息服务提供方处理后，将服务数据返回平台，由平台处理后将服务数据转发给信息服务需求方。胖网络方式下物流信息服务交换网络架构如图3-4所示。

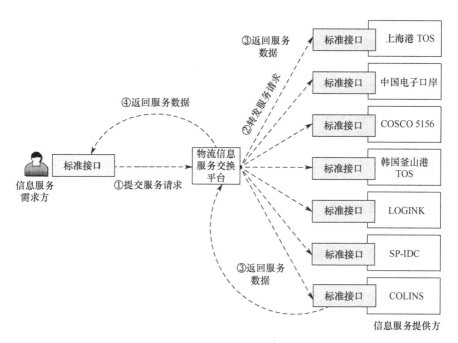

图 3-4　胖网络方式下物流信息服务交换网络架构

如图 3-4 所示，在信息服务交换模式下，各个信息服务提供方（如电子口岸、港口）首先将所提供的服务（如动态船期查询服务、信用查询服务、通关状态查询服务、车辆跟踪服务等）在信息服务交换平台上注册，由平台统一负责受理信息服务提供方的注册，并统一受理服务需求方的请求。平台收到请求后，在平台内部进行搜索，得到与该请求相关的信息服务提供方清单，并将服务请求转发给相关的信息服务提供方。服务提供方处理后，将服务数据返回平台，由平台处理后将服务数据转发给信息服务需求方。

① 服务发布。信息服务交换平台向社会公布信息服务，包括信息服务类型、名称、信息服务的内容格式等。

② 服务注册。各信息服务提供方（如电子口岸、港口）按照所公布的信息服务标准，将所提供的信息服务在平台上注册，包括信息服务的名称、URL 地址等，并存入信息服务注册库。

③ 服务请求。信息服务需求方按照所公布的信息服务标准向平台发送服务请求。如查询某个企业的信用，信息服务需求方的请求中一般包括信息

服务的名称、企业名称、日期约束等。

④ 服务搜索。平台收到请求后，若请求中未明确信息服务提供方，则在信息服务注册库中搜索，找到提供该项服务的信息服务提供方信息，按一定规则进行筛选。

⑤ 服务调用。平台分别调用各信息服务提供方的信息服务，转发信息服务需求方的请求。信息服务提供方处理后，按照信息服务标准将结果返回平台。

⑥ 服务整合与响应。平台对各信息服务提供方返回的数据按照信息服务标准进行整合处理，再返回给信息服务需求方。

（2）瘦网络方式。平台收到请求后，在系统内部进行搜索，得到与该请求相关的信息服务提供方的服务地址信息，并将服务地址信息返回给信息服务需求方；信息服务需求方根据返回的服务地址信息，向相应的信息服务提供方提交请求；信息服务提供方收到请求后进行处理，向信息服务需求方返回服务数据。瘦网络模式下物流信息服务交换网络架构如图 3-5 所示。

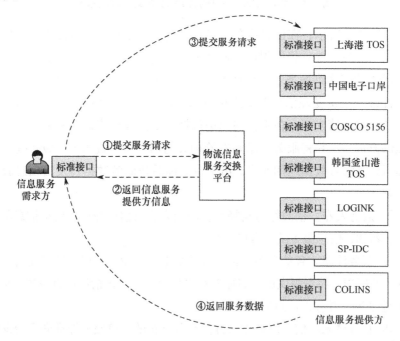

图 3-5　瘦网络模式下物流信息服务交换网络架构

如图 3-5 所示，瘦网络方式下物流信息服务交换的实现过程包括提交服务请求、返回信息服务提供方信息、提交服务请求、返回服务数据四个环节。在这种方式下，信息服务交换平台仅负责向用户提供信息服务地址，不参与具体的信息查询，因而数据的传递和处理量很低，网络的可靠性、安全性要求也不需要很高。

① 提交服务请求。信息服务交换平台向社会公布信息服务，各信息服务提供方按照所公布的信息服务标准，将所提供的信息服务在平台上注册，信息服务需求方按照所公布的信息服务标准向平台发送服务请求。

② 返回信息服务提供方信息。平台收到请求后，若请求中未明确信息服务提供方，则在信息服务注册库中搜索，找到提供该项服务的信息服务提供方信息，按一定规则进行筛选后，返回给信息服务需求方。

③ 提交服务请求。信息服务需求方分别调用各信息服务提供方的信息服务，发送详细的服务请求。

④ 返回服务数据。信息服务提供方处理后，按照信息服务标准将服务数据返回给信息服务需求方。

3. 信息服务交换业务分类

1）数据服务

数据服务是指信息服务提供方根据用户的需求对自己的数据实体进行查询、提取、聚合等操作，将数据结果集返回给用户。

（1）查询服务。查询业务指信息服务需求方在提交查询条件后即时得到查询结果。当需求方在查询条件中不明确提供方时，则为轮询，即信息服务交换平台向支持该项服务的所有信息服务提供方进行轮询，如车辆单点定位查询、历史运行查询、企业信用查询等。

（2）订阅服务。订阅业务指信息服务需求方提交查询条件、同时提交订阅触发条件后，信息服务提供方根据订阅触发条件，多次主动推送返回查询结果。此服务的实现过程包括订阅服务设置、订阅数据推送、订阅服务取消三个步骤。

① 订阅服务设置。设置订阅触发条件及查询条件。订阅触发条件包括定时器和触发器两种方式。定时器方式是信息服务提供方每隔一定的时间，主动推送返回一个查询结果，例如每隔 1h 就主动推送返回一个查询结果。

触发器方式是信息服务提供方对数据进行监控，一旦满足触发条件，就主动推送返回一个查询结果。

② 订阅数据推送。信息服务提供方向需求方推送所订阅的数据，如车辆定位事件通知、车辆连续跟踪服务要求服务需求方拥有固定的 URI 地址。

③ 订阅服务取消。取消先前所订阅的服务。例如，取消车辆定位事件通知服务、取消单车连续定位服务。如果在订阅设置时，设置了订阅服务的时长或期限，则到期后自动取消订阅，需求方不需要进行取消订阅服务的操作。

2）应用服务

应用服务指信息服务提供方根据用户的需求调用自己的应用服务，将处理结果返回给用户。

以库存优化服务为例，用户按照标准格式将相关参量（单位成本、需求特征、目标服务水平等）提交给信息服务提供方，调用库存优化服务进行优化后，将结果（如订货点、订货量、安全库存水平等）以标准格式返回给用户。

3.2.4 物联网中间件

中间件是位于平台（硬件和操作系统）与应用之间的通用服务，这些服务具有标准的程序接口和协议。物联网中间件（IoT Middleware）负责实现与 RFID 硬件、配套设备的信息交互和管理，同时作为一个软/硬件集成的桥梁，完成与上层复杂应用的信息交换。物联网中间件的位置和作用如图 3-6 所示。

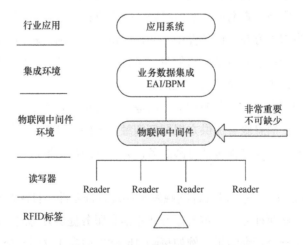

图 3-6　物联网中间件的位置和作用

如图 3-6 所示，物联网中间件是 RFID 应用框架中相当重要的一环，它起到一个中介的作用，能够屏蔽前端硬件的复杂性，并把采集的数据发送到后端的 IT 系统。

物联网中间件在应用中的主要作用包括两个方面：其一，控制 RFID 读写设备按照预定的方式工作，保证不同读写设备之间能很好地配合协调；其二，按照一定的规则筛选过滤数据，筛选绝大部分冗余数据，将真正有效的数据传送给后台的信息系统。从应用程序端使用中间件所提供的一组通用的 API（Application Programming Interface，应用程序接口），能连到 RFID 读写器，读取 RFID 标签数据。目前，物联网基于 EPC 系统架构下所采用的中间件是 Savant 中间件。EPC 系统结构如图 3-7 所示。

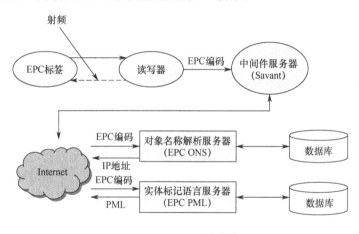

图 3-7　EPC 系统结构

如图 3-7 所示，中间件服务器（Savant）用于处理从一个或多个读写器发出的标签流或传感器数据。Savant 系统是 EPC 系统网络的神经中枢，它主要负责传送和管理读写器识读的信息流。中间件服务器是连接读写器和企业信息系统的纽带，处理读写器的资料读取，并按照规定的程序处理各个事件，并且进行分析和调用。同时，中间件服务器还负责即时读取事件所应诱发的提醒功能，管理读取资料，并与 EPC 信息服务器及企业信息系统进行信息交换，再将数据进行过滤、计数和总计，压缩数据容量。中间件服务器的主要任务是在将数据送往企业应用程序之前进行标签数据校对、读写器的协调、数据的传送、数据存储和任务管理。

3.2.5　无线传感器网络

1．无线传感器网络概况

随着人类探知领域的拓展，信息的获取、存储、处理、传输和利用已逐步深入社会、生产、生活的各个层面。集成了传感器技术、微机电系统技术、无线通信技术和分布式信息处理技术等前沿科技的无线传感器网络应运而生。

无线传感器网络技术的兴起，将逻辑上的信息世界和真实的物理世界紧密地结合起来，从而实现了"无处不在的计算"模式，最终实现物理世界、计算世界、人类社会三元世界的连通。它被认为是 21 世纪最重要的技术之一，将对人类的生活方式产生巨大的影响。

2．无线传感器网络概念

目前，国内传感器网络标准化工作组关于无线传感器网络的最新定义为：利用无线传感器网络节点及其他网络基础设施，对物理世界进行信息采集并对采集的信息进行传输和处理，以及为用户提供服务的网络化信息系统。

学术界一般从功能层次上把无线传感器网络概括成一个集信息感知、信息处理、信息传送和信息提供等功能于一体的有机自知整体，通常包括一个或多个汇聚节点（Sink）、网关及大量微型化传感节点，它是一个相对统一、典型的结构。无线传感器网络如图 3-8 所示。

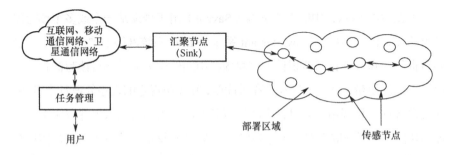

图 3-8　无线传感器网络

如图 3-8 所示，传感节点是具有一定的感知、计算与无线通信能力，并具有独立电池模块的嵌入式设备；传感节点通过自组织的方式形成多跳无线网络系统，通过协作的方式收集数据，通过数据处理获得低冗余信息，经过多跳的方式传送给汇聚节点。

3．无线传感器网络的特点

无线传感器网络的应用领域极为广泛，包括军事国防、环境监测、工业监控、医疗保健、物流跟踪、智能家居、桥梁监控、智慧交通、能源输送等。工作环境与网络业务的多样化，使得无线传感器网络的硬件平台、软件系统与协议设计具有应用驱动的显著特征。无线传感器网络具有鲜明的系统特点、技术特点和硬件特点。

1）系统特点

（1）面向任务。无线传感器网络是任务驱动的自组织系统，其关注的是对用户的任务需求的执行与反馈，其网络资源分配、节点组织方式、信息交互方式需要与任务需求相适应，而不是仅仅关注网络连通性与通信服务质量的网络通信系统。

（2）大规模组网。由于单个传感节点的功能限制，需要布设大量节点以获得较大的覆盖范围，通过分布式处理采集大量的信息以提高监测的精确度，同时利用大量节点的群集效应完成少数节点无法负担的任务。大规模特性给网络拓扑管理、维护与数据的 QoS 服务带来了巨大的挑战。

（3）自组织，网络安全性较差。在大部分网络应用中，传感节点的布设往往具有随机性，而且存在节点故障、无线链路不稳定等因素。在无线传感器网络中，个别节点的损坏并不会影响整个无线传感器网络的运行，节点可以随时加入或离开网络，这要求节点具有自组织能力，能够自动进行配置和管理，通过拓扑控制机制和网络协议自动形成多跳无线网络系统。它不需要固定网络的支持，具有快速展开、抗毁性强等特点。另外，由于无线传感器网络大规模部署，并且采用无线信道、分布式控制等技术，使得它更容易受到被动窃听、主动入侵等攻击，因此，需要特别考虑信道加密、抗干扰等安全管理措施。

（4）高冗余。节点数量众多，分布密集。大量冗余节点的存在可以有效提高信息采集的精确度，降低对单个节点功能的要求，同时提高网络连通性和可靠性。

（5）以数据为中心，数据传输方向性强。与以地址为中心的传统网络不同，无线传感器网络是基于任务的网络，用户不关心数据是从哪个或哪些节

点获取的，而是关心数据本身，数据的属性比该数据所在节点的 ID 更重要，这对网络的路由协议设计提出了新的挑战。另外，数据的传输具有很强的方向性。一般情况下，查询、管理及配置等信息是从用户向网络中的节点发布，而监测、事件驱动上报等信息是从分布在监测区内的传感节点向汇聚节点传送，进而到达用户。

（6）在网信息处理。由于用户关心的是最终数据，而且无线传感器网络的高冗余特性决定了其需要进行在网处理（In-network Processing），包括数据聚合（Data Aggregation）与协同处理等。通过在网处理可以降低数据冗余，提取有效数据，最小化数据传输以降低网络能耗，延长网络生存时间。

2）技术特点

随着无线传感器网络应用场景的多元化，传感节点和获取信息的方式日趋复杂多样，使得无线传感器网络数据业务量急剧增加，对无线传感器网络提出了更高的要求，急需提高无线传感器网络在采集、处理、传输等方面的综合能力和基础设备设施覆盖率。下面以无线传感器网络信息获取、信息传输、信息处理这三大信息技术支柱为依据，主要介绍无线传感器网络的信息感知、信息交互、信息处理方面的技术特点。

（1）信息感知。

① 在目标探测方式方面，存在主动式和被动式两种探测方式。这两类设备在感知模式、用于反馈环境或指令等信息的执行器结构和功能、感知信息在网络中的传输模式和流量特征、信息预处理，以及节点状态控制等方面存在较大差异。

② 在感知参量方面，存在单参感知、多参感知两种需求。在单参量传感节点、同一类参量多节点、多参量多节点等的感知方式上，其采样方式、预处理及基于物理相关性进行模态融合等信息处理上存在显著差别，进而导致节点设备结构上存在较大差异。

③ 在目标参数类型方面，存在标量感知信息、矢量感知信息两种类型。传感信息类型的不同，会导致在时间相关性、空间相关性、目标信息相关性、模态相关性等方面存在重要差异。传感节点设备在设备软/硬件资源配置、功能模块设计等方面存在较大差异，如矢量类感知信息对同步、定位等存在较高要求。

④ 在节点对感知信息的协同处理能力方面，一般存在高协同信息处理能力和低协同信息处理能力。一方面，对于地震波、声波及大部分混合传感

器信息，节点需要具有本地高协同处理能力，以减少网络传输能量；另一方面，对于一般家居控制、环境监测等信息，传感节点则仅需要简单的处理能力。由于人力、技术、成本等因素，针对高协同信息处理能力设备和低协同信息处理能力设备的开发，也存在较大差异。

⑤ 在网络通信能力方面，低功耗无线传输设备存在 100m 内近距和 100～1000m 中距两大类需求，不仅满足室内和室外传感节点密集布设需要，而且为野外传感节点的使用带来极大便利。

（2）信息交互。无线传感器网络多样化的应用需求与复杂的应用环境，决定了其各方面技术设计均需要面向应用进行考虑。传感器设备的交互行为与特征，均会由于不同任务、不同环境等因素而存在较大差异。大部分应用都有共性可循，无线传感器网络的应用按照源节点和汇聚节点的信息交互方式的差异，主要分为以下几类。

① 周期性监测。节点感知环境的相关参数，并周期性向基站汇报，汇报的周期由具体的应用要求决定。周期性监测可应用于精细农业、工业。周期性监测通常会与突发事件监测相结合，监测到的数据一旦发生异常，系统就自动进入检测模式。

② 突发事件监测。一旦源节点监测到异常事件，则必须马上向基站汇报。简单的事件可通过单个节点在本地感知；复杂的事件需要邻近多个节点协同感知，并将信息在基站融合，从而判断这一复杂事件是否发生。

③ 环境重构与边缘检测。某一物理参数随空间变化，利用单个传感节点的有限样本，无线传感器网络提取空间特性，重构事件模型。例如，在森林火灾应用中，可通过不同位置的传感器感知到的温度或烟尘信息，重构火灾模型，或找到等温点确定火灾的边界。

④ 跟踪监测。目标事件是移动的，感知到该目标的所有源节点协同估算出目标的位置、速度和方向等，并将估算结果向基站汇报。例如，监测入侵者的运行轨迹、跟踪野生动物的活动。

⑤ 查询驱动。无线传感器网络的数据查询应用可以分为查询动态数据和查询历史数据两类。查询动态数据时，数据在传感节点监测到的一个小的时间窗内有效，如事件监测查询或一些特定查询。查询历史数据的每个数据都很重要，不能丢失，具体是指对监测到的历史数据进行数据挖掘，用于发现事件特殊模式，分析数据走势，形成特定事件的理想模型等。

（3）信息处理。在信息处理方面，无线传感器网络存在信息参量的多

样性、信息变化的复杂性、信息融合的层次性、信息处理的协同性四个主要特征。

① 信息参量的多样性。由于应用场景的差别和需求的不同，无线传感器网络信息感知方法的特征首先表现为传感器所感知信息参量的多样性。不同类型的传感器所测量的物理参量类型是不同的，常用的被动型传感器包括磁场传感器、热传感器、化学传感器、光传感器、声响传感器和振动传感器等，而常用的主动型传感器则包括超声波传感器、雷达传感器等。一般而言，网络中节点传感器的选择应当综合考虑应用需求、目标的物理属性及传感器模态的特性等因素。传感器模态的特性可以概括为测量方向性、封装特性、技术成熟度、节点资源约束条件下本地信号处理算法可实现性、测量距离、多模态可共存、测量类型和方式等。

② 信息变化的复杂性。无线传感器网络所需感知的物理信息变化十分复杂，物理量变化既可以是一种短时瞬态变化过程，也可以是一种长时缓慢变化的过程。此外，物理信息量的变化既可以仅在局部受限区域内发生，也可以作用在全局网络范围内。无线传感器网络信息变化的复杂性还表现在其所处环境变化和所受干扰的复杂性。

③ 信息融合的层次性。信息融合在一些文献中也被称为数据融合，在信息系统设计中具有至关重要的作用。美国三军联合实验室理事联合会认为，信息融合是一个多层次、多方面的处理过程，包括对多源数据进行检测、相关、组合和估计，从而提高状态和身份估计的精度，以及对战场态势和威胁的重要程度进行适时完整的评价。数据融合分为五个不同级别：数据预处理级（Level0）、目标评估级（Level1）、态势评估级（Level2）、影响评估级（Level3）和过程评估级（Level4）。一般认为，前两个级别属于数据融合的低级层次，以数值计算过程为主；后三个级别属于数据融合的高级层次，对其研究主要采用基于知识及知识推理的方法。

④ 信息处理的协同性。无线传感器网络信息处理与信息融合在不同传感器模态、节点、簇间及子网间相互协同。无线传感器网络在完成信息感知任务时，会受到环境变化干扰和噪声、动态应用需求、传感器测量可靠性和移动子网状态的不确定性等多方面因素的影响，这些都需要通过设计有效的协同感知方法来解决。协同问题已成为无线传感器网络信息处理中的核心问题。

3）硬件特点

无线传感器网络节点一般以电池供电，但针对应用业务的不同需求，有时需要太阳能、振动能、风能、热能等额外能量提取技术。板级控制器是整个硬件架构的心脏，负责对所有板级部件进行控制管理，板级控制器需要满足低功耗要求。通信单元是无线传感器网络节点间沟通的桥梁，一般采用微功耗集成无线芯片。在硬件方面，无线传感器网络具有能量受限、通信能力受限、计算和存储能力受限三个主要特征。

（1）能量受限。传感节点所携带的电池的能量十分有限。一是由于传感节点分布区域广，而且部署区域环境复杂，许多区域甚至人员不可达，因此能源难以补充；二是受限于节点尺寸与成本，无法采用大容量电池或太阳能电池。因此，高效使用能量以最大化网络生存时间是无线传感器网络设计的重要目标。

（2）通信能力受限。无线通信的能量消耗随着通信距离的增加而急剧增加。因此，在满足通信连通度的前提下应尽量缩短单跳通信距离，数据传输采用多跳路由机制；同时，节点的无线通信带宽有限，一般只有几百比特率。

（3）计算和存储能力受限。传感节点是一种微处理嵌入设备，要求价格和功耗较低，这些限制必然导致其携带的处理器性能较低、存储器容量较小。因此，需要通过多节点协同合作以实现复杂的网络功能。

3.2.6 云计算

物联网技术将新一代信息技术充分运用在各行各业之中。计算机设备行业的迅猛发展为互联网高速化、智能化发展注入了强大动力。云计算（Cloud Computing）以其超大的规模、虚拟化、高可靠性、通用性、高可扩展性、按需服务、廉价及方便等特点，成为互联网发展的新主题。在物联网与互联网的整合中需要一个或多个强有力的计算中心，能够对整合网络内的人员、机器、设备、基础设施实施实时的管理和控制。物联网与云计算的结合是一种趋势。从拟人化的角度考虑，如果将物联网比喻为人的五官、四肢和神经系统，那么云计算就像人的大脑一样。

1. 云计算的基本概念

云计算是基于互联网的相关服务的增加、使用和交付模式，通常涉及通过互联网来提供动态易扩展且经常是虚拟化的资源。云计算技术的运用意味着计算能力也可以作为一种商品通过网络进行流通。云计算的体系架构如图 3-9 所示。

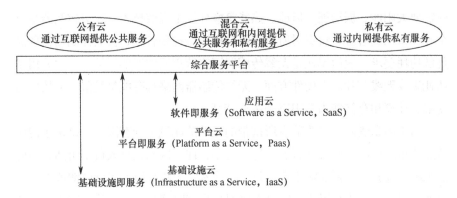

图 3-9 云计算的体系架构

如图 3-9 所示，软、硬件资源在云计算中以分布式共享的形式存在，可以被动态地扩展和配置，最终以服务的形式提供给用户。用户按需使用云中的资源，不需要管理，只需要按实际使用量付费。这些特征决定了云计算架构符合物联网应用模式，能够有力地支撑物联网应用的部署，必将引领信息产业发展的新浪潮。

2．云计算的分类

1）按服务类型分类

云计算按服务类型分类有基础设施云（Infrastructure Cloud）、平台云（Platform Cloud）和应用云（Application Cloud）三大类。

（1）基础设施云。基础设施云为用户提供的是底层、接近于直接操作硬件资源的服务接口。通过调用这些接口，用户可以直接获得计算和存储能力，而且非常自由灵活，几乎不受逻辑上的限制。但是，用户需要进行大量的工作来设计和实现自己的应用。

（2）平台云。平台云为用户提供一个托管平台，用户可以将它们所开发和运营的应用托管到云平台中。但是，这个应用的开发、部署必须遵守该平台特定的规则和限制，所涉及的管理也需由该平台负责。

（3）应用云。应用云为用户提供可以为其直接所用的应用，这些应用一般是基于浏览器的，针对某一项特定的功能。应用云最容易被用户使用，因为它们都是开发完成的软件，只需要进行一些定制就可以交付。但是，它们也是灵活性最低的，因为一种应用云只针对一种特定的功能，无法提供其他功能的应用。

2）按服务方式分类

云计算按服务方式分类有公有云（Common Cloud）、私有云（Private Cloud）和混合云（Mixing Cloud）三大类。

（1）公有云。公有云是由若干企业和用户共享使用的云环境。在公有云中，用户所需的服务由一个独立的第三方云提供商提供。该云提供商也同时为其他用户服务，这些用户共享这个云提供商所拥有的资源。

（2）私有云。私有云是由某个企业独立构建和使用的云环境。在私有云中，用户是这个企业或组织的内部成员，这些成员共享着该云计算环境提供的所有资源，该公司或组织以外的用户无法访问这个云计算环境所提供的服务。

（3）混合云。混合云是指公有云和私有云的混合。对于信息控制、可扩展性、突发需求，以及故障转移需求来说，混合与匹配私有云和共有云是一种有效的技术途径。出于安全和控制原因，并非所有的企业信息都适合放置在公有云上，这样大部分已经应用云计算的企业将会使用混合云模式。事实上，私有云和公有云并不是各自为政，而是相互协调工作。例如，在私有云里实现利用存储、数据库和服务的处理，同时在无须购买额外硬件的情况下，在需求高峰期充分利用公有云来完成数据处理需求，以期望实现利益的最大化。

另外，混合云也为其他目的的弹性需求提供了一个很好的基础，如灾难恢复。这意味着私有云把公有云作为灾难转移的平台，并在需要的时候去使用它。这是一个极具成本效应的理念。

3. 云计算的服务

作为一种新的计算模式，云计算能够将各种各样的资源以服务的方式通过网络交付给用户。这些服务包括种类繁多的互联网应用、运行这些应用的平台，以及虚拟化后的计算和存储资源。云计算环境要保证所提供服务的可伸缩性、可用性与安全性。

因此，云计算需要一个清晰的架构来实现不同类型的服务及满足用户对这些服务的各种需求。

1）基础设施即服务

基础设施即服务（Infrastructure as a Service，IaaS）交付给用户的是基本的基础设施资源。用户无须购买、维护硬件设备和相关系统软件，就可以直

接在基础设施即服务层上构建自己的平台和应用。基础设施向用户提供虚拟化的计算资源、存储资源和网络资源。这些资源能够根据用户的需求进行动态分配。基础设施即服务所提供的服务都是较低层的，但使用也更为灵活。

2）平台即服务

平台即服务（Platform as a Service，PaaS）交付给用户的是丰富的云中间件资源，这些资源包括应用容器、数据库和消息处理等。因此，PaaS 面向的并不是普通的终端用户，而是软件开发人员，他们可以充分利用这些开放的资源来开发定制化的应用。

PaaS 的主要优势：PaaS 提供的接口简单易用；应用的开发和运行都基于同样的平台且兼容问题较少；应用的可伸缩性、服务容量等问题已由 PaaS 负责处理而不需要用户考虑；平台层提供的运营管理功能还能帮助开发人员对应用进行监控和计费。

3）软件即服务

软件即服务（Software as a Service，SaaS）交付给用户的是定制化的软件，即软件提供方根据用户的需求，将软件或应用通过租用的形式提供给用户使用。

SaaS 的主要特征体现在三个主要方面。第一，用户不需要在本地安装该软件的副本，也不需要维护相应的硬件资源，该软件部署并运行在提供方自有的或第三方的环境中；第二，软件以服务的方式通过网络交付给用户，用户端只需要打开浏览器或某种客户端工具就可以使用服务；第三，虽然软件面向多个用户，但每个用户都感觉到是独自占有该服务。

4．云计算与物联网

云平台可以屏蔽来自异构多源的感知信息的差异性，可以为上层应用平台提供统一、个性化、智慧的综合信息服务。从物联网后端的信息基础设施来看，物联网可以看作一个基于互联网的，以提高物理世界的运行、管理、资源使用效率等水平为目标的大规模信息系统。由于物联网前端的感知层在对物理世界感应方面具有高度并发的特性，并将产生大量引发后端的信息基础设施的深度互联和跨域协作需求的事件，从而使得上述大规模信息系统表现出以下性质。

（1）不可预见性。对物理世界的感知具有实时性，会产生大量不可预见的事件，从而需要应对大量即时协同的需求。

（2）涌现智能。对诸多单一物联网应用的集成能够提升对物理世界综合管理的水平，物联网后端的信息基础设施是产生放大效应的源泉。

（3）多维度动态变化。对物理世界的感知往往具有多个维度，并且是不断动态变化的，从而要求物联网后端的信息基础设施具有更高的适应能力。

（4）大数据量和实效性。物联网中涉及的传感信息具有大数据量、实效性等特征，对物联网后端信息处理带来诸多新的挑战。

云基础设施通过物理资源虚拟化技术，使得平台上运行的不同行业应用及同一行业应用的不同客户间的资源（存储、CPU 等）实现共享，提供资源需求的弹性伸缩，通过服务器集群技术将一组服务器关联起来，使它们在外界从很多方面看起来如同一台服务器，从而改善平台的整体性能和可用性。

云平台是物联网运营平台的核心，实现了网络节点的配置和控制、信息的采集和计算功能，在实现上可以采用分布式存储、分布式计算技术，实现对海量数据的分析处理，以满足大数据量和实时性要求非常高的数据处理要求。物联网运营平台架构在云计算之上，既能够降低初期成本，又解决了未来物联网规模化发展过程中对海量数据的存储、计算需求。

云应用在技术上应通过应用虚拟化技术实现多租户，让一个物联网行业应用的多个不同租户共享存储、计算能力等资源，提高资源利用率，降低运营成本，而多个租户之间在共享资源的同时又相互隔离，保证了用户数据的安全性。

实时感应、高度并发、自主协同和涌现效应等特征决定了物联网后端信息基础设施应该具备的基本能力，我们需要有针对性地研究物联网特定的应用集成问题、体系结构及标准规范，特别是大量高并发事件驱动的应用自动关联和智能协作等问题。

云计算的 IaaS、PaaS 和 SaaS 的实施策略符合互联网服务的思想，在 IaaS、PaaS 和 SaaS 的基础上，随着信息基础设施的发展，服务计算的重要性将显得越加重要。针对物联网需求特征的优化策略、优化方法也将更多地以服务组合的形式体现，并形成物联网服务的新形态。因此，云计算作为物联网应用的重要支撑，将伴随着物联网应用的不断推进而发展，智能信息服务必将是下一个伟大的变革。

3.3 物联网的信息服务技术

3.3.1 EPCIS 技术

EPCIS 所扮演的角色是 EPC Network 中的数据存储中心，所有与 EPC 代码有关的数据都放在 EPCIS 中。除数据存储功能外，EPCIS 也提供了一个标准的接口，以实现信息的共享。在 EPC Network 中，供应链中的企业包含制造商、流通商、零售商，都需要 EPCIS，只是共享的信息内容有所差异。EPCIS 采用 Web Service 技术，通过接口让其他应用系统或者交易伙伴得以进行信息的查询或更新。通过 EPC 信息服务，才可以掌握具体的产品流通过程以及其他与产品相关的信息。

1. EPCIS 的体系结构

EPCIS 负责接收 EPCIS 事件捕获客户端系统送来的 EPCIS 事件数据。这些事件数据被存储于 EPCIS 事件库中，并以 Web Service 的方式向用户提供查询和订阅服务。EPCIS 的体系结构如图 3-10 所示。

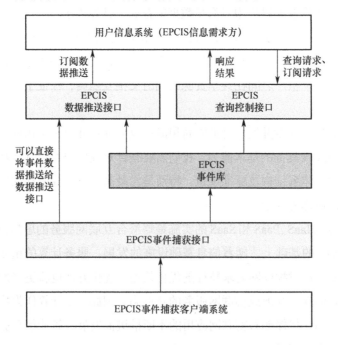

图 3-10 EPCIS 的体系结构

如图 3-10 所示，EPCIS 包括三个接口，即 EPCIS 事件捕获接口（EPCIS Capture Interface）、EPCIS 查询控制接口（EPCIS Query Control Interface）、EPCIS 数据推送接口（EPCIS Query Callback Interface）。其中后二者合称为 EPCIS 查询接口（EPCIS Query Interface）。EPCIS 事件捕获接口负责接收 EPCIS 事件捕获客户端系统送来的 EPCIS 事件数据，经过解释之后存入 EPCIS 事件库中。EPCIS 查询接口用于为用户提供查询和订阅服务。

2. EPCIS 工作流程

EPCIS 最主要的目的是，通过事件捕获接口收集读取商品识别号码所产生的事件，集成商业逻辑后存储在事件库内，并透过查询接口让企业内外部使用者或消费者进行查询，借以了解产品流通的来龙去脉。

EPCIS 的工作流程可以分为两个部分：一是通过 EPCIS 事件捕获接口与 EPCIS 事件库交互的过程；二是通过 EPCIS 查询接口与 EPCIS 事件库交互的过程。

由 EPC 编码通过 ONS 查询可以得到 URL 地址，捕获客户端获取到时间、地点、对象类别、数量和商业步骤等信息后，将这些数据封装成 XML 报文的格式；它通过 HTTP POST 请求，将该 XML 报文发送到该 URL 地址的数据库的 EPCIS 事件捕获接口；EPCIS 事件库记录捕获事件，并且将数据写入关系数据库中。

由 EPC 编码通过 ONS 查询可以得到 URL 地址，查询客户端接收查询条件，将查询条件通过 SOAP 协议发送到 EPCIS 查询接口。由于 EPCIS 事件库对 EPCIS 查询接口实施了 SOAP/HTTP 绑定，因而只有有效的 SOAP 请求才能通过 EPCIS 查询接口发送查询到数据库中。EPCIS 事件库记录下发生的查询事件，关系数据库收到查询请求后，返回查询结果给 EPCIS 事件库；EPCIS 事件库通过 EPCIS 查询接口，使用 SOAP 协议，将查询结果返回给查询客户端。

3.3.2　物品信息服务发现技术

EPC ONS 只是用来获取 EPC 的拥有者所维护的 EPCIS 服务地址，但是在供应链中，其他企业的 EPCIS 也可能捕获了与该 EPC 相关的物品流动信息，而通过 ONS 不能获取这些 EPCIS 服务地址，这种服务由 EPCIS Discovery 提供。在由多个参与者组成的供应链中，通常参与者事先不知道如何访问其他参与者的 EPCIS，也不可能自己跟踪供应链，这时就需要使用 EPCIS

Discovery，这正是 EPC 网络所要达到的目标。

EPCIS Discovery 是 EPC 网络体系结构的一个重要组成部分，是其中的一个核心服务。EPCIS Discovery 的模式分为三种：集中式仓库型（Centralized Warehouse）模式、集中式索引型（Centralized Indexing）模式和跟踪供应链型（Follow the Chain）模式。

1）集中式仓库型模式

在这种模式中，全局有一个中央的仓库。物品在流经供应链的各个环节时，所产生的 EPCIS 事件一方面存储在本地，另一方面直接写入仓库。这个过程可通过两种方式完成：一是仓库主动到各个 EPCIS 上收集新的 EPCIS 事件；二是 EPCIS 主动向仓库报告新的 EPCIS 事件。因此，用户直接查询仓库，以 EPC 为输入，即可得到物品在供应链中移动的详细信息。

该模式的优点是实现简单，用户接口也很简单，查询速度快。但是存在局限性：一是仓库如何有效地存储如此海量的数据，而且还能有效地响应海量的访问；二是安全问题，EPCIS 对于本地的数据应该是绝对控制，尤其是对于复杂的多级安全（如对于不同级别的用户返回不同程度的信息），集中式仓库型模式无法做到这一点。因此，该模式适用于 EPCIS 数据完全共享、数据规模小、访问量小的供应链环境。

2）集中式索引型模式

物品在流经供应链的各个环节时，产生的 EPCIS 事件，一方面存储在本地，另一方面以索引的形式向中央 DS（Digital Signal，数字信号）报告。用户以 EPC 为输入向中央 DS 发出查询，返回一系列的 EPCIS 地址，然后用户自行访问各个 EPCIS，整合成最终结果，即物品在供应链中移动的详细信息。

该模式的优点：一是实现简单；二是安全，EPCIS 只公开 EPCIS 事件的索引信息，用户对详细信息的访问完全由 EPCIS 进行访问控制，可以根据用户不同的安全级别返回相应的信息；三是中央 DS 负担也较轻。因为中央 DS 存储的是索引而不再是完整的 EPCIS 事件，而且数据库查询负担也相应减轻。该模式的局限性在于用户接口复杂，用户需要查询中央 DS 和各个 EPCIS，查询中央 DS 速度较快，但加上查询各个 EPCIS 的时间，总体响应速度变慢。因此，该模式适用于 EPCIS 数据部分共享的大规模供应链环境。

3）跟踪供应链型模式

跟踪供应链型模式是一种分布式的模式，以 IBM 正在研究的 Theseos 为代表。Theseos 作为一种查询引擎安装在各个 EPCIS 上，EPCIS 对本地 EPCIS 事件进行绝对的访问控制。本地 Theseos 接收查询并结合本地数据和本地安全策略给出一个查询结果,基于该结果,最初的查询被重写并发往其他 EPCIS 的 Theseos,如此递归地查询下去。这个过程称为 "Process and Forward(流程和前进)"。在各个 EPCIS 上的查询结果也是递归地返回,最后整合为物品在供应链中移动的详细信息返回给初始查询者。

　　该模式的优点是,采用分布式策略取消了中央 DS,避免了中央查询压力。但是,局限性在于 Theseos 的实现非常复杂;查询的响应时间较长,因为一个查询沿着供应链将变成多个查询,而且在每个 Theseos 处的处理比较复杂。因此,该模式适用于 EPCIS 完全控制本地数据、数据规模小、访问量小的供应链环境。

3.4　物联网安全技术

　　物联网是传统网络的延伸,除传统网络的信息安全问题外,还将给国家安全和个人隐私保护带来巨大挑战。物联网安全技术主要针对物联网的物理安全、信息采集安全、信息传输安全和信息处理安全等问题进行处理,为满足物联网各层安全需求并保障整个物联网的安全运行,提出了物联网安全技术总体框架。物联网安全技术总体框架如图 3-11 所示。

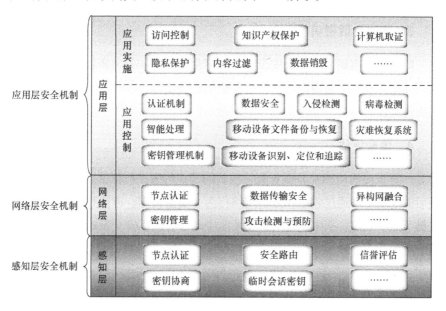

图 3-11　物联网安全技术总体框架

如图 3-11 所示，物联网安全技术总体框架包括感知层安全机制、网络层安全机制、应用层安全机制三个核心部分。其中，应用层安全机制又分为应用控制安全机制、应用实施安全机制两部分。

3.4.1 感知层安全机制

1. 节点认证

当传感数据共享时需进行节点认证，以确保非法节点不能接入。节点认证问题可通过对称密码或非对称密码方案解决。使用对称密码认证方案需要预置节点间的共享密钥，该方案消耗网络节点的资源较少、效率高，因此被多数传感网选用。使用非对称密码技术的传感网一般具有较高的计算和通信能力，并且对安全性有更高的要求。

2. 密钥协商

密钥协商指两个或多个实体通过协商共同建立会话密钥，任何一个参与者均对结果产生影响，不需要任何可信的第三方。部分传感网内部节点在进行数据传输前需要预先协商会话密钥。

3. 临时会话密钥

临时会话密钥是为保证安全而随机产生的加密和解密密钥，在节点认证的基础上完成密钥协商是建立会话密钥的必要步骤，它们共同保证传感网通信的机密性。

4. 信誉评估

一些重要的传感网需要对敌手控制的节点行为进行评估，以降低敌手入侵后的危害。可通过收集和分析网络行为、安全日志、审计数据和传感网中关键节点的信息，从中发现网络或系统中是否有违反安全策略的行为和被攻击的迹象。

5. 安全路由

对传感网路由协议的攻击主要有两种：一种是直接篡改数据，另一种是改变网络的拓扑结构。从维护安全路由的角度出发，要寻找尽可能安全的路由以保证网络的安全。目前可采用的方法有多路径算法和双重安全路由算法等。

　　由于传感网的安全一般不涉及其他网络的安全，因此是相对独立的网络，一些已有的安全解决方案在物联网环境中也同样适用。但由于物联网环境中传感网遭受外部攻击的机会增大，因此用于独立传感网的传统安全解决方案需要提升安全等级后才能使用。相应地，感知层安全机制所涉及的密码技术包括轻量级密码算法、轻量级密码协议、可设定安全等级的密码技术等。

3.4.2　网络层安全机制

1．节点认证

　　网络层中的节点认证包括点到点之间的认证和端到端的认证。端到端与点到点是针对网络中传输两端设备间的关系而言的。端到端指在数据传输前，经过各种各样的交换设备，在两端设备间建立一条链路，就像它们是直接相连的一样，链路建立后，发送端就可以发送数据，直至数据发送完毕，接收端确认接收成功。点到点指发送端把数据传给与它直接相连的设备，这台设备在合适的时候又把数据传给与之直接相连的下一台设备，通过一台一台直接相连的设备，把数据传到接收端。可通过"身份认证码统一发放、分布式认证"方案保证物联网网络层节点的安全认证。

2．数据传输安全

　　数据传输安全指数据在传输过程中必须确保数据的安全性、完整性和不可篡改性。可通过对传输中的数据流加密来防止通信线路上的窃听、泄露、篡改和破坏，而数据传输的完整性通常通过数字签名的方式来实现。

3．密钥管理

　　密钥管理指处理从密钥产生到最终销毁整个过程中的有关问题，包括系统的初始化，密钥的产生、存储、备份/恢复、导入、分配、保护、更新、泄露、撤销和销毁等内容。网络层密钥管理可通过公钥基础设施技术和密钥协商来保证物联网网络层信息的通信安全。

物联网与供应链

4．攻击检测与预防

攻击检测与预防主要针对网络攻击，它指一个或处于不同位置的多个攻击者控制位于不同位置的多台主机同时向一个或数个目标发起拒绝服务攻击。可通过以下方法进行预防：定期扫描、在骨干节点配置防火墙、用足够的机器承受黑客攻击、充分利用网络设备保护网络资源、过滤不必要的服务和端口、检查访问者的来源等。

5．异构网融合

随着无线网络的快速发展，网络模式纷繁复杂，各种模式之间的不兼容性导致网络无法有效融合。基于软件无线电的认知无线网络可以很好地解决以上问题。建立可认知、可重构的无线网络系统对于节省网络投资、优化网络部署、提高网络安全等都有重要的作用。

为保证整个网络传输的安全性，网络层安全需要深入研究异构网安全技术，如异构网络安全路由协议、接入认证技术、入侵检测技术、加解密技术、节点间协作通信技术等。

3.4.3 应用层安全机制

1．应用控制安全机制

应用控制安全机制包括认证机制和密钥管理机制、数据安全、智能处理，入侵检测、病毒检测、灾难恢复系统、移动设备识别、定位和追踪，移动设备文件备份与恢复等。

1）认证机制和密钥管理机制

应用控制的首要任务是通过建立可靠的认证机制和密钥管理机制判断信息的真实性和有效性。其中，密钥管理机制应包括 PKI（Public Key Infrastructure，公开密钥基础设施）和对称密钥的有机结合机制。

2）数据安全

应用控制中的数据安全主要强调为数据处理提供高强度的数据机密性和完整性服务。数据机密性保护可通过访问控制来实现，即只有授权实体才能访问信息。数据完整性可通过数据标签、数据加密、纠错码、检错码等方法实现。

3）智能处理

可靠的高智能处理手段和方法是实现应用控制安全的关键。智能处理的方法包括信息融合技术、人工神经网络技术、专家系统及它们的综合集成。

4）入侵检测

入侵检测可在不影响网络性能的情况下对网络进行检测，从而提供对内部攻击、外部攻击和误操作的实时保护，以及恶意指令分析和预防。可通过执行以下任务来实现：监视、分析用户及系统活动；系统构造和弱点审计；识别反映已知攻击的活动模式并向相关人士报警；异常行为模式的统计分析；评估重要系统和数据文件的完整性；操作系统的审计跟踪管理，并识别用户反安全策略行为等。

5）病毒检测

在与病毒的对抗中，尽早发现并及时处理病毒是保证应用控制安全和降低损失的有效手段。病毒检测方法有特征代码法、校验和法、行为检测法和软件模拟法等。

6）灾难恢复系统

灾难恢复系统能避免各种软硬件故障、人为误操作和病毒侵袭等所造成的损失，并且在发生大范围灾害性突发事件时，充分保护系统中有价值的信息，保证系统仍能正常工作。设计一个灾难恢复系统需要考虑多方面的因素，包括备份/恢复的范围，生产系统和备份系统之间的距离与连接方法，灾难发生时系统要求的恢复速度及能容忍丢失的数据量，备份系统的管理和经营方法及可投入的资金额等。

7）移动设备识别、定位和追踪

移动设备识别码是由 15 位数字组成的"电子串号"，它与每台手机一一对应，而且该码是全世界唯一的。与物联网技术相结合后，移动设备识别码还可实现移动设备的定位和追踪，增强移动设备的防盗功能，进而保证信息的安全。

8）移动设备文件备份与恢复

由移动设备丢失所导致的安全隐患可通过移动设备文件（包括秘密文件）备份与恢复来解决。与传统的文件备份系统相比，基于差异的远程文件备份与恢复方法能显著减少网络流量，大幅提升备份与恢复的效率，更加适合在物联网环境下应用。该方法利用快照技术在客户端维持文件的新、旧两个版本，计算出这两个版本之间的差异形成文件差异集，将其传输到备份中

心后重放该差异集，生成新的备份文件副本，即完成远程文件备份。当遇到灾难时，文件备份中心可为用户恢复其备份的文件到客户端，最大限度地降低移动设备丢失所造成的损失。

2. 应用实施安全机制

应用实施安全机制包括访问控制、内容过滤、隐私保护、计算机取证、数据销毁和知识产权保护等。

1）访问控制

访问控制是按用户身份及其所归属的某预定义组来限制用户对某些信息项的访问，或限制对某些控制功能的使用。采用可靠的访问控制机制是数据库系统安全乃至物联网安全的必要保证。目前，主流的访问控制技术有自主访问控制、强制访问控制、基于角色的访问控制等。为了满足物联网环境下的复杂安全要求，新的访问控制技术——使用控制为物联网提供一个新的智能基础。使用控制集合了前三者所有的优点，并可利用其可变性和连续性为系统安全提供可靠保证。

2）内容过滤

内容过滤是对网络内容进行监控，以防止某些特定内容在网络上进行传输。采取适当的内容过滤技术措施对网络不良信息进行过滤，可阻止不良信息对人们的侵害，适应社会对意识形态方面的要求，还通过规范用户的上网行为，提高工作效率，合理利用网络资源，减少病毒对网络的侵害。

3）隐私保护

保护个人隐私信息是物联网安全的重要内容，可通过以下方面健全个人隐私信息保护机制。

（1）开发新技术，从技术上为物联网个人信息提供一个安全环境，保证个人信息在网络传输中的完整性、保密性。

（2）完善有关网上个人信息保护的国内法律制度，限制商务活动中对消费者个人隐私信息的收集与利用。

（3）加强网上企业等组织的自律性。

（4）制定统一的国际条约，解决各国在保护网上个人隐私信息方面的法律冲突。

4）计算机取证

计算机取证是运用计算机及其相关科学和技术的原理与方法，获取与计算机相关的证据以证明某个客观事实存在的过程。计算机取证学是相对较新的学科，现有的取证技术还存在着一定的局限性。物联网环境下的计算机取证将向以下几个方向发展。

（1）计算机取证需求逐步融入系统的研究与设计。

（2）计算机取证领域继续扩大，取证工具出现专门化、自动化、集成化趋势。

（3）取证工具评价标准与取证过程标准工作将逐步展开，法律法规将逐步完善。

（4）设置机构对计算机取证机构和工作人员的资质进行认证，使得取证结果更具有权威性。

5）数据销毁

数据销毁是指采用各种技术手段将计算机存储设备中的数据予以彻底删除，避免非授权用户利用残留数据恢复原始数据信息，以达到保护关键数据的目的。主要的数据销毁技术包括数据删除、数据清理、物理销毁等。物联网环境下的数据销毁还应注意以下两个问题：一是必须严格执行有关标准，二是要注意销毁备份数据。

6）知识产权保护

知识产权是指人类智力劳动产生的劳动成果所有权，一般包括版权和工业产权。在物联网环境下，应着重加强软件和电子产品等知识产权的保护。首先要处理好保护创新与鼓励创新、知识专有权与知识共享权、立法程度与执法难度之间的均衡关系。其次，要加强知识产权保护技术的研究，如软件激活技术和叛逆者追踪技术等。

针对应用实施安全架构中的内容需要发展相关的密码技术，包括访问控制、匿名签名、匿名认证、密文验证、门限密码、叛逆追踪、数字水印和指纹技术等。

3.5　本章小结

本章从感知技术、网络技术、信息服务技术、物联网安全技术四个方面全方位地介绍了物联网的相关关键技术。感知技术用于感知"物"，主要介绍 RFID 技术、传感器技术、嵌入式系统。网络技术用于传递与交换"物"的相关信息与服务，主要介绍 EPC 技术、信息服务交换技术、无线传感器网

络和云计算。信息服务技术用于为用户提供各种类型的信息服务，主要介绍EPCIS 技术及物品信息服务发现技术。物联网安全技术的最终目标是为了保护信息的机密性、完整性、真实性、容错性，主要通过感知层、网络层、应用层三个层次来介绍物联网安全技术。

参 考 文 献

[1] 王焕娟，秦日臻. 基于物联网标识技术的智慧供应链管理[C]//中国电机工程学会电力信息化专业委员会. 生态互联 数字电力——2019 电力行业信息化年会论文集. 中国电机工程学会电力信息化专业委员会：人民邮电出版社，2019：221-224.

[2] 郝惠惠，康利娟. 物联网技术在智慧物流中的应用[J]. 信息与电脑（理论版），2020，32(7)：9-11.

[3] 尹丽. 物联网下农产品智慧物流设计探讨[J]. 现代农业研究，2020，26(3)：30-31.

[4] 王继祥. 智慧物流发展路径：从数字化到智能化[J]. 中国远洋海运，2018(6)：36-39.

[5] 王喜富. 物联网与智能物流[M]. 北京：北京交通大学出版社，2014.

[6] 王喜富. 物联网与物流信息化[M]. 北京：电子工业出版社，2011.

[7] 宫新鹏，乔敏慧. 铁路物流服务平台网络安全解决方案研究[J]. 无线互联科技，2020，17(7)：133-134.

[8] 王佳斌，郑力新. 物联网技术及应用[M]. 北京：清华大学出版社，2019：194-200.

[9] 凌宁. 基于 iOS 系统的安全性研究[D]. 北京：北京邮电大学，2014.

[10] 林婷婷. 白盒密码研究[D]. 上海：上海交通大学，2016.

[11] 武传坤. 物联网安全架构初探[J]. 中国科学院院刊，2010(4)：411-419.

[12] 郝文江，武捷. 物联网技术安全问题探析[J]. 信息网络安全，2010(1)：49-50.

[13] 蒋小瑜，上海世博触摸物联网安全的第一根神经[J]. 信息安全与通信保密，2010(5)：9-12.

[14] 胡松. 无线传感器网络安全问题的研究[D]. 长沙：中南大学，2009：2-8.

[15] LEUSSE P D, PERIORELLIS P. Self Managed Security Cell, a security model for the Internet of Things and Services[J].2009 First International Conference on Advances in Future Internet.47-51.

[16] 吴功宜. 智慧的物联网[M]. 北京：机械工业出版社，2010.

[17] 周洲，黄永峰，李星. P2P 网络的节点安全认证[J]. 东南大学学报，2007(9)：100-104.

[18] 田仲富. 公钥基础设施（PKI）安全性研究[J]. 中国安全科学学报，2009(2)：116-119.

[19] 秦航，崔艳荣. 基于认知无线网络的异构网融合研究[J]. 长江大学学报，2008(12)：261-263.

[20] 张艳，李强，李单舟，等. 信息系统灾难恢复系统结构[J]. 计算机科学，2006(6)：101-105.

[21] 彭勇等. 基于差异的远程文件备份与恢复方法[J]. 四川大学学报，2009(3)：348-352.

[22] 向阳等. 数据库访问控制技术研究[J]. 计算机科学，2005(1)：88-91.

[23] 罗冰眉. 网上个人隐私信息保护策略[J]. 现代情报，2003(11)：25-27.

[24] 李红波. 网络环境下软件的知识产权保护[J]. 山西高等学校社会科学报，2007(11)：96-97.

[25] 陈龙，王国胤. 计算机取证技术综述[J]. 重庆邮电学院学报，2005(12)：737-740.

[26] 王建锋. 数据销毁：数据安全领域的重要分支[J]. 计算机安全，2006(8)：51-54.

[27] 袁艺等. 数据销毁方式及安全性[J]. 信息安全，2009(9)：42-44.

[28] 古丽萍. 备受青睐的物联网及其应用与发展[J]. 中国无线电，2001(3)：27.

第4章

供应链管理发展演化

4.1 供应链理论

4.1.1 供应链的概念

目前对于供应链的概念没有统一的定义，美国供应链管理专业协会将供应链定义为：在全球网络里，通过预先设计好的信息流、物流和现金流，将产品和服务从原产地传递给最终客户。美国供应链管理协会的前身是美国生产与库存管理协会，对于供应链的认识是从传统制造业的角度出发的，强调对信息流、物流和现金流进行把控，以及在全球范围内寻找合适的上游及下游客户。

国内学者和研究文献多从供应链的结构对供应链进行定义，如马士华教授认为供应链是围绕核心企业，通过对信息流、物流、资金流的控制，从采购原材料开始，制成中间产品及最终产品，最后由销售网络把产品送到消费者手中的将供应商、制造商、分销商、零售商、最终客户连成一个整体的功能网链结构模式。

本书采用中国《物流术语》国家标准给出的供应链定义：供应链是生产及流通过程中，为了将产品或服务交付给最终客户，由上游与下游企业共同建立的需求链状网。

4.1.2 供应链的特征

供应链不仅是一条连接从供应商到客户的物料链、信息链、资金链，而且是一条增值链，物料在供应链上因加工、包装、运输等过程而增加其价值，同时给相关企业都带来收益。典型的供应链结构如图 4-1 所示。

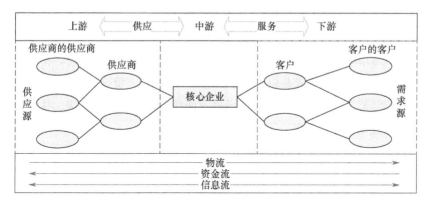

图 4-1　典型的供应链结构

如图 4-1 所示，在一个供应链系统中，中心是核心企业，该企业起着对供应链上的信息流、资金流、物流进行调度和协调的作用。围绕核心企业，从原材料的采购开始，到制成中间产品和最终产品，最后通过销售网络将产品传递到客户手中。在这个网链结构中，每个企业都是供应链网链中的一个节点，节点企业之间是一种需求和供应的关系。供应链主要具备以下特征。

1．复杂性

由于供应链节点企业组成的跨度不同，不少供应链是跨国、跨区和跨行业的组合，加上各国各地区的法律、思想意识、地理、风俗等都有很大差异，经济发达程度，技术发展水平，基础设施建设、企业管理水平和商业模式等也有很大不同，而供应链操作又必须保证其整体性、高效性。因此，供应链相比单一企业的管理具有极大的复杂性。

2．动态性

供应链并不是一个固定的网络体系，随着市场环境的变化及个体单位自身的调整和变化，供应链的组成单位会不断地更新。企业之间的相互关系也处于动态的调整过程之中。供应链需求随目标的转变而转变，随服务方式的变化而变化，它随时处在一个动态调整过程中，这就使得供应链具有明显的动态性。

3. 需求性

供应链的形成、存在及调整变化都是基于一定的市场环境与市场需求而产生的，当市场需求发生变化时，对供应链也需进行相应的调整。在供应链的运行过程中，市场需求是供应链中信息流、产品流、资金流运作的驱动源，整个供应链都是为了更好地满足市场需求而将各个企业统一起来，并使供应链中的组成单位共同获益。

4. 整合性

供应链是一个整体合作、协调一致的系统，它由多个合作者层层相扣连接在一起。网链中的成员协调运作、密切合作，最终发挥供应链的效用，使得每个成员均获益。每个供应链成员企业都是链中的一个环节，都要与整个链的动作一致、方向一致，服从全局。

5. 交叉性

同一个节点企业既可以是这个供应链的成员，又可以是另一个供应链的成员，众多的供应链交叉在一起，形成供应链之间的交叉结构，增加了协调管理的难度。

4.1.3 供应链的分类

不同的企业及行业之间在管理、协同合作等方面存在较大差异，相应的供应链之间也存在明显的差异。供应链的类型如图 4-2 所示。

如图 4-2 所示，从供应链的覆盖范围、管理对象、驱动模式、稳定性、容量与客户需求的关系、功能模式不同的角度出发，可以将供应链划分为不同的类型。

1. 按覆盖范围分类

1）企业内部供应链

在每个企业内，不同的部门在物流中都参与了增值活动。例如，采购部门是资源的来源部门，制造部门直接增加产品价值，管理客户订单和送货的是配送部门。一般产品的设计和个性化产品的设计由工程设计部门完成，它们也参与了增值活动。这些部门被视作供应链中业务流程中的内部客户和供应商。企业内部供应链管理主要是控制与协调物流中部门之间的业务流程和活动。

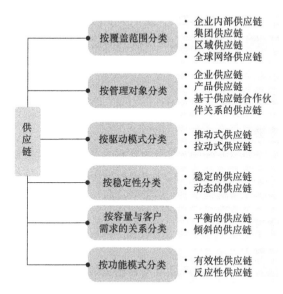

图 4-2 供应链的类型

2）集团供应链

一个集团可以在不同的地点制造产品且对过程实现集中控制，同时通过自有的区域和本地仓库网络配送产品。这种情况下，业务活动涉及许多企业，成为一种形式上的集团供应链。在供应链中，每个企业都有一个物流流向下游的客户供给链和从上游流下的供应商的供应链。大量的信息需要快速地传递，供应链上的业务流程也必须集成。企业想更有效地运作和保持竞争力，就必须有效地管理集团内公司及其供应商和客户，增强通过信息技术与它的客户和供应商沟通的能力。

3）区域供应链

区域供应链表现为参与从原材料到最终客户的物流活动的企业日益增多，供应链上下游企业在区域上聚集，形成协同效应。在区域供应链协同下，节点企业可以通过多方的技术支持、资源共享，充分发挥各自的优势来提升整个区域供应链的经济效益、并从中获取更大的利润，从而实现共赢效应。

4）全球网络供应链

互联网应用及电子商务的出现，彻底改变了商业方式，也改变了现有供

应链结构。它转换、削减、调换在传统销售、交易方面投资的实体资产；通过省略销售过程的中间商来缩短供应链的长度，在全球网络供应链中，企业的形态和边界将产生根本性的改变，整个供应链的协同运作将取代传统的电子订单，供应商与客户间的信息交流层次的沟通与协调将是一种交互式协同工作。

2. 按管理对象分类

1）企业供应链

企业供应链管理指单个企业提出的含有多个产品的供应链管理。该公司在整个供应链中处于主导地位，不仅考虑与供应链上其他成员合作，也较多地关注企业多种产品在原料购买、生产、分销、运输等技术资源方面的优化配置问题，并且拥有主导权。

2）产品供应链

产品供应链是与某一特定产品或项目相关的供应链。例如，一个生产汽车公司的供应商网络包括上千家企业，为其供应从钢材、塑料等原材料，到变速器、刹车等复杂装配件等多样产品。基于产品供应链的供应链管理指对由特定产品的客户需求拉动的整个产品供应链运作的全过程的系统管理。

3）基于供应链合作伙伴关系的供应链

供应链合作伙伴关系主要是指这些职能成员间的合作关系。供应链管理是对由供应商、制造商、分销商、客户等组成的网络中的物流、信息流、资金流进行管理的过程。

3. 按驱动模式分类

按供应链驱动模式可将供应链划分为推动式供应链和拉动式供应链两类。推动式供应链以制造商为核心企业，根据产品的生产和库存情况，有计划地把商品推销给客户，其驱动力源于供应链上游制造商的生产。拉动式供应链中整个供应链的驱动力，产生于最终的客户，产品生产是受需求驱动的。生产是根据实际客户需求而不是预测需求进行协调的。在拉动式供应链模式中，需求不确定性很高，周期较短，主要的生产战略是按订单生产、按订单组装、按订单配置。整个供应链要求集成度较高，信息交换迅速，可以根据最终客户的需求实现定制化服务。

4．按稳定性分类

按供应链的稳定性划分，可将供应链分为稳定供应链和动态供应链。基于相对稳定、单一的市场需求而组成的供应链稳定性较强，为稳定供应链；基于相对频繁变化、复杂的需求而组成的供应链动态性较高，为动态供应链。

5．按容量与客户需求的关系分类

按供应链容量与客户需求的关系可将供应商划分为平衡供应链和倾斜供应链。一个供应链具有一定的、相对稳定的设备容量和生产能力，但客户需求处于不断变化的过程中。当供应链容量能满足客户需求时，供应链处于平衡状态；当市场变化加剧，造成供应链成本增加、库存增加、浪费增加等问题时，企业不是在最优状态下运作，供应链则处于倾斜状态。

6．按功能模式分类

按供应链功能模式可把供应链划分为有效性供应链和反应性供应链。有效性供应链主要体现供应链的物理功能，以最低的成本将原材料转化成零部件、半成品、产品，并以尽可能低的价格有效实现以供应为基本目标的供应链。反应性供应链主要体现供应链的市场中介功能，基于稳定的供应，对快速变化、难以预测的需求做出迅速反应，以满足客户需求的供应链。

4.2　供应链发展历程

4.2.1　供应链发展阶段

随着生产方式和采购模式的发展，企业内部及企业与企业之间的分工越来越清晰。如何将不同分工有效地连接起来，更好地实现企业目标，是供应链发展的重要驱动力。在不同阶段，企业面临的市场环境及技术水平存在一定差异，供应链也被赋予不同的概念与内涵。供应链发展阶段如图 4-3所示。

如图 4-3 所示，随着企业发展需要、市场环境变化、全球化发展、新型技术出现，供应链在企业、产业发展中发挥作用的变化经历了强调物流管理过程、强调价值增值链、强调价值网络三个阶段。自"十三五"以来，随着各种新型技术的发展应用，供应链向着智能化发展。

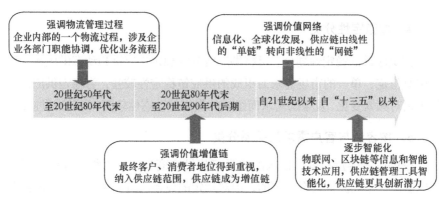

图 4-3　供应链发展阶段

1．强调物流管理过程阶段

早期观点认为：供应链是指将采购的原材料和收到的零部件，通过生产转换和销售等活动传递到客户的一个过程。在这一时期，供应链也仅被视为企业内部的一个物流过程，所涉及的主要是物料采购、库存、生产和分销诸部门的职能协调问题，最终目的是优化企业内部的业务流程，降低物流成本，从而提高经营效率。

2．强调价值增值链阶段

进入 20 世纪 90 年代，供应链内涵发生了新的变化：由于需求环境的变化，原来被排斥在供应链之外的最终客户、消费者的地位得到前所未有的重视，被纳入供应链的范围。此时，供应链不再只是一条生产链，而是一个涵盖整个产品"运动"过程的增值链。

3．强调价值网络阶段

随着信息时代的到来和全球经济一体化的迅猛发展，供应链进入一个新的发展阶段：强调价值链网络阶段。与此同时，对供应链的认识从线性的"单链"转向非线性的"网链"，这种网链是众多条"单链"纵横交错的结果。在这个意义上，哈理森（Harrision，1999）将供应链定义为："供应链是执行采购原材料，将它们转换为中间产品和成品，并且将成品销售到客户的功能网链。"

4．逐步智能化阶段

各种信息技术、智能技术对供应链的协作执行和流程管理提供技术支持，使供应链管理的创新更有潜力。实时的供应链优化方案引入更多富有智能化的增值功能，一个真正"无摩擦经济"时代正在到来。新的技术积聚大量的交易数据，同时有能力利用这些数据对未来的事件进行预测，而不仅仅局限于对现有运作中的低效率做出简单反应。新技术利用深度数据挖掘来分析趋势，根据历史性趋势建立随机矩阵，为前瞻性的运作管理进行结果预测。此外，依据天气规律和其他非规律性的外在变量对运作进行定制，以求最佳运作绩效。这种智能程度意味着作业能力的改善、手工流程的减少、运作的优化、成本的降低。

4.2.2　供应链发展趋势

当今世界面临百年未有之大变局，国际形势错综复杂，国内经济发展进入新时期。我国进入全面建设社会主义现代化国家的新阶段，并提出推动高质量发展的新理念，构建以国内大循环为主体、国内外双循环相互促进的新发展格局。在新阶段，供应链的发展将紧扣高质量发展的新理念，在国内外双循环的新格局下把握发展机遇。供应链发展趋势如图 4-4 所示。

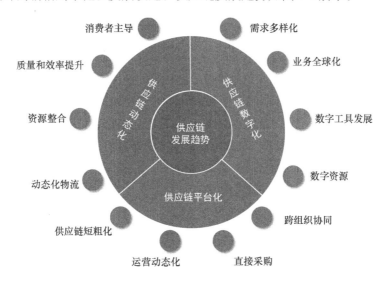

图 4-4　供应链发展趋势

如图 4-4 所示，在未来一段时间内，供应链的发展将强调供应网络上的价值增值和供应网络的智能化，向着动态化、数字化、平台化方向发展。

1. 供应链动态化

随着信息技术的不断发展，供应链与互联网、物联网深度融合，朝着动态化发展。

1）驱动力高速发展

（1）客户需求的变化导致货主企业经营模式和增长驱动力的变化。在经济新常态下，需求端对供应链的影响力加强，体现在需求呈现个性化、多样化，并对供应链的时效提出了更高要求。在这样的新常态下，供应链增长驱动从生产者主导变为消费者主导，企业服务对象更多要考虑终端消费者。同时，企业销售渠道也开始迅速向多元化、扁平化发展，出现了新零售、无界零售等新模式。

（2）质量和效率成为企业增长新动力。在过去容易实现快速增长的时代，效率并未得到真正重视。但自 2015 年以来，粗放式、简单式的增长方式难以为继，企业逐步进入精细化管理时代，追求高质量、高效率的增长，对成本、服务、效率越来越重视，强调通过技术提升，全面提高企业的经营效率。

（3）整合资源成为提高物流企业业务效率新动力。十几年前，鲜有物流企业能同时服务宝洁、高露洁、联合利华等大客户，因为这些货主和物流企业间的合作具有排他性。如今，排他性逐渐消失，开拓物流层面资源整合局面需通过物流企业来实现。

2）物流模式动态化发展

物流作为供应链环节中的重要基石，从以前的"散、小、乱"发展向规模化、体系化、专业化、信息化、自动化等方向发展。以往物流企业面对的物流需求具有低频次、大批量的特征，运输相对比较稳定和简单，可称为"静态运输网络"。在新常态下，企业的经营模式由消费需求主导，订单高频次、小批量、碎片化，同时渠道越来越多元化，以往的静态运输网络难以满足市场需求，需要新的物流模式与之对应，即"智慧动态运输网络"。

2. 供应链数字化

在新常态下，消费者对个性化产品、即时服务提出了更高的要求，使得供应链变得更加复杂。企业在全球范围内扩大业务，流程也会更加烦琐。整个供应链网络比以往任何时候都更需要获取重要信息、实时数据分析及内外部协作工具。在这样的情况下，物联网、大数据等技术的出现，驱动着供应链向数字化发展。

互联网架构、云端架构下的数字化供应链，支持全业务数据流通，可以实现商品、库存、物流、支付全渠道打通。以会员、商品、订单为线索，追踪供应链各个环节，实现供应链可视化管理，在此过程中沉淀的数据能帮助企业商业做预测和决策。

3. 供应链平台化

在传统的供应链条下，信息在供应链各级节点间逐级传递，呈现出线性协作的特点。受到互联网经济的影响，传统线性模式结构被打破，供应链条不断变粗变短，逐渐压缩在一个平台，形成了新的供应链协作，即以平台为核心的网络结构。

在平台化供应链下，货主企业会根据不同订单的特点、不同的渠道、不同的服务要求，与提供该品类服务的物流企业进行直接合作。这相较于过去只面对第三方物流企业，其运营管理更加动态、更加灵活。随着技术和外部条件的成熟，货主企业越来越倾向于通过直接采购、缩短外包链条，直接降低成本，保持企业的高度灵活性和竞争性。

在平台化供应链下，以往跨组织协同的难题得到很大缓解，跨组织协同带来的效率提升，是组织未来一段时间重要的增长动力来源，真正规模化的跨组织协同将作为一大重要的趋势。

4.3 供应链管理

4.3.1 供应链管理概念

供应链管理是在采购管理、运营管理、物流管理的基础上发展而来的。它是对供应链上的产品流、资金流和信息流的集成管理，以最小化供应链成本、最大化客户价值。对于供应链管理概念，不同的研究机构及组织对其有不同的定义，几种典型的供应链管理的定义如表 4-1 所示。

表 4-1　几种典型的供应链管理的定义

国家地区	研究机构或学者	定义
中国	中国《物流术语》国家标准	对供应链涉及的全部活动进行计划、组织、协调与控制
	马士华（2008）	供应链管理是使供应链运作达到最优化，以最少的成本，通过协调供应链成员的业务流程，让供应链从采购到满足最终客户的所有过程

（续表）

国家地区	研究机构或学者	定义
美国	美国供应链协会（SCC）	供应链管理是为了生产和提供最终产品，包括从供应商的供应商到客户的客户
	美国供应链管理专业协会（CSCMP）	供应链管理包括对涉及采购、外包、转化等过程的全部计划和管理活动，以及全部的物流管理活动，其中包括与渠道伙伴之间的协调和协作，涉及供应商、中间商、第三方服务供应商和客户
	史蒂文斯（Stevens，1989）	供应链管理的目标是实现客户需求与供应商的物流同步，使一般成为互悖目标的高客户服务水平、低存货水平及低单位成本达到平衡
	库珀（Cooper 等，1997）	供应链管理是一种管理从供应商到最终客户的整个渠道总体流程的集成哲学
欧洲	克里斯托弗（Christopher，1998）	可将供应链看作一个整体，从供应商到客户，以最少的成本传递最优的客户价值，对供应链的上游和下游关系进行管理
日本	日本供应链管理研究会	供应链管理是将整个供应链上各个环节的业务看作一个完整、集成的流程，以提高产品和服务的客户价值为目标，跨越企业边界所使用的流程整体优化管理方法的总称

对于供应链管理的概念，中国学者及相关研究强调整个供应链网络的最优化，以最低的成本达到让客户满意的结果；美国学者及相关研究强调供应链网络上各个节点企业的协调合作，以及对节点企业之间各作业流程的管理；欧洲学者及相关研究强调对供应链网络中上下游节点企业关系的管理；日本学者及相关研究从整个供应链的流程出发，强调整个供应链业务流程的管理。各国学者及相关研究对供应链管理的认识虽然存在一定差异，但在以下五个方面达成了一致。

（1）供应链管理以客户价值为导向。供应链管理追求的是了解最终客户需求、满足最终客户需求，提高客户的满意度和客户价值。

（2）供应链管理是一种管理哲理。供应链管理系统地将供应链看成一个整体，追求供应链成员企业内部及企业之间的同步化与集成化。

（3）供应链管理是一系列实现供应链管理哲理的活动。为了成功实施供应链管理哲理，就必须实施供应链管理活动，包括集成化行为、信息共享及建立合作伙伴关系等。

（4）供应链管理是一系列管理流程的重构与优化。为了有效实施供应链管理，必须进行管理流程的重构与优化，对传统的功能孤岛（采购、生产、销售及相应的物流、资金流、产品开发、需求管理、客户关系管理等）实施流程化管理和集成管理。

（5）供应链管理竞争力的实现途径是持续改进。在不断变化的外部环境和愈演愈烈的商业竞争中，供应链必须持续改进、不断适应外部环境、克服自身不足，才能持续保持竞争力。

4.3.2　供应链管理内容

供应链的管理涉及供应管理、生产计划、物流管理及需求管理，以市场需求为驱动，以同步化、集成化生产计划为指导，以各种技术为支持，以信息技术为依托，对从原材料供应到生产制造、产品销售等一体化过程进行控制和组织。供应链管理内容如图 4-5 所示。

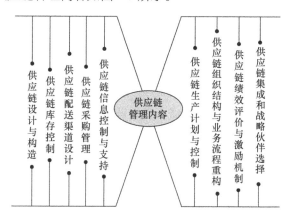

图 4-5　供应链管理内容

如图 4-5 所示，供应链管理内容主要包括供应链设计与构造、供应链集成和战略伙伴选择、供应链库存控制、供应链配送渠道设计、供应链信息控制与支持、供应链生产计划与控制、供应链采购管理、供应链组织结构与业务流程重构、供应链绩效评价与激励机制 9 个方面。

1. 供应链设计与构造

怎样将制造商、供应商和分销商有机地集合起来，使之成为相互关联的整体，是供应链设计要解决的主要问题。在供应链管理的影响下，对产品制造过程不仅要考虑企业内部因素的影响，而且还要考虑供应链对产品成本和

服务的影响。供应链管理的出现，扩大了原有的企业生产系统设计范畴，把影响生产系统运行的因素延伸到企业外部，与供应链上所有的企业都联系起来，因而供应链设计就成为构造企业系统的一个重要方面。

2．供应链集成和战略伙伴选择

由于供应链本身的动态性，以及不同机构和伙伴有着相互冲突的目标，对供应链进行集成是相当困难的。在竞争激烈的市场中，大多数公司别无选择，要么被迫集成于某供应链，要么主动出击、选择战略伙伴，以满足客户和供应链发展的需要。如何进行集成才能取得成功、采用何种信息共享方式、信息对供应链的设计和作业有哪些影响、组织内部和外部合作企业之间需要什么层次的集成、最终实施哪些类型的伙伴关系等，均是供应链集成和战略伙伴选择需要解决的问题。

3．供应链库存控制

供应链库存控制即从供应链整体角度考虑库存问题，通过企业间分享信息和协调管理机制，并应用先进的管理方法和技术对供应链上的库存进行整体计划、组织、协调与控制，以减少供应链中的需求扭曲现象，降低库存的不确定性，提高供应链的稳定性。

4．供应链配送渠道设计

在供应链中确定怎样的配送渠道，如是否设立中央仓库、需要多少直接转运点、直接转运与在仓库中持有库存哪个更优越，这些都是配送渠道设计需要解决的问题。

5．供应链信息控制与支持

对供应链的有效控制要求集中协调不同企业的关键数据，如订货预测、库存状态、缺货情况、生产计划、运输安排、在途物资等数据。为便于管理人员迅速、准确地获得各种信息，必须建立有效的信息控制与支持环境，利用电子数据交换、互联网等技术手段实现供应链的分布数据信息集成，达到共享采购订单的电子接收与发送、多级库存控制、批量和系列号跟踪、周期盘点等重要信息的目的。

6．供应链生产计划与控制

供应链上各节点企业都不是孤立的，任何一个企业的生产计划与控制决策都会影响整个供应链上其他企业的决策，因此要研究出协调决策方法和相应的支持系统；运用系统论、协同论、精益生产等理论方法，研究适应供应链管理的集成化生产计划、控制模式和支持系统。

7．供应链采购管理

供应链采购管理，就是在建立战略性合作伙伴关系的基础上，实现供应链成员之间的信息沟通和相互合作，通过供应链需求双方共享库存数据实现无缝连接和管理，使采购决策过程透明化，减少安全库存，消除供应过程的组织障碍，简化采购手续，鉴别并剔除整条链上的冗余行为和非增值行为，从而降低整条供应链的成本，为实现准时采购创造条件。

8．供应链组织结构与业务流程重构

为了使供应链上的不同企业、在不同地域的多个部门协同工作以取得整个系统最优的效果，必须根据供应链的特点优化运作流程、进行企业重构、确定相应的供应链管理组织系统的构成要素及应采取的结构形式。

9．供应链绩效评价与激励机制

供应链管理不同于单个企业的管理，其绩效评价与激励系统包括更多的内容。根据供应链管理的特征，构建新的绩效评价体系、新的组织与激励系统，是衡量供应链管理效果、促进供应链管理水平不断提高的关键。

4.3.3　供应链管理目标

主导企业的供应链管理目标是，建立一个高效率、高效益的扩展企业，并为最终客户创造价值；通过贸易伙伴间的密切合作，以最低的总成本和最低的费用提供最大的价值与最好的服务。供应链管理目标如图 4-6 所示。

如图 4-6 所示，供应链管理目标：一是准确把握市场需求，进行有序的生产；二是组织快速供应，提升组织供应效率；三是对供应链资源进行整合，达到整体优化；四是对供应链实施集成管理，降低供应链上的不确定性。

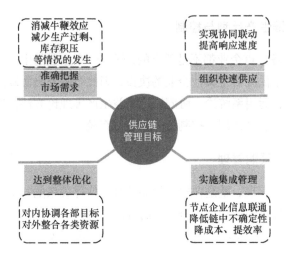

图 4-6　供应链管理目标

1．准确把握市场需求

在多变的动态市场中，需求不仅包括一般性产品和服务，还包括个性化产品和特殊服务需求，对市场需求的准确把握，对企业正确开展产品生产等一系列活动具有引领作用。传统供应链多层次需求信息反馈中存在的牛鞭效应，往往会导致需求信息失真，造成供应链上一系列节点企业的判断错误。通过供应链管理，准确把握真实的需求与准确的需求量，使企业的供应活动建立在真实可靠的市场需求基础之上，达到减少生产过剩、库存积压等情况的发生，提高运输、包装、订单处理等活动的效率的目标。

2．组织快速供应

如今的市场竞争，不仅是企业与企业之间的竞争，更多的是不同供应链之间的竞争。想比竞争对手更快捷、更准确、更经济地将货物供应给客户，需要通过供应链管理，实现供应链上下游企业之间协同联动，避免供应链任何环节上的低效运作、无效停滞现象，最终提高整个供应链运作效率，最大限度地提高服务质量和客户满意度。

3．达到整体优化

传统供应链存在库存冗余、生产盲目、渠道复杂等缺陷，同时由于不同组织间相互独立，组织目标经常出现相互冲突的情况。必须站在供应链管理全局的高度，从企业整体角度出发，对产品发展方向、业务流程和组织结构，企业内外部各种资源利用、生产及流通计划与交货期、销售、服务及仓库布局等各方面进行全方位优化。

4．实施集成管理

在供应链的集成管理中，链中的全部库存管理通过供应链所有成员间信息沟通、责任分配和相互合作来协调，减少链上每个成员的不确定性，减少每个成员的安全库存量，降低库存资金占用量、削减库存管理费用，降低企业成本。通过供应链的集成管理，对供应链上每个成员信息处理行为和产品处理行为进行检查，鉴别整条链上的冗余行为和非增值行为，最终提高整个供应链的效率和竞争力。

4.3.4　供应链绩效与评价

1．供应链绩效

供应链绩效是针对供应链目标而言的供应链整体运作情况。供应链整体运作情况是由供应链上节点企业自身及企业间的合作实现的。因此，供应链绩效既包括节点企业的运作又包括节点企业间的合作，以及最终实现的供应链整体运作业绩和效果。

从价值的角度看，供应链绩效可以理解为：供应链各成员通过信息协调和共享，在供应链基础设施、人力资源和技术开发等内外部资源的支持下，通过物流管理、生产操作、市场营销、客户服务等活动增加创造的价值总和。

2．供应链绩效评价

供应链绩效评价指围绕供应链目标，对供应链整体、各环节，尤其是核心企业运营状况及各环节之间的运营关系等所进行的事前、事中、事后分析评价。评价供应链绩效，是对整个供应链的整体运作绩效、供应链节点企业、供应链上节点企业之间的合作关系所做出的评价。供应链绩效评价指标体系如图 4-7 所示。

如图 4-7 所示，为了客观、全面地评价供应链的运营情况，可以从订单反应能力、客户满意度、业务标准协同、节点网络效应、供应链适应性五个方面建立供应链绩效评价指标体系。

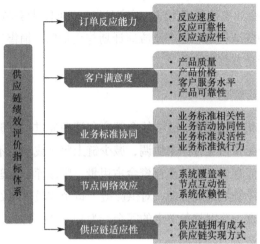

图 4-7 供应链绩效评价指标体系

1）订单反应能力

订单反应能力指标从供应链对订单的反应速度、反应质量等方面进行评价，包括反应速度、反应可靠性、反应适应性三个二级指标。

（1）反应速度。该指标主要从订单处理信息化程度、订单完成平均周期、订单延迟等方面进行综合考虑，反映供应链在订单下达后的响应速率。

（2）反应可靠性。该指标主要从订单的满足程度、订单处理的准确性、上下游企业处理订单时的协同能力等方面进行评价，反映供应链满足订单要求的服务能力。

（3）反应适应性。该指标主要从需求预测准确程度、按订单生产比例、订单意外事件处理能力等方面进行评价，反映供应链对市场需求的预测把握能力及订单风险管理能力。

2）客户满意度

客户满意度指标从供应链产品、客户服务等方面进行评价，包括产品质量、产品价格、客户服务水平、产品可靠性四个二级指标。

（1）产品质量。该指标主要从产品的质量合格率方面进行评价，反映供应链上各节点企业尤其是核心企业生产的产品或零部件的质量。

（2）产品价格。该指标主要从与同类产品价格对比、产品促销情况等方面进行评价，反映供应链产品的价格优势及核心企业对渠道成员的支持力度。

（3）客户服务水平。该指标主要从异常事件处理能力、退换货处理能力等方面进行评价，是影响客户满意度的重要指标。

（4）产品可靠性。该指标主要从产品准时交换能力、客户抱怨率等方面进行评价，反映对客户需求的真实满足能力。

3）业务标准协同

业务标准协同指标从供应链标准建设、标准执行等方面进行评价，包括业务标准相关性、业务活动协同性、业务标准灵活性、业务标准执行力四个二级指标。

（1）业务标准相关性。该指标主要从供应链各系统的耦合程度、与业务的相关程度等方面进行评价，对供应链企业联合协同、业务开展具有重要意义。

（2）业务活动协同性。该指标主要从供应链企业业务活动、管理活动、财务协同等方面进行评价，反映供应链企业之间的协同合作能力。

（3）业务标准灵活性。该指标主要从供应链标准的优化能力等方面进行评价，反映供应链标准随业务和管理实践的发展变化的持续优化能力。

（4）业务标准执行力。该指标主要从业务标准的使用范围、核心企业对业务标准的话语权等方面进行评价，反映供应链业务标准的执行情况。

4）节点网络效应

节点网络效应指标从供应链企业管理平台建设、信息技术的应用等方面进行评价，包括系统覆盖率、节点互动性、系统依赖性三个二级指标。

（1）系统覆盖率。该指标主要从供应链节点企业信息系统集成度进行评价，反映供应链节点企业之间管理系统的互通性，对企业协同合作具有重要意义。

（2）节点互动性。该指标主要从移动应用支持情况、信息跟踪技术应用等方面进行评价，反映相关人员对供应链上相关信息的把握程度，对供应链管理具有重要作用。

（3）系统依赖性。该指标主要评价供应链业务、业务人员、管理人员通过管理平台进行处理或工作的程度，对供应链绩效的提升具有重要作用。

5）供应链适应性

供应链适应性指标从供应链的各种投入成本、运作模式等方面进行评价，包括供应链拥有成本、供应链实现方式两个二级指标。

（1）供应链拥有成本。该指标主要从供应链固定资产投资、运营成本等

财务方面进行评价，反映供应链运营效益、风险控制等能力。

（2）供应链实现方式。该指标主要从供应链企业运营模式、供应链进入门槛等方面进行评价，反映供应链运营效率及企业活跃度等情况。

3. 供应链绩效评价方法

不同类型的供应链的结构特征具有较大差异，对其绩效应根据供应链的特点及需要，采用合适的方法、选用适用的指标进行评价。目前常用的方法有平衡计分卡评价法、层次分析法、数据包络分析法、模糊综合评价法、ToC（Theory of Constraint，约束理论）绩效评价法等方法。

1）平衡计分卡评价法

平衡计分卡评价法由美国著名会计学家 Robert Kaplan 和复兴方案公司总裁 David Norton，在 1992 年均衡考虑财务与非财务指标的企业绩效管理体系中提出，是一个基于企业战略目标的绩效评估模型。他们认为，财务指标所提供的绩效信息是狭窄、不完备的，并不能充分反映企业的绩效，因此进行绩效评价的指标体系不能只包括财务指标，还需要包括客户满意度、内部业务流程及学习创新能力。

平衡计分卡评价法强调对供应链绩效进行全面评价，其最大特点体现在财务指标与非财务指标、领先型指标与滞后性指标、内部绩效指标与外部绩效指标的结合和平衡上；注重供应链短期目标的实现，同时兼顾长期战略目标。

2）层次分析法

层次分析法把数学处理和人的主观经验判断有效地结合起来，能有效地分析目标准则体系层次间的非序列关系。由于层次分析法简洁、实用并具有系统性，在城市规划、经济管理、科研成果评价、社会科学等许多领域得到了越来越广泛的应用。在供应链绩效评价的研究中，层次分析法也有广泛的应用。

3）数据包络分析法

数据包络分析法以相对效率概念为基础，利用数学规划模型来比较不同决策单元之间的相对效率，根据多指标投入和多指标产出数据对同类型部门的相对有效性或效益，可以得出每个决策单元的综合效率指标，并对其进行量化。根据这些数据可以确定决策单元的有效性，指出决策单元无效的原因和程度，并对各决策单元进行比较排序。该方法的主要优点是，可以对有多个投入和产出的问题进行评价，它不需要对输入数据及输出数据的信息结构进行深入了解，能尽量避免分析者主观意志的影响。

4）模糊综合评价法

模糊综合评价法是在模糊数学理论的基础上发展起来的。该评价法应用模糊数学的合成原理，在不确定环境下，将边界不清、不易量化的因素定量化，考虑多种因素的影响，并计算各个因素对评价事物的隶属度，从而对事物进行综合评价。进行供应链绩效评价所选取的各指标之间存在复杂的相互关系，并且这些关系是模糊、不确定的，对有些指标无法进行精确的量化，模糊综合评价法能够解决这些问题。

5）ToC 绩效评价法

ToC 是学术界和企业界广泛研究与运用的一种理论，是管理概念和管理工具的组合。该理论发挥作用的途径是逐一确定并消除各种约束因素，来明确公司的改进方向和改进策略，以帮助公司更有效地实现其目标。

ToC 理论将供应链视为一个整体，系统整体的利益才是真正的利益。每个系统中存在的制约称为"约束"。使用评价指标和思维过程之类的工具，可以逐一识别和消除这些"约束"，进而提高系统的产出，明确改进的未来方向和改进策略，并且可以更容易实现目标。经典的 ToC 绩效评价指标是有效产出（T）、库存（I）和营运费用（OE）。

4.4　城市供应链与产业供应链

4.4.1　城市供应链

1. 城市供应链概念及内涵

城市供应链是指支撑一个城市生产与生活的供应链生态体系。它主要围绕城市生活、工业生产、商贸流通过程展开，通过对商流、人流、物流、信息流、资金流的控制，将供应商、制造商、分销商、零售商及最终客户连成一个整体的功能网链结构。

城市供应链与其他供应链的区别是，城市供应链的服务对象是整个城市，而不是某个企业或某个行业。城市供应链追求的是以最小的社会消耗完成整个城市的社会活动，并为城市的经济发展提供服务性保障作用。城市供应链不仅是经济问题，还与城市的总体发展目标、城市环境和交通、人口等

问题紧密相关，而不是为某个企业或行业的成本最低和利润最大化所进行的城市物流资源配置。

2. 影响城市供应链发展的因素

城市供应链发展主要受其自身的产业基础、交通区位、地缘经济制约。

1）产业基础

产业是城市发展的基础，城市是产业发展的载体，城市特色优势在经济领域主要表现在产业特色优势上。依托城市特色资源发展特色优势产业，将城市供应链与产业特色有机结合，有利于提高城市的核心竞争力，也有利于城市个性的塑造和竞争力的培育。

2）交通区位

城市一般基于相对优越的交通区位逐步发展起来，或依托干线公路相交，或基于公路铁路联运枢纽繁忙的中转集散，或临海港河港发展等。例如，青岛、宁波等城市依托港口的资源优势，培养临港工业和港口物流业等特色产业，将供应链与临港产业结合，形成了城市发展的特色。

3）地缘经济

地缘经济成为城市发展的基础，决定了该城市基本经济部类的发展方向和内容。基本经济部类是城市向外部提供产品和服务的经济活动，是促进城市发展的主要动力。因此，城市供应链除为城市的非基本经济部类服务外，更多是为城市的基本经济部类服务，由此，地缘经济成为影响城市供应链发展的主要因素。例如，苏州依托长三角经济圈发展保税物流；深圳依托珠三角经济圈发展物流总部经济、航运衍生服务等高端物流业态。

3. 典型城市供应链

苏州城市供应链主要依托港口物流和保税物流提升国际物流发展水平，同时依托长三角强大的制造业基础提高全球供应链物流服务能力。

1）以港口物流为依托

2020 年 10 月，国家发展和改革委员会、交通运输部联合发布《关于做好 2020 年国家物流枢纽建设工作的通知》，共有 22 个物流枢纽入选 2020 年国家物流枢纽建设名单，其中有 7 家港口型国家物流枢纽，苏州成功入选。

苏州港口型国家物流枢纽占地面积约为 13.36 平方公里，规划建设港口物流区、供应链物流区、保税物流区、分销配送区、多式联运区五大功能区。作为全国重要的交通运输枢纽、现代物流中心和供应链核心节点，苏州港口型国家物流枢纽将重点实现中转联运、集散分拨、保税监管等功能。

2020 年，苏州港货物吞吐量和集装箱吞吐量分别为 5.5 亿吨、628.9 万标箱，分别比上年增长 6.0% 和 0.3%。太仓港区、常熟港区、张家港港区三大港区共有近洋航线 24 条，内贸航线 46 条，外贸内支线 40 条，长江运河支线 79 条。

2）以保税物流为特色

江苏省的三个综合保税区、一个保税港区均在苏州。苏州的保税物流在全省独树一帜，在国内外也有较大的影响。同时，太仓港区正在积极申报保税港区，常熟国际物流产业园、吴江保税物流中心、吴中出口加工区也将全力争取叠加进口商品展销、展示、集散等功能，升级成为综合保税区。苏州在"十三五"期间的进出口和出口规模分别保持全国第四和第三，主要贸易伙伴经济疲软，苏州企业生产经营成本上升，五年间进出口规模保持基本稳定；加工贸易占进出口总额的比重有所下降，但保税物流占进出口总额的比重明显上升；在国内有较大市场空间的进口中高档消费品、生产原料和备品配件有较大幅度的增长。

3）持续发展 IT 供应链

苏州规模以上通信设备、计算机及电子设备制造业具备较强竞争力，其电子信息产业门类齐全，总量规模名列全国前茅。苏州 IT 物流的发展壮大，一方面得益于三星半导体、快捷半导体等多家跨国公司在苏州建立的分拨中心，这类面向全球或亚洲地区分拨中心的年营业额可达数百亿元。另一方面，苏州本土为电子信息产业服务的 IT 物流企业也在迅速成长，如江苏新宁物流、江苏飞力达物流、昆山世远物流、苏州得尔达国际物流、苏州天天物流、中外运苏高新物流等。部分物流企业的经营服务范围已经从苏州扩展到江苏全省，以及重庆、成都等电子信息产业新兴地区。

4.4.2　产业供应链

1. 产业供应链概念及内涵

产业供应链指在经济布局和组织中，不同地区、不同产业之间或相关联行业之间构成的具有链条绞合能力的经济组织关系。

产业供应链利用供应链优化的分析方法考察产业链。在产业供应链中，每个由大量企业构成的产业类型都可看作产业供应链中的单个企业，通过改善产业供应链上下游供应链关系，整合和优化供应链中的信息流、物流、资金流，提高供应产业、制造产业、零售产业、服务产业等的业务效率，以获得产业的整体竞争优势。

2．产业供应链的意义

传统的产业规划模式从区域发展所适合的产业链研究，考虑产业集群、产业上下游等因素，强调产业的空间布局合理、形成产业聚集效应。产业供应链在此基础之上，同时强调对大数据、金融工具、现代物流、政策支撑的运用，达到产业链条的无缝衔接，产业各环节抱团成为利益共同体，共同成长，提升产业实力的效果。

3．典型产业供应链

下面以鞍山钢铁产业供应链为例。鞍山铁矿储量达到 260 亿吨，约占全国储量的四分之一，其中已探明储量近 90 亿吨，远景储量超过 170 亿吨。鞍山是我国重要的钢铁生产基地，2020 年生产生铁 2039.8 万吨，粗钢 2255.8 万吨，钢材 2418.1 万吨，铁矿石原矿 4982.8 万吨。鞍山钢铁产业供应链如图 4-8 所示。

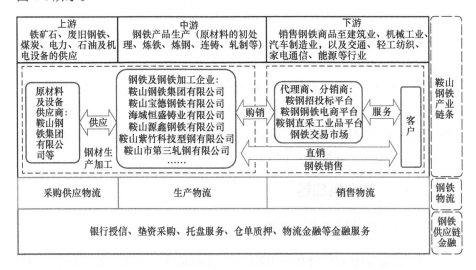

图 4-8　鞍山钢铁产业供应链

如图 4-8 所示，鞍山钢铁产业供应链的上游原材料及设备供应商有鞍山钢铁集团有限公司等；中游的钢铁及钢铁加工企业数量多，市场集中度较低；下游主要是一系列钢铁交易平台及市场，产业链最终产品服务于建筑、机械、汽车制造、交通等诸多产业。总体上，整个钢铁产业链具有钢材生产加工、钢铁销售、钢铁物流、钢铁供应链金融四大环节。

1）钢材生产加工

鞍山钢铁生产环节形成了以鞍钢集团为核心，以宝得、紫竹及后英为地方重点企业，以聚龙股份、森远股份、鸿象管业、奥通管业、奥明管业为地方重点钢铁深加工企业的钢铁生产加工产业格局。其中，鞍钢集团具备 3900 万吨钢的生产能力，可生产 3000 个牌号高技术含量、高附加值的钢铁、钒钛精品。

2）钢铁销售

钢铁销售主要包括两种方式：一是钢厂直销，二是经代理商、分销商进行销售。钢厂直销的钢材一般是提前预订全年钢材数量，签订订购协议，并享受一定的价格优惠，钢厂根据年订购量按月生产交付钢材。鞍山的钢铁贸易企业数量众多，规模较小。目前，鞍山大约有 500 家从事“贸易+加工+流通”的企业，企业的销售半径大多在 500 公里以内，大部分企业的年销量都在 40 万吨以下，钢贸企业的利润在 30～50 元/吨。

3）钢铁物流

目前，鞍山的钢铁物流发展较为分散，不成规模。代表性的钢铁物流企业有德邻陆港物流、宝马物流等。宝马物流是一家集贸易、深加工、仓储、配送于一体的钢铁物流企业，可提供钢铁贸易、钢铁深加工、仓储配送等服务；德邻陆港物流在鞍山建有 3 个现代化物流园区，在全国重要节点枢纽城市布局 19 个协议库。

4）钢铁供应链金融

钢铁生产企业由于资产重大，融资情况及流动资金情况较好。钢铁深加工企业融资较难，流动资金状况较差。一方面，上游的钢材采购必须是现款现货，与钢厂的议价能力较差；另一方面，鞍山本地的钢管生产企业的下游客户多为市政工程、中石油、中石化等政府及大型国有企业，这类客户的付款周期较长，往往不能按时付款。此外，钢材深加工企业多为中小民营企业，向银行申请融资贷款的难度较大。

4.5 案例分析

一汽－大众汽车有限公司（以下简称"一汽－大众"）正式成立于 1991 年，是由中国第一汽车集团公司和德国大众汽车股份有限公司共同投资 89 亿元人民币组建的合资企业。近年来，该企业在中国汽车行业中一直名列前茅，占有较大的市场份额。为提高自身的竞争能力，求生存、求发展，一汽－大众在我国汽车整车行业中率先引进了 SAP 公司的 R/3 系统，一整套完整的 ERP 系统对企业进行管理。

由于汽车市场需求的变化，要求制造商从小品种、大批量的生产方式转变为多品种、小批量生产方式，在一汽－大众，仅捷达车的品种就有 59 种，批量小、生产批次多，如果不采用先进的信息管理系统，必会导致库存量大、生产效率低、生产成本高等情况。

因此，该企业考虑统筹规划，使物流、信息流和资金流并行，对企业内部物流进行整合，从制度上规范了公司业务的各个环节，改善了企业的经营决策功能，实现采购订货及时、库存量降低、生产计划安排合理。这一整合提高了企业的应变能力和竞争能力，使企业在市场上获得了更高的声誉，整体运营水平大大地提高，具体表现在以下方面。

1）采购管理

首先，在采购上根据主计划和物料清单对库存量进行查对，计算机快速计算出所缺物料的品种、数量和进货时间，将采购进货下达到各个厂。然后，由采购人员从系统中查看各供应商的历史信息，根据其价格、供货质量、服务等指标来选择供应商。在实现准确、高质量地实现物料采购的同时，大大缩短了采购周期。

2）库存管理

采购的准确和及时，使库存量大大降低。以前，库存资金占用严重，仅国产化件资金占用量就高达 1.2 亿元，使用 R/3 系统后降低到 4000 万元左右。同时，系统对库存量的上限和下限有严格的控制，只要库存量达到了上限，系统就会给出报警信号，物料无法再进入仓库；而达到下限时，系统也会提醒采购人员立即补充库存，起到自动提示和监督的作用。

3）生产管理

在一汽－大众，生产装配线上生产计划一旦形成，就立即下达到各个生产部门，并分解到工位。同时，物料供应部门也根据计划要求准确及时地将各种物料送往各个工位，每种物料都有各自的条码作为标识，一旦某个工位的物料低于下限，就立即由计算机发出缺料通知，减少了停工待料现象的发生；供货部门接到信号后，根据条码信息可及时将物料送到所需工位。在生产和组装过程中，每道工序都由系统严格地进行监控，如每个工位都进行了哪些工作、是否合格等信息都将准确无误地存入计算机。

4）质量管理

由于每道工序都记录了工作质量的合格与否，所以系统如实地反映了产品和配套零件的质量情况。当整车下线时，所有信息都被扫描存储在计算机数据库中。这样，质量管理信息的采集与处理、质保的定期跟踪都变得方便和容易，较好地实现了全面质量管理。

5）成本核算与控制

在 ERP 系统中，一汽–大众的每个部门都是一个独立的成本中心，都有一个预算指标，实施严格准确的成本控制。以往由于汽车的零部件繁多，每个产品的成本都较难计算准确，现在利用 R/3 系统可对企业业务流程中每个环节的成本变化进行跟踪，每个工序、每个环节产生的增值会立即动态地进行成本滚加，并可实现对产品成本按月进行分析，加以控制。

6）财务管理

实现财务电算化后，及时准确的成本跟踪使成本核算实现了自动化，财会部门的职能和工作重点也发生了重大的转变。以往忙于记账、核对、做报表的人员的现在任务是，随时对成本进行比较和分析，真正起到了成本控制部门的作用。另外，将财务的分块处理变为工作流管理，资金流的流向得到有效控制，财务工作效率提升，财务数据的准确性得到保障，财务分析功能增强，财务处理业务量大幅减少，财务结算周期大幅缩短。同时，系统中多货币及外汇、汇率的管理也为企业的财务运作提供了有效的工具，一汽–大众每年需要动用 4 亿～5 亿德国马克的外汇，仅在汇率管理上就为企业节约了大量的资金。

4.6　本章小结

本章首先介绍了供应链的概念、特征、分类，并对供应链的发展历史及趋势进行了介绍；其次介绍了供应链管理的概念、内容、目标等相关内容，

并简介了供应链绩效及其评价等。再次，以苏州城市供应链和鞍山钢铁产业供应链为例，对城市供应链和产业供应链进行了简要介绍。最后，以一汽-大众为例剖析了供应链管理的实际运作思路和效果。

参 考 文 献

[1] 任昕元，陈国华，季夏青. 供应链复杂性研究综述[J]. 物流科技，2015，38(1)：97-104.

[2] 尚丽娟. 稀土产业供应链网络设计模型的研究[D]. 赣江：江西理工大学，2013.

[3] 朱铭悦. 汽车企业供应链绩效评价体系研究[D]. 西安：西安科技大学，2020.

[4] 王欢. 基于回归分析的供应链绩效评价模型研究[D]. 天津：天津师范大学，2012.

[5] 尚丽娟. 稀土产业供应链网络设计模型的研究[D]. 赣江：江西理工大学，2013.

[6] 山阳大夫. 影响供应链绩效的6大驱动因素[EB/OL]. (2020-07-11)[2021-03-02]. https://mp.weixin.qq.com/s/jRo6TsvW3buFZN5Fy2Akyw.

[7] 物流指闻. 罗兰贝格：2021年中国物流供应链的13个发展趋势[EB/OL]. (21-01-15)[2021-0302]. https://mp.weixin.qq.com/s/SUBZURksme_gYm_Ee9a8hw.

[8] 56链接世界. 城市供应链概述分析[EB/OL]. (2020-05-23)[2021-03-02]. https://mp.weixin.qq.com/s/9jjlU1vHfEai4oULg3GWtA.

[9] 制造业物流规划与机巧改善. 一文看懂什么是供应链与供应链管理[EB/OL]. (2020-05-26)[2021-03-02]. https://mp.weixin.qq.com/s/HJjg4Qgv5Ixrl1DXHpUtOQ.

[10] 供应链指南针. 分析和讨论供应链绩效评价指标体系[EB/OL]. (2018-06-10)[2021-03-03]. https://mp.weixin.qq.com/s/WDO-bFsRmVXi8tXYwzczgA.

[11] 易流黄滨. 供应链管理都管理哪些内容？[EB/OL]. (2020-03-31)[2021-03-02]. https://mp.weixin.qq.com/s/4gHbzilDHkP5RptdHOlbZQ.

[12] 国际电子商情. 三个供应链管理案例，值得收藏！[EB/OL]. (2020-06-27)[2021-03-02]. https://mp.weixin.qq.com/s/O4sV1udVmsv1M-1N_GHHJA.

[13] 物流时代周刊. 供应链未来发展的方向——"动"起来[EB/OL]. (2018-04-02)[2021-03-22]. http://www.chinawuliu.com.cn/zixun/201804/02/329910.shtml.

[14] 311供应链研究院. 供应链未来发展方向——数字化供应链[EB/OL]. (2019-02-15)[2021-03-22]. https://baijiahao.baidu.com/s?id=1625496575507582874&wfr=spider&for=pc.

[15] 丁俊发. 供应链国家战略[M]. 北京：中国铁道出版社，2017.

[16] 刘丽艳，乔向红，支海宇. 物流与供应链管理[M]. 北京：中国铁道出版社，2017.

[17] 李诗珍，关高峰. 物流与供应链管理[M]. 北京：电子工业出版社，2015.

[18] 但斌. 供应链管理[M]. 北京：科学出版社，2012.

[19] 许军. 物流与供应链管理[M]. 成都：西南交通大学出版社，2011.

第 5 章
供应链场景与业务体系

5.1 供应链业务体系

供应链业务体系以研发设计、采购、运输、制造、仓储、配送、销售、废旧回收八条业务链为核心内容，以保证各业务链正常运作的相关要素为支撑，通过两者有机结合完成高效的供应链活动。供应链业务体系如图 5-1 所示。

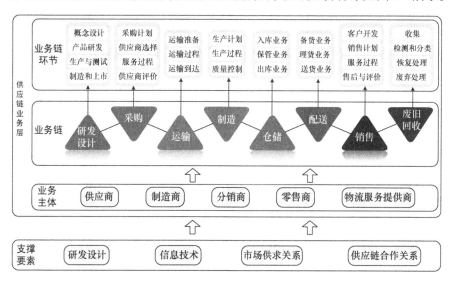

图 5-1 供应链业务体系

如图 5-1 所示，供应链业务体系由供应链业务层和支撑要素两部分构成。供应链业务层包括供应链业务主体、业务链和对应的业务链环节。其中，供应链业务主体是各业务链的主要参与者，包括供应商、制造商、分销商、零

售商、物流服务提供商；业务链是由供应链活动中的关键业务构成的价值链条，包括研发设计、采购、运输、制造、仓储、配送、销售、废旧回收业务，传递着供应链的价值；每条业务链都对应着具体的业务链环节，为业务实现提供支撑。支撑要素为各业务链的正常运作提供保证，包括研发设计、信息技术、市场供求关系、供应链合作关系。

5.1.1　供应链业务主体

1．供应商

供应商指向企业及其竞争者提供生产与经营所必需资源的单位和个人，所提供的资源主要包括原材料、设备、工具及其他资源。供应商处于供应链的上游，为整条供应链的正常运行提供最基本的保证。供应商的情况变化，如原材料价格变化、缺货等会对企业营销活动产生巨大影响，采购方必须谨慎选择供应商并全面了解供应商情况。

2．制造商

制造商指生产产品的企业，它的职能是以原材料或零部件为基础，采用自动化程度较高的机器设备，通过多个工序的加工生产，最终形成各种满足人们需要的消费品。制造商处于供应链中间环节，是整条供应链的产品加工厂。

3．分销商

分销商指专门从事将商品从生产者转移到消费者的活动的机构和人员。分销商处于生产者和消费者之间或生产者和零售商中间，职能是寻找分销渠道，将从生产者手中购买的产品，通过销售渠道卖给消费者或零售商。

4．零售商

零售商指将商品直接销售给最终消费者的商业企业，处于商品流通的最终阶段。零售商的基本任务是直接为最终消费者服务，它的职能包括购、销、调、存、加工、拆零、分包、传递信息、提供销售服务等。零售商是联系生产企业、批发商与消费者的桥梁，在分销途径中具有重要作用。

5．物流服务提供商

物流服务提供商指专门为其他企业提供一体化物流服务的企业，通常包括第三方物流和第四方物流。第三方物流指独立于供需双方，为客户提供专项或全面的物流系统设计及系统运营的物流服务模式。第四方物流是供应链的集成者，它通过整合或管理自身及其他物流服务提供商的资源、能力和技术，为客户提供全面的供应链解决方案。

5.1.2　供应链支撑要素

1．研发设计

新产品研发指在已有产品种类情况下，整合其特点和优势，对产品性能、外形、结构等方面进行改良或改进。如今，技术和产品创新成为企业保持核心竞争能力的主要手段，不断进行新产品研发并快速投放市场对企业具有重要的战略意义，突出表现在以下几个方面。

1）应对市场需求变化

消费者的消费观念和消费习惯的变化会造成市场需求的变化，进而影响到企业的经营策略。新产品的快速研发有助于企业迅速应对市场需求变化，使企业产品始终满足消费者需求。

2）提升企业竞争优势

随着经济全球化进程推进、消费者购买力的下降和产品的过剩，使市场转变为买方市场，市场竞争更加激烈。为了提升客户的忠诚度和信任度，保持和提高企业产品的市场占有率，很多企业都积极采用新产品开发战略，提升企业竞争优势。

2．信息技术

信息技术主要指利用电子计算机和现代通信手段实现信息获取、信息传递、信息存储、信息处理等的相关技术。信息技术在供应链中的应用可以保证信息的准确高效传递，进而降低供应链运营成本、提高运行效率；还可以有效减少供应链活动中的运输不合理、资源调配不合理等问题，减少资源浪费；同时，对供应链各个环节企业或客户进行有效整合，提升企业客户服务能力，提高客户满意度，推动形成新型客户关系。

3．市场供求关系

市场供求关系指在商品经济环境下，商品供给和需求之间相互联系、相

互制约的关系，同时也是生产和消费之间的关系在市场上的反映。市场供求关系是市场的核心问题，供应链保持稳定发展的一个关键因素是对供求关系的把握。通过市场整合，可以提高集成度，调整市场供求关系，降低因需求波动造成的库存积压和库存紧张风险。

4. 供应链合作关系

供应链合作关系是供应链各企业之间在一定时期内共享信息、共担风险、共同获利的合作关系。建立供应链合作关系的目的是，通过提高信息共享水平，减少供应链产品的库存总量、降低成本并提高整个供应链的运作效率。建立供应链合作关系的动力包括提升核心竞争力、快速响应客户需求及外包战略。

5.2 研发设计链

5.2.1 概述

1. 定义

产品的研发设计包括概念设计、产品研发、生产与测试、制造和上市环节。产品研发指从选择适应市场需要的产品到产品设计、工艺制造设计，再到投入正常生产的一系列过程。产品研发既包括新产品的研制，也包括老产品的改进与换代。

产品研发的目的是结合企业的技术、人才等优势提供令消费者满意的新产品，提升企业经济效益。通过产品研发，可以增加企业获利机会，降低市场风险，形成新的增长点；还可以积累核心技术和管理经验，提升企业快速反应能力。在科学技术日新月异、产品生命周期大大缩短的新时代，企业产品研发面临的挑战更加严峻。

2. 现状与问题

随着新技术更新周期的缩短和市场竞争程度的不断提高，产品的生命周期也日趋缩短。同时，产品的高集成度、高技术复杂度，以及新技术、新工艺、新商业运营模式的应用，使得产品研发过程中存在诸多不确定因素。近年来，随着我国企业创新主体地位的逐步落实，部分企业通过快速、高质量的产品研发得到了快速发展，但我国一些企业产品研发体系不完善，存在研发流程不合理、技术创新能力不足等问题。

1）缺乏结构化研发流程

一些企业缺乏有效的结构化产品研发流程，导致各部门在产品研发过程中缺乏统一部署和安排，各部门之间协作能力不强，经常出现流程不清、规范缺乏、操作性不强等问题，产品研发流程在企业内部各部门之间的协调运作十分困难；在产品研发过程中，很多工作串行进行，导致研发周期过长，企业不能及时推出具有市场竞争力的产品，产品更新换代的速度无法满足市场及客户快速多变的需求。

2）不重视技术创新与积累

国内一些企业在技术研发与产品创新上没有持续投入和支持，导致产品研发能力不足；产品研发技术体系缺乏系统性建设，不重视技术储备和积累，对以前的成果缺乏继承和发展，导致很多成熟技术没有融入研发流程，研发实力难以提升，新产品竞争力不足。

5.2.2 研发设计链构成

为了保证产品研发高效、高质量完成，需要对产品研发过程中的各种活动、人员、资源、时间等进行统筹计划和安排，协调实施过程中的冲突，保证产品研发设计过程顺利完成。研发设计链如图 5-2 所示。

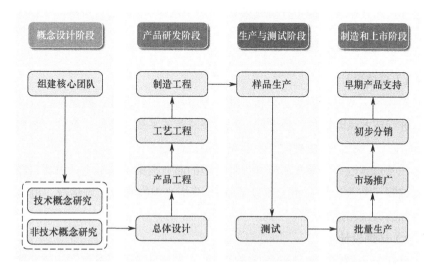

图 5-2 研发设计链

如图 5-2 所示，概念设计阶段主要进行技术概念研究和非技术概念研究；产品研发阶段首先进行总体设计，然后进行详细设计，即产品工程、工艺工程、制造工程；生产与测试阶段对样品进行测试，以确定其质量满足要求；制造和上市阶段进行批量生产和上市准备。

1. 概念设计阶段

概念设计阶段是一个新产品的触发过程，本阶段结束的标志是企业内部乃至整个供应链内部经过论证后证实了新产品研发的必要性和可行性。概念设计阶段需要完成的工作如下。

1) 组建核心团队

在产品研发的初始阶段需要组建核心团队。如果一项创意能够成为现实，产品研发团队就是核心团队的扩展；如果创意不能变为现实，通常情况下核心团队会随之解散。

2) 技术概念研究和非技术概念研究

在一项创意提出时，通常存在相当大的不确定性。为了消除这种不确定性，在分配资源进行正式的产品研发之前，需要对一些技术概念和非技术概念进行研究。技术概念即研发过程需要用到的技术；非技术概念包括五个层次的活动，即产品分析、市场分析、技术分析、财务分析和竞争分析。为了确定是否为本产品研发投入资源，还需要制定商业提案，针对产品的商业前景进行正式分析，并提交分析成果。

2. 产品研发阶段

1) 总体设计

对项目需求进行归类、分析，同时考虑需求的合理性，制定系统设计规范，进行技术风险评估。各专业工程师完成有关系统、硬件、软件、结构的《总体设计方案》，并由测试工程师制订测试计划。

在《总体设计方案》和概念设计阶段的商业提案的基础上，由项目经理负责编写《商业计划》和《项目手册》，分析当前技术及市场情况，调整实现目标的方法和途径。

2) 详细设计

针对已经确定的产品概念及总体设计，进行具体的研发工作。该阶段包含产品工程、工艺工程、制造工程。产品工程主要确定产品的工程特征、零部件组成；工艺工程主要确定制造该产品所需要的工艺流程；制造工程是对有关的制造设备及工具进行安排。概念设计阶段和产品研发阶段是并行进行的，在一个由研发、工程、制造人员及供应商人员组成的小组内共同协作完成。

3．生产与测试阶段

生产与测试的目的是，了解产品在现实的制造条件下和客户使用环境下，是否达到质量标准、满足客户需要和竞争要求，是对研发初步成果的检验。本阶段对产品样品进行独立的测试、验证，确保产品达到企业的质量标准。生产与测试阶段的参与者包括产品研发小组成员、市场营销人员、客户。在生产与测试阶段，可以同时进行产品市场营销计划的确定、销售人员及生产人员的培训，并在此基础上过渡到制造和上市阶段。

4．制造和上市阶段

这个阶段包括批量生产、市场推广、初步分销及早期产品支持。产品研发小组的成员需彼此合作以寻求制造过程最优化，实现成本和质量目标。本阶段企业的大部分行为均围绕市场营销展开。产品状态包括介绍期、成长期、成熟期、保持期及防御期，营销人员根据不同的产品状态制定相应的策略并维护该产品。

5.2.3　发展趋势

1．协同产品研发

技术进步和需求多样化使产品生命周期不断缩短，迫使企业不断研发产品以响应市场个性化需求。企业研发要建立协同合作，除了企业内部跨部门协作，还要推动供应链各主体共同承担产品研发活动，发挥各自功能优势，逐步形成研发网络，促进研发模式不断升级。供应商参与新产品研发，可以与研发部门进行有效的信息沟通，有助于增强新产品的市场竞争力；消费者与企业的互动可以充分获取消费者需求，为新产品研发指明方向。同时，各方主体的参与还可以充分考虑各方面的可能性，不断探索适合本企业的产品研发模式。

2．结构化的并行研发流程

建立合理、清晰的研发流程来保障产品研发活动顺利进行。在产品研发

的开始阶段，团队全部人员及相关部门人员共同参与，产品研发的各项技术进程和职能活动并行实施，确保产品研发质量和效率满足要求，缩短产品研发周期，将研发成果以最快的速度投入生产应用。

3．重视技术创新和技术积累

随着企业竞争加剧，企业的产品研发更加重视技术创新和技术积累，提升产品的研发能力；通过导入更先进的技术管理模式，提升每项技术的研发效率，实现技术投入成本的降低。围绕提升产品竞争力建立涵盖研发设计全流程的技术体系，将产品竞争力转化为企业的核心竞争力。

5.3　采购业务链

5.3.1　概述

1．定义

采购业务包括采购计划、供应商选择、服务过程和供应商评价环节。采购是一个复杂的过程，根据环境不同有不同的定义。狭义地说，采购是企业购买货物和服务的行为；广义地说，采购是一个企业取得货物和服务的过程。华中科技大学物流与供应链管理研究所所长马士华教授对采购的定义为：采购是客户为取得与自身需求相吻合的货物和服务而必须进行的所有活动。

采购的职责是选择最优供应商，确保采购价格合理，争取企业利益最大化。企业通过实施有效的计划、组织与控制等采购管理活动，合理选择采购方式、采购品种、采购批量、采购频率和采购地点，降低企业成本、加速资金周转并提高企业经营质量。

2．现状与问题

我国企业采购已基本实现市场化运作，现行采购模式主要有三种：传统采购模式、公开招标采购模式、电子商务采购模式。其中，传统采购模式仍是企业主要采用的采购模式。在传统采购模式下，大部分企业的采购职能被忽视，存在以下问题。

1）缺乏有效信息沟通
在传统采购工作中，采购部门作为一个单独的职能部门，与其他部门相互独立、分离，采购流程的协调性较差。一旦某个采购环节对信息理解出现失误或信息的有效流通受到阻碍，不仅会影响采购效率，还会造成物料积压或短缺。此外，采购双方为了自身利益，互相封锁供应商信息、生产情况和市场行情，采购双方不能进行有效沟通，采购活动盲目性强。

2）供应商管理有待加强

一些企业没有对供应商关系进行科学管理。供应商选择人为因素多，采购管理软件、硬件设施不配套，导致供应商选择与评估缺乏科学性、规范性；当供应商流失或变更时不能主动应变，影响企业生产运作；与关键供应商之间的沟通和合作尚停留在交易层面，未注重深层次合作关系培养。

3）质量控制难度大

在传统模式下，质量控制只能通过事后把关的方式进行，采购方很难参与供应商的生产组织过程和相关的质量控制过程，他们的工作相互之间是不透明的。缺乏合作的质量控制导致采购部门对采购物品质量控制的难度增加。因此，需要通过各种标准，如国际标准、国家标准等，进行验收检查。

5.3.2　采购业务链构成

采购过程是供应链的起点，是连接制造商与供应商的纽带，在供应链管理中起着重要作用。采购业务链如图 5-3 所示。

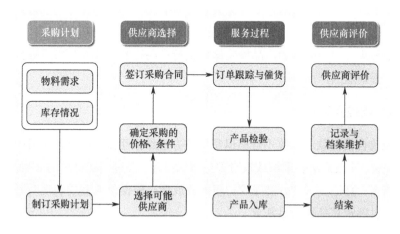

图 5-3　采购业务链

如图 5-3 所示，企业首先依据物料需求和库存情况制订采购计划，然后选择合适的供应商，同时在服务过程中对订单进行跟踪和催货，产品经检

验合格后入库，最后在服务结束后将采购服务情况记入档案，对供应商进行评价。

1．采购计划

采购计划指企业管理人员在了解市场供求情况，认识企业生产经营活动和掌握物料消耗规律的基础上，对计划期内物料采购管理活动所做的预先安排。通过制订采购计划可以预估物料或商品使用的数量与时间，防止生产或销售中断影响企业生产经营活动，避免物料或商品积压；使采购部门事先有所准备，选择有利时机购入物料或商品。

2．供应商选择

企业在确定自己所需的物料或商品后，根据需求说明选择可能的厂商。然后根据自身需求特点及供应商的营销策略，制定一个符合自身利益并切实可行的采购价格，在此价格基础上进行价格谈判，确定采购价格，签订采购合同。

3．服务过程

在将采购订单发给供应商后，采购部门应对订单进行跟踪和催货。跟踪是对订单所做的例行追踪，以确保供应商能够履行其货物发运的承诺；催货是对供应商施加压力，使其按期履行最初所做出的发运承诺。在产品入库前，需依据采购合同中明确的产品检验体系进行产品检验，检验合格后进行入库处理，否则退回产品。

4．供应商评价

验收合格付款或验收不合格退货均需办理结案手续，清查各项书面资料有无损失，签报高级管理层或权责部门核阅批示；经过结案批示的采购案件，列入档案，登记编号并分类保管；服务完成后，根据供应商的表现对其进行评价，以确定其是否满足需求。

5.3.3　发展趋势

新时期的采购模式更加注重供应链的整体框架，考虑供应的速度、柔性、风险等因素，逐渐从单一的竞争性采购模式转变为集中采购、全球采购、准时化（Just In Time，JIT）采购等多种模式及其优化组合，以此增强供应链竞争力。

1．集中采购模式

集中采购称为联合采购，指在同质性企业里，将需要购买同一产品的客户联合在一起，使其产品数量达到可以取得价格折扣的规模，向供应商提出采购的行为。集中采购模式下的采购组织同时为多个企业实施采购，通过全面掌握多个企业的需求情况，与供应商签订统一合同，实现大批量订购，并且利用规模优势，提高议价能力，从而大大降低采购成本。集中采购可以整合同性质企业的采购业务，降低采购成本，得到保质保量的原材料；同时专业性的集中采购可以减少企业在采购业务上投入的精力，使企业致力于新产品的研发、营销体制的创新、市场渠道的拓宽。

2．全球采购模式

全球采购是指利用全球的资源，在全球范围内寻找供应商，寻找质量最好、价格最合理的产品。全球采购是在供应链思想的指导下，利用先进的技术和手段，提出合理的采购要求，制订恰当的采购方案，在全球范围内建立生产与运营链，采购质价比最高的产品，保证企业生产经营活动正常开展的一项业务活动。通过规范采购操作，对采购过程的绩效进行衡量、监督，从而在服务水平不降低的情况下，实现采购总成本最低。

3．准时化采购模式

准时化采购，又称 JIT 采购。准时化采购可以大幅减少原材料和外购件的库存，从而降低库存成本并减少流动资金占用。进行准时化采购的关键是与供应商的合作。在准时化采购中，供应方和采购方的关系建立在战略双赢的基础上，强调信息交流和共享机制，同时通过合理的供应商评价和激励机制来维护与强化这种长期的战略双赢关系。

5.4　运输业务链

5.4.1　概述

1．定义

运输业务包括运输准备、运输过程、运输到达环节。运输指物流企业或

受货主委托的运输企业，为了完成物流业务所进行的运输组织和运输管理工作，它是物流业务的中心活动。运输成本是供应链成本的重要组成部分，合理运输方式的选择是提高供需匹配度、保持低成本的关键。

运输业在市场经济影响下呈现多元化的发展趋势。运输流程技术含量更高，更加符合运输需求；多种运输方式协同合作，充分发挥各种运输方式的整体优势和组合效率，进而降低运输成本。

2．现状与问题

近年来，我国交通运输业发展迅速，基础设施规模不断扩大，技术水平显著提高。但仍旧存在运输成本高、基础设施落后、运输网络不完善等问题。

1）成本与效率问题

生产方式的改变使多批次、小批量物流快速发展，劳动力、土地等资源要素成本不断上升，阻碍了物流成本降低；我国物流市场供需两端的特征是散和小，物流集约化程度低。除此之外，我国运输业户小而散、货源多而杂，物流组织效率有待提高。

2）基础设施问题

我国的物流基础设施还比较落后，各种物流基础设施的规划和建设缺乏必要的协调性，物流基础设施的配套性和兼容性差，缺乏系统功能。此外，很多企业物流节点布局不合理，影响运输效率。

3）运输网络问题

一些企业运输形式比较单一，多以公路运输为主，致使物流网络规模小，服务范围不够完善，并受限于单种运输方式，物流运输运作水平较低，竞争力不足。另外，运输网络各节点间也存在信息流通不畅，节点和线路能力匹配不协调等问题，整体服务水平低下。

5.4.2　运输业务链构成

运输业务是物流过程中最重要的环节，在供应链的不同阶段充当重要的联系纽带，便利快捷的运输服务是有效组织物流活动的关键。运输业务链如图 5-4 所示。

如图 5-4 所示，运输准备主要进行运输计划的制订和车辆准备工作；运输过程中对货物进行跟踪，实现在线货讯查询和更新；运输到达后进行货物确认并签收回单。

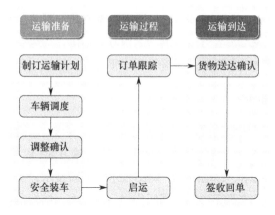

图 5-4 运输业务链

1．运输准备

运输前的准备工作包括制订运输计划、车辆调度、调整确认和安全装车内容。运输计划的制订需与配送业务流程和仓储业务流程紧密衔接，从货物运输的需求出发，在企业运力的基础上编制。同时，需要对运输各环节做出合理安排，包括车辆调度、路径规划、人员指派等，使各环节紧密相扣、协调一致。

2．运输过程

运输过程是实现货物流动的关键环节，从启运开始到货物送达的过程中进行货物的实时追踪和相关信息的及时在线更新，便于运输业务的监管。运输过程中主要通过 GPS（全球定位系统）、北斗卫星定位系统和基于移动运营网的基站定位系统实现车辆定位。

3．运输到达

运输到达包括货物送达确认和签收回单两个过程，是运输业务的最终环节。货物送达后，收货人确认货物无误并在货票上签收，然后运输服务提供商为客户提供原件签单返还服务，货物交付完毕。

5.4.3 发展趋势

1．多式联运

多式联运是不同运输方式的综合组织，即在一个完整的货物运输过程

中，不同运输企业、不同运输区段、不同运输方式、不同运输环节之间衔接和协调的组织。多式联运与传统单一运输方式相比，货运手续更加简化，运输时间更短，运输成本降低，运输管理水平提高，运输过程更加合理。

2．运输智能化

经济全球化对运输的成本和效率提出了更高要求，运输智能化是解决运输问题的一个方向。运输智能化通过集成各种运输方式，应用车辆识别技术、定位技术、信息技术、移动通信、网络技术等高新技术，实现车辆控制、营运货车管理、电子收费等功能，降低货物运输成本、缩短货物送达时间。

3．运输绿色化

运输绿色化是实现交通健康发展的内在要求，也是经济社会向循环经济、低碳经济、生态经济发展的必然要求，是交通运输与经济、社会和环境协调发展的关键所在。运输绿色化的实现途径如下：通过合理的网点布局实现合理运输，避免货物迂回运输，减少车辆空驶率；采用节能运输工具和清洁燃料，减少运输燃油污染；设计合理的存货策略，适当加大商品运输批量，进而提高运输效率。

5.5 制造业务链

5.5.1 概述

1．定义

制造业务包括生产计划、生产过程、质量控制环节。产品制造是将原材料投入转化为企业产品的过程，包括产品的加工、包装、设备维护、检测等，这一活动的本质是输入向输出的转化。

生产管理的目标是，以适当的物料、适当的质量、适当的时间、适当的数量和适当的成本，为市场提供客户满意的产品和服务，在为客户创造价值的同时为企业创造经济利益。

2．现状与问题

目前，越来越多的国家参与到最终产品生产过程中，形成了以价值链为基础的新型国际分工格局。我国制造业水平与国外的差距较大，存在企业自主研发能力薄弱、自主营销品牌缺乏等问题，在全球价值链分工中所处区段技术含量较低。

1）自主研发能力薄弱

我国制造业整体自主研发能力薄弱，先进制造技术的研究和应用水平低，大部分工业行业的关键核心技术掌握在国外厂商手中，依赖于发达国家跨国公司提供的关键技术。此外，在科技创新链条上存在诸多体制机制关卡，产学研用脱节，创新和转化各个环节衔接不够紧密。

2）自主营销品牌缺乏

我国制造业知名品牌企业的数量及影响力与发达国家相比存在较大差距，市场营销和战略管理能力薄弱，缺乏全球营销经验，主要依靠国外分销商或合作伙伴的营销网络开拓国际市场。一些中国企业只是国际知名品牌的代工厂，为外资做零配件加工和代工生产，没有自主品牌和供销网络。

3）部分传统制造业产能过剩

自 21 世纪以来，我国大规模投资驱动了国内经济的迅速增长，同时出现了产能过剩现象。目前，我国制造业的平均产能利用率只有 60% 左右，不仅低于美国等发达国家 78.9% 的水平，也低于全球制造业 71.6% 的平均水平。产能严重过剩，导致企业开工不足，企业运行困难、效益低下。

5.5.2　制造业务链构成

制造业务涉及工艺设计、物料采购与配送、生产组织、质量检验与控制等多部门、多环节，需要按照生产计划、作业流程、工艺标准执行。制造业务链如图 5-5 所示。

如图 5-5 所示，企业首先依据销售计划确定主生产计划，进而确定工序计划，同时依据物料清单和库存情况制订物料请购计划；然后依据工序计划进行产品制造；最后在原料和产成品入库前进行质量检验。

1. 生产计划

企业的生产计划是以销售计划为源头，以主生产计划为核心的计划体系。生产部门根据销售计划的数量和交货期，确定企业主生产计划，将企业主生产计划作为企业生产活动的纲领性文件，进一步确定工序计划；按照物料清单和物料库存情况，编制物料请购计划；在生产计划的驱动下，组织和

协调企业各职能部门按时、按量为客户提供满意的产品。

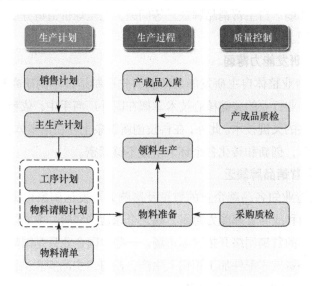

图 5-5　制造业务链

2. 生产过程

由物料相关部门进行物料清单的审核，根据现有库存决定是否需要采购，若需要，则由采购相关部门根据物料清单的审核结果和采购计划进行采购。物料准备完成后，车间生产人员根据下发的任务清单和物料清单到仓库领取生产原材料，并根据工序计划和制造工艺进行制造。产成品检验合格并经审核后，进行入库处理。

3. 质量控制

原材料和产成品入库前均需由质检相关部门进行检验，检验合格后方可入库。产成品在检验之前，需要建立质量检验方案，并根据该方案进行检验，生成检验报告单。质量检验方案包括检验标准、检验项目、检验指标、检验设备仪器等内容。

5.5.3　发展趋势

1. 制造网络化

制造网络化指通过采用先进的网络技术、制造技术及其他相关技术，构建面向企业特定需求的基于网络的制造系统，在系统的支持下开展覆盖产品整个生命周期或部分环节的企业业务活动，高效、高质量地为市场提供所需的产品和服务。制造网络化分为三个层次：一是制造环境内部的网络化，实现制造过程的集成；二是制造环境与制造企业的网络化，实现制造环境与企业中工程设计、管理信息系统等子系统的集成；三是企业与企业间的网络化，实现企业间的资源共享。

2．制造自动化

制造自动化是未来制造业发展的一个重要方向，能协调、管理、控制和优化制造系统中人、机及整个系统，大幅提高劳动生产率，保证产品质量，降低工人的劳动强度。

3．制造绿色化

制造绿色化是一个综合考虑环境影响和资源效率的现代制造模式，其目标是使产品在设计、制造、包装、运输、使用、报废处理的整个生命周期中，对环境影响最小、资源利用效率最高。制造业通过推行绿色制造技术，发展相关的绿色材料和绿色能源，提高资源利用效率，实现传统制造模式绿色升级。

4．制造精密化

精密和超精密加工技术是当今机械制造技术发展的主要方向之一，也是先进制造技术的基础，在高新技术领域及各类工业中得到了广泛应用。微型机械、电子产品、仪器仪表等产品的精度要求已达到微米级甚至纳米级，需要高精制造才能满足要求。精密和超精密加工技术的发展也促进了机械、电子、传感器、测量等技术的发展，对整个机械制造业的技术水平和加工精度有很大提升，极大地提高了产品的质量、性能和企业竞争能力。

5.6　仓储业务链

5.6.1　概述

1．定义

仓储业务包括入库业务、保管业务、出库业务环节。传统仓储指利用仓

库对各类物资及其相关设施设备进行物品的入库、保管、出库的活动；现代化仓储是对传统仓储进行改造，新增各类现代化装卸、搬运、堆码等设备，匹配计算机辅助管理仓库，实现自动化仓储。仓储是生产制造与商品流通的重要环节之一，也是物流活动的重要环节。

仓储的有效利用能提高企业物资周转的效率，能够调节生产者与消费者之间的平衡，降低企业的运输成本；在中转过程中，提高运输效率。企业能够利用仓储功能对产品品种进行整合与调配，按照市场及时调整库存，以满足客户个性化的需求。

2．现状与问题

新兴经济模式极大地推动了仓储业发展，新技术的应用使仓储效率得到提升，自动化仓库数量逐渐增多。总体来看，仓库设施已基本满足物流需求，但在结构与地区分布上还存在一些问题，仓库资源短缺与仓库资源过剩同时存在。此外，在现代化仓储快速发展的背后也暴露了传统仓储的诸多问题。

1）仓储技术发展不平衡

近年来，仓储技术获得快速发展，但行业应用发展很不平衡，大多数企业对提高仓库作业自动化、机械化的必要性认识不足。尽管一些大型企业已经建设了现代化仓库，并且拥有非常先进的仓储设备、装卸搬运设备等，但是很多中小型企业的仓库作业仍靠人工操作。仓储技术发展不平衡严重影响了我国仓储行业整体的运作效率。

2）仓储资源利用率有待提升

仓储业存在各部门、各地区相互封闭与仓库重复建设的问题，造成资金分散、管理落后、资源利用率低等问题。同时，仓储资源调配不够灵活，无法针对实时需求进行相应调整，出于淡旺季等原因容易造成仓储闲置、仓储不足等问题。此外，我国仓储的供应量一直处于上升趋势，各类物流园区从一二线城市向三四线城市的发展存在盲目性、重复性建设，导致部分仓库空置率较高。

3）仓储急需提质增效

与物流发达国家相比，我国仓储成本相对偏高。仓储企业规模偏小、经济效益偏低；仓储业的投资能力有限，面对急剧增长的仓储需求，新型库房数量短缺，配送车辆、集装技术、拣选技术、信息技术等急需提升。另外，随着物流需求的变化，仓储业在与电商的深度融合及城乡共同配送的仓配一体化中也急需提质增效。

5.6.2　仓储业务链构成

仓储主要业务内容是将产品及相关信息进行分类、挑选、整理、包装加工等活动，并集中到相应场所或空间进行保存。仓储业务链如图 5-6 所示。

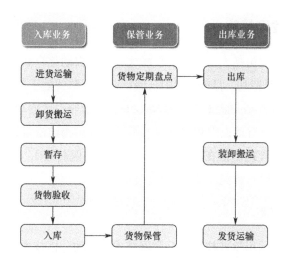

图 5-6　仓储业务链

如图 5-6 所示，入库业务主要包括进货运输、货物验收等工作，保管业务在保管货物的同时需进行货物定期盘点，出库业务包括出库、装卸搬运、发货运输。

1．入库业务

入库业务主要包括进货运输、卸货搬运、暂存、货物验收和入库一系列作业环节，主要根据货主提供的货物储存计划和入库凭证安排，仓储单位按照规定的程序进行入库作业。

2．保管业务

保管业务主要有货物保管和货物定期盘点两项内容，是仓储业务的最重要环节。保管业务要根据库区、库容规划，合理进行分区分类保管、货位布局、货位编号、货物保管维护及货物盘点等作业，实现在库货物的科学管理和人工控制。

3. 出库业务

出库业务是仓储业务链的最后一个环节，主要包括办理出库手续、装卸搬运和发货运输。货物出库时要求货物准确、及时、保质、保量地交给仓单持有人；出库货物必须包装完整、标记清楚、数量准确。

5.6.3 发展趋势

仓储行业发展包括人工仓储、机械化仓储、自动化仓储、集成自动化仓储、智能仓储五个阶段。目前，我国仓储行业发展整体处于自动化仓储阶段，主要应用 AGV（Automated Guided Vehicle，自动导引运输车）、自动货架、自动存取机器人、自动识别和自动分拣系统等先进物流设备，通过信息技术实现实时控制和管理。但在细分领域（如电商、医药等），已经有部分先进企业的仓储管理进入智能仓储的应用实施阶段。

1. 智能仓储

智能仓储是运用软件技术、互联网技术、自动分拣技术、光导技术、射频识别等先进技术和设备，对物品的进出库、存储、分拣、包装、配送及信息处理等作业进行有效的计划、执行和控制的物流活动。新兴智能技术促进了现有硬件设备的扩容与升级，改善了仓储物流运作流程，提高了仓储技术装备的柔性化应用水平，降低了物流成本。近年来，智能仓储行业相关产品的市场需求呈现增长趋势，电子商务、快递物流、新零售等下游应用领域出现新业态、新产业、新模式，对仓储行业提出了更高的性能要求。

2. 云仓

云仓指利用云技术和现代管理方式，依托仓储设施实现在线交易、交割、融资、支付、结算等一体化服务。传统物流供应商的地位正在弱化，由于订单的日益碎片化，传统第三方物流企业已经不能满足高频、少量、多批次的仓储需求。云仓能更好地进行仓配一体化，仓配一体化已经成为电商物流和第三方服务公司的主要方向。云仓将全国各区建立的分仓通过总部的一体化信息系统进行联网，实现整合资源、优化资源配置的目标，从而提升整体配送网络的响应速度。

5.7 配送业务链

5.7.1 概述

1．定义

配送业务包括备货业务、理货业务、送货业务环节。配送指根据客户的订货要求和时间计划，对物品进行拣选、加工、包装、分割、组配等作业，并按时送达指定地点的物流活动。

采用配送方式，可以通过增大经济批量进货及商品集中发货，代替不同客户小批量进货，提高末端物流的效益。实现高水平的配送之后，尤其是采取准时配送方式之后，企业只需要保持少量保险储备，就可以实现零库存管理。

2．现状与问题

为了保证企业商品的供应能力，降低缺货率，企业对于物流配送的需求越来越高。自营配送、第三方配送、共同配送等多种配送模式共同发展。目前，我国大部分大型连锁零售企业已经建立了自有物流配送中心，物流末端配送多采用共同配送，第三方配送模式成为工商企业和电子商务网站货物配送的首选。我国企业物流配送存在以下问题。

1）物流配送效率低

目前，我国大多数物流配送企业的物流服务内容还停留在仓储和运输层面，能够提供综合性服务的物流配送企业较少。运输和仓储的现代化水平较低、物流配送中心建设发展缓慢、专业化操作水平低等问题导致物流配送效率低下。

2）物流信息系统滞后

物流信息系统直接影响企业的运作效率和客户服务水平。目前，我国大多数第三方物流企业自建的配送和运输队伍规模较小，无力投入大量人力、资金开展信息化建设。很多配送中心信息化程度较低，配送中心选址、配送路线优化、最优库存控制等问题处于半人工化状态，无法为客户提供全过程的跟踪查询等服务，现代物流调度、库存、订单管理等应用系统有待于开发和完善。

3）缺乏有效的物流配送网络

目前，我国的交通运输设施布局不合理，运输通道经常出现供需矛盾，从而影响物流配送的效率；物流网点没有统一的布局，物流企业分布过于分散，无法实现资源的有效配置。并且，我国的物流信息管理和技术手段比较落后，无法建立公共的物流信息交流平台，对物流配送过程的各个环节缺乏统一管理和调度。

5.7.2 配送业务链构成

配送业务指以客户需求为出发点，将配货与货物输送进行有机结合，进行资源配置的全部过程。配送业务链如图 5-7 所示。

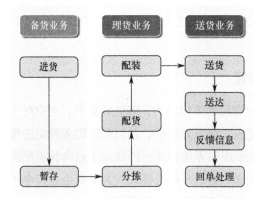

图 5-7　配送业务链

如图 5-7 所示，备货业务主要进行货物准备活动；理货业务包括分拣、配货、配装过程，是发货前的准备和支持工作；货物送达后需反馈信息并进行回单处理。

1．备货业务

备货是配送的基础环节，包括进货及暂存。配送的优势之一是可以集中客户的需求进行一定规模的备货；暂存是在具体执行配送时，按分拣配货要求，在理货场地所做的少量存储准备。

2．理货业务

理货是配送业务链中不同于其他物流形式的功能要素，包括货物的分拣、配货和配装等内容。分拣及配货是完善送货、支持送货的准备性工作，是配送企业在送货时提高自身经济效益的必然延伸，能够大大提高送货服务水平；配装是将不同客户的货物进行搭配装运，以充分利用运力。

3．送货业务

送货业务是配送活动的核心，也是备货和理货工序的延伸。送货业务包括送货、送达、反馈信息和回单处理。送货需要考虑如何组合最佳路线，货物送达后还需要处理相关手续，完成结算和信息反馈。

5.7.3 发展趋势

1．共同配送

共同配送指将多个客户联合起来，在不同客户之间进行有序配送的服务。共同配送主要针对某一地区客户所需物品较少而引起的配送车辆利用率不高等情况，通过作业活动的规模化降低作业成本，提高物流资源的利用效率，促进整个社会商品配送的高效流通。

2．配送信息化

配送信息化指利用计算机网络技术重新构筑配送系统。例如，建立 EDI 系统，高效准确地传递、加工和处理大量配送信息；利用计算机技术，建立计算机辅助进货系统、辅助配货系统、辅助分拣系统等。

3．多种配送方式和手段的最优化组合

多种配送方式和手段的最优化组合，可以有效地解决配送过程中的复杂问题，从而实现配送的最高效率。小批量快递配送、准时配送、产地直送等配送方式随着现代物流业的发展在实践中不断实现最优化组合。

5.8 销售业务链

5.8.1 概述

1．定义

销售业务包括客户开发、销售计划、服务过程、售后与评价环节。销售

指以出售、租赁或其他任何方式向第三方提供产品或服务的行为。

销售信息管理首先对企业内分销环节中每日销售情况给予及时记载，在此基础上，以分销体系和时间为参数，对不同的产品销售情况进行查询、统计与分析，使决策者及时获得企业分销体系不同侧面的销售情况，为企业的采购、生产和销售决策提供科学有力的依据。

2．现状与问题

当前，一些企业的销售业务缺乏管理，项目交付执行过程中涉及的部门较多，内部部门沟通协同不顺畅，导致企业利润低、客户满意度不高等问题，从而影响企业长期发展与盈利。

1）市场营销战略滞后

一些企业在构建市场营销战略的过程中，生搬硬套国内外成功企业模式，缺乏创新性，思想价值观念陈旧，无法真正做到与时俱进；缺乏对市场营销的深化剖析，无法构建完善的市场营销战略理念；企业在实际开展中缺乏科学的营销方式，仅通过传统的促销方式展开营销工作，无法提升企业产品的销售量。

2）客户服务体系有待完善

客户是企业生存和发展的基础，建立完善、系统的客户服务体系十分重要。我国大部分企业尚未建立完善的客户服务体系，也没有将客户服务体系纳入整个销售系统中。企业与客户之间交流较少，没有建立融洽、信任的关系，不利于长久合作关系的建立。

5.8.2 销售业务链构成

销售是企业生产经营成果的实现过程，是企业经营活动的中心。销售业务链如图 5-8 所示。

如图 5-8 所示，客户开发的主要内容是与客户建立业务关系并签订合同；企业依据销售计划与客户谈判；企业收到销售订单后进行订单处理，为客户提供发运服务；销售服务完成后对客户进行评价并记入档案，并为客户提供售后跟踪服务。

1．客户开发

客户开发包括拜访前准备、拜访客户、建立业务关系、签订合同。企业应当积极开拓市场份额，加强现有客户维护，开发潜在目标客户，对有意向的客户进行资信评估，根据企业自身风险接受程度确定具体的信用等级。确定业务关系后，企业与客户签订销售合同，明确双方权利和义务，以此作为开展销售活动的基本依据。

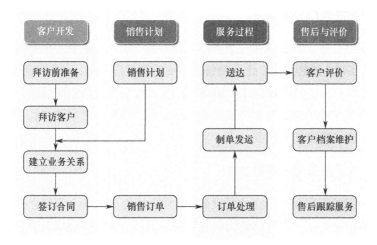

图 5-8　销售业务链

2. 销售计划

销售计划指根据市场需求预测，结合企业生产能力，设定总体销售目标及不同产品的销售目标，并制订具体的销售方案和实施计划。销售计划可以作为企业开展销售活动的指导，企业可依据销售计划与客户进行谈判。

3. 服务过程

企业收到销售订单后，对销售订单进行处理，根据销售合同的约定向客户提供发货服务。在发货过程中，企业可以将订单处理与货物装运信息及时发布，加强与客户之间的联系。

4. 售后与评价

服务完成后，对客户进行评价，以确定后续合作的可能性。通过长期的跟踪、调查和总结，建立客户业务档案，对客户信息进行系统的掌握。售后跟踪服务是在企业与客户之间建立信息沟通机制，对客户提出的投诉及问题

及时解答并反馈处理，不断改进商品质量和服务水平，以提升客户满意度和忠诚度。

5.8.3　发展趋势

1．重视客户关系管理

企业通过建立完善的客户服务体系，将客户服务体系融入企业销售管理系统中，实现全过程服务。企业销售管理更重视客户管理，与客户进行沟通，建立客户资料卡、客户评价卡、策略卡，全面收集客户的相关信息，在全面了解客户需求的情况下为客户提供更好的服务，和客户之间建立长久、信任的关系，抓住稳定的客户群。

2．电子商务规模不断扩大

互联网的应用提升了企业管理效率，同时也提高了各个部门之间的沟通效率，特别是各项工作与业务流程的管控，均以电子商务模式为中心展开交流。企业组织经营管理活动也逐渐在互联网中展开，在网络中采集信息，实现在线交易。

5.9　废旧回收链

5.9.1　概述

1．定义

废旧回收业务包括收集、检测和分类、恢复处理、废弃处理环节。废旧回收是对消费者手中的废旧产品进行回收、检测、分类、资源化及废弃的过程。

回收产品的再利用过程是正向供应链产品的价值恢复过程。废旧回收链与正向供应链的结合，使"供应—生产—销售—消费—废弃"的过程变成了"供应—生产—销售—消费—废弃—再利用"的闭合反馈式循环过程。

2．现状与问题

目前，我国尚未建立规范的废旧回收体系，废旧产品处理方式不恰当。同时，一些企业未能意识到废旧回收的重要作用，在资源配置方面未能给予重视，废旧产品回收难度较大。

1）回收产品差异性大

回收产品的质量存在较大的不确定性，回收产品的质量、使用环境、已使用时间等因素影响了企业对回收产品情况的准确把握；同时，回收产品的损坏方式、损坏程度、使用年限差异较大，导致企业无法及时获取回收产品的质量信息，需要通过专业检测才能确定回收产品的基本状况，产品回收环节实施难度较大。

2）回收设施投资巨大

废旧回收链中回收网络的设置十分重要。回收点的规模和数量直接决定了回收产品的数量及回收效果，企业在进行产品回收设施的建设时往往需要建设足够的回收点，而回收物流网络的建设和运营也需要投入大量的资金、技术、相关专业人员，回收设施投资巨大。

3）回收处理中心运作成本居高不下

回收处理中心主要进行回收产品的拆解、检测和处理工作，需要相关软硬件设施建设，所需资金巨大，资本回收周期较长。同时，由于回收产品的拆检处理过程会给环境造成某种程度的污染，对污染的合理防护和有效处理也给回收处理中心的运营带来了相应的经济与社会压力。

5.9.2　废旧回收链构成

废旧回收的目的是对回收品进行处置或者再利用，能够提升客户满意度，同时增加企业利润，是企业提升竞争力的重要途径。废旧回收链如图 5-9 所示。

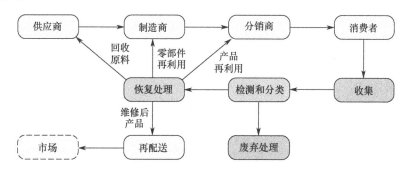

图 5-9　废旧回收链

如图 5-9 所示，废旧回收业务收集消费者手中的废旧产品，并将其集中

运输到分类检测中心，然后根据检测结果选择产品价值恢复的各种处理活动或进行废弃处理，使废旧产品重新成为有价值的资源。

1. 收集

收集是将消费者手中的废旧产品集中运到某一指定地点的过程。废旧产品的收集是废旧回收链的起点，废旧产品所在的节点是正向供应链与废旧回收链的衔接点。

2. 检测和分类

回收的废旧产品中通常包含了多种不同品质、不同价值的产品。在对回收产品进行价值恢复处理之前，需对回收品进行检测和分类，以确定回收品的状态和最合适的再处理方式。初步检测可以通过观察产品外观特性进行分类；进一步的分类则需借助仪器或设备对回收品的某些性能进行测试，确定回收产品的损坏程度，从而确定回收产品的再处理方式。

3. 恢复处理

恢复处理指为了恢复废旧产品、零部件或原料的使用价值而实施的转换过程，又称为再处理，是废旧回收链实现资源再利用的最关键环节。废旧产品价值恢复的方式包括清洗、拆卸、维修、翻新、再制造等。

根据产品价值恢复的不同途径，恢复处理后产品的市场体现在三个方面。

（1）产品市场，指作为产品形式直接再利用，如库存积压品、无故障的退货品等。此外，通过维修、再制造处理恢复的产品，也可以进入产品市场或二手产品市场。

（2）零部件市场，即从废旧产品中拆卸提取的零部件的再利用，可作为维修备件服务于原产品售后服务市场，或作为零部件进入新的产品加工生产线。

（3）原料市场，无法实现再利用的零部件或产品剩余部分，进行切割、粉碎等处理后，通过再生循环处理成为新的原料，应用于产品或零部件制造过程。

4. 废弃处理

废弃处理指将出于技术或经济上的原因不能再利用的产品或零部件，通过机械处理、地下掩埋或焚烧等方式进行销毁。

5.9.3　发展趋势

1．产品设计可循环

为了有效地利用资源，越来越多的企业要求对产品进行生态设计，即产品设计可拆解、可循环，实现废旧产品再制造、再利用、再资源化。为了延长产品生命周期，许多公司采用模块化设计技术并使用标准化产品接口，以老型号产品中的标准化部件和模块为基础进行新产品的设计、制造，实现产品制造可持续。

2．形成工业生态群落

一些企业的废弃物可以作为其他企业的生产原料，具有此类共生关系的企业集聚形成工业生态群落，在原有投资不变的情况下，工业生态群落的总收益超过企业各自经营的收益之和，规模经济效应显著，同时减少了进入废旧回收链的物流量。

3．强化绿色技术支撑

绿色技术体系包括消除污染物的环境工程技术、废弃物再利用的资源化技术，以及生产过程无废少废的清洁生产技术。建立绿色技术体系的关键是，积极采用无害或低害新工艺、新技术，大力降低原材料和能源的消耗，实现低投入、高产出、低污染。

5.10　戴尔供应链案例分析

近年来，全球的计算机产业发展迅猛，各大制造厂商之间竞争日趋激烈，劳动力、原材料的成本逐渐上升，同时消费者需求趋向多样化，戴尔作为 IT 行业巨头在经营过程中也面临瓶颈，迫切需要成本管理理念和方法创新，其独特的供应链管理模式在此背景下应运而生。戴尔供应链业务环节如图 5-10 所示。

如图 5-10 所示，戴尔供应链业务环节包括研发环节、采购环节、生产环节、销售环节、物流环节及废旧回收环节。通过分析戴尔在各个环节的策略，总结其优势。戴尔科学、完善的供应链模式使其在激烈的全球竞争中赢得主动。

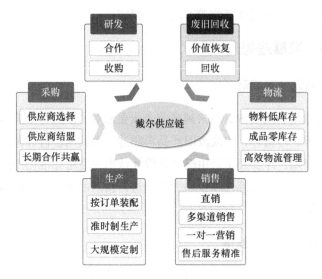

图 5-10 戴尔供应链业务环节

5.10.1 研发环节

戴尔的研发环节主要通过两种方式完成：一是与行业的领先者合作；二是收购，戴尔在横向收购中系统地完善产品管理线，增强核心竞争力。戴尔的设计与市场贴合，市场部门对设计部门提出要求，设计部门确定产品得到市场部门的认可，并针对客户的不同需求设计不同的产品线。戴尔将客户需求引入新产品研发的立项和论证中，使供应商参与产品研发，提高产品研发效率，快速抢占市场。

5.10.2 采购环节

随着戴尔规模的不断扩大，其采购组织逐步适应全球发展战略。戴尔生产计算机所需的零部件大部分靠外包完成，因此其供应商具有举足轻重的地位。戴尔致力于科学高效的供应商管理，通过加强与供应商的合作，寻求双方利益最大化，其供应商管理主要体现在以下方面。

1. 供应商选择

戴尔在选择运营合作的供应商时，主要考虑公司成长性、是否拥有共同的品质目标、零部件成本、产品运送速度、库存周转速度等因素。

2．供应商结盟

戴尔通过现代计算机技术，打造与供应商的联盟网络，将供应商与自身的业务融为一体，实现双赢；通过计算机与供应商保持信息共享，实时了解库存数量和补货情况。戴尔通过与供应商的强势联盟，为客户提供更快的物流和更优质的服务。

3．长期合作共赢

戴尔在长期的发展中与供应商建立稳定的关系，互利共赢。戴尔更看重供应商的质量而不是数量，供应商少而优；同时，戴尔的客户信息反馈十分高效，供应商也可以利用戴尔的信息改善自己的产品和服务，提高资源的利用效率。

5.10.3　生产环节

1．按订单装配与准时制生产

戴尔主要采用直销模式，客户在确定产品类型和数量上具有较高的自由度，为了满足客户日趋个性化、多样化的要求，戴尔采用了按订单装配与准时制生产方式。产品制造完成后直接运送给指定客户，实现零库存管理。戴尔的生产管理方式极大地降低了库存成本，有效提高了客户满意度和忠诚度。

2．大规模定制

在直销模式下，客户通过网页、热线电话或邮件直接向戴尔订货，可以更自由地确定计算机的设置，如硬盘大小、处理器运算能力高低等。戴尔采用大规模定制和"一对一"的直接销售方式，准确、及时地满足客户的个性化需求。

5.10.4　销售环节

就销售环节来说，戴尔的直销模式创造了极大的优势，但随着公司规模的扩大和市场的拓宽，戴尔开始尝试分销。如今，戴尔的销售方式为直销和多渠道销售模式相结合，同时辅以外包物流加强资源配置。

1．直销模式

戴尔的直销模式使戴尔以更低的成本生产产品，快速响应客户的需求，降低库存，帮助戴尔进行客户关系管理。戴尔的直销方式主要包括人员直销、电话直销、邮购直销、网络直销。

2．多渠道销售模式

戴尔在拓展海外市场时采取直销与多渠道销售相结合的方式，以提高服务质量。通过直销模式的差异化策略保持优势，通过分销解决部分地区物流系统欠发达造成的市场缺失问题。

3．一对一营销

对关键客户实行一对一营销，准确迅速地把握客户的个性化需求。客户不再是传统的商品被动接受方，生产企业为了争取客户满意度、提高客户忠诚度而主动为其提供产品或服务。

4．售后服务精准

在传统的间接销售模式下，计算机生产商无法保证零售商和分销商会优先处理客户对其产品的投诉或服务要求。在直销模式下，客户的售后服务要求可以通过电话热线直接传送到戴尔。同时，销售人员还会通过电话、互联网或面对面的交流方式建立客户的信息档案，进行质量跟踪服务，继续发掘客户的新需求。

5.10.5　物流环节

1．物料低库存与成品零库存

戴尔通过准时制生产实现物料的低库存和成品的零库存，平均物料库存仅为 5 天。在 IT 业界，与戴尔最接近的竞争对手有 10 天的库存，业内的其他企业平均库存为 50 天左右。

2．高效物流管理

戴尔与第三方物流公司伯灵顿公司建立伙伴关系，在国际上广泛合作。伯灵顿将即时供货的服务标准缩短到 90 分钟，采取供应商管理库存模式，将戴尔与供应商联系到一起。戴尔的库存管理通过对供应链的双向管理，全面考虑客户的需求与供应商的供货能力，实现动态库存平衡。

5.10.6　废旧回收环节

戴尔面向企业客户推出的回收服务包括价值恢复服务和回收服务。戴尔为个人消费者提供的是免费回收服务。戴尔对计算机有四种处理方式：一是捐赠给专为经济不宽裕者提供计算机和技术支持的国家基金会；二是转售计算机；三是将可用零部件加入库存，以备售后的维修更换；四是将不能利用的零部件送到回收厂商处理。

戴尔通过产品的循环再利用，大大减少了资源的消耗和废弃品的产生，提升了企业的环境绩效，提高了竞争优势。

5.11　本章小结

本章从供应链支撑要素、业务主体、业务链、业务链环节等方面对供应链业务体系进行研究，分析研发设计、采购、运输、制造、仓储、配送、销售、废旧回收八条业务链的现状与问题、构成及发展趋势。最后，以戴尔供应链为例分析其研发、采购、生产、销售、物流、废旧回收环节的发展策略与优势。

参 考 文 献

[1] 王喜富. 区块链与智慧物流[M]. 北京：电子工业出版社，2020.

[2] 但斌. 供应链管理[M]. 北京：科学出版社，2012.

[3] 李诗珍，关高峰. 物流与供应链管理[M]. 北京：北京大学出版社，2015.

[4] 周伟华，吴晓波. 物流与供应链管理[M]. 杭州：浙江大学出版社，2011.

[5] 刘璐，楚蕾. 戴尔价值链管理体系分析[J]. 现代商贸工业，2018，39(5)：52-54.

[6] 王辉. W 公司基于集成产品开发（IPD）模式的研发流程研究[D]. 广州：广东工业大学，2014.

[7] 孙西生. 供应链外部企业进入策略及演化稳定性分析[D]. 太原：太原理工大学，2013.

[8] 梁田. 基于 CMMI 的产品研发过程体系研究[D]. 上海：复旦大学，2013.

[9] 霍保世. 产品研发过程与发生机理研究[D]. 北京：北京交通大学，2008.

[10] 郑克磊，郑克俊，倪志敏. 浅谈我国现代仓储业存在问题及发展对策[J]. 物流科

技，2009，32(2)：12-14.

[11] 李耀华. 供应链管理[M]. 北京：清华大学出版社，2013.

[12] 王喜富. 物联网与物流信息化[M]. 北京：电子工业出版社，2011.

[13] 刘凯. 现代物流技术基础[M]. 北京：清华大学出版社，2004.

[14] 贡文伟. 逆向供应链合作模式研究[D]. 镇江：江苏大学，2010.

[15] 陆泉清，沈国权，孙继芳. 中小企业销售管理系统的现状、发展趋势及目标分析[J]. 现代营销（下旬刊），2020(8)：122-123.

[16] 物流文化. 2020 年全球智能仓储行业市场现状及发展趋势分析[EB/OL]. (2020-12-04)[2021-03-01]. https://mp.weixin.qq.com/s/pTLnNqL5yTyTx35JWu4s7w.

[17] 采购网络课堂. 企业采购的现状和存在问题[EB/OL]. (2020-12-10)[2021-03-02]. https://mp.weixin.qq.com/s/idY1uq_NOqKF89Fb02JIOA.

[18] 姜涛. 新形势下道路运输市场的发展思考[J]. 科学导报，2013(4)：135.

[19] 谈资通讯.【看见未来】智慧云仓，了解一下[EB/OL]. (2018-08-17)[2021-03-14]. https://mp.weixin.qq.com/s/2ob20_W40IAZmlkNX7XhMw.

[20] 锦绣物流网.『微课堂』物流配送业务的基本流程[EB/OL]. (2017-01-11)[2021-03-26]. https://mp.weixin.qq.com/s/s-EDIeP7l6RMBi0BcN-kfw.

[21] 国际采购与供应链. 信息技术在供应链管理的运用[EB/OL]. (2020-11-23)[2021-04-08]. https://mp.weixin.qq.com/s/KzRkIdZ8-snI4x1VYnPM6w.

[22] 张震. 基于产品开发流程再造的商业模式创新[D]. 青岛：中国海洋大学，2012.

第6章

智慧供应链运营体系建设

6.1 运营体系构成

智慧供应链运营体系是在智慧物流的基础上，将智慧化扩展到整个供应链上的各个环节而形成的现代供应链运营系统。它以客户需求为导向，以提高质量和效率为目标，以整合资源为手段，将物联网、云计算、大数据、人工智能等数字化技术与手段应用到供应链领域，结合现代供应链管理的理论、方法和技术，在供应链全链可感、可视、可控的基础上，实现研发设计、采购、生产、销售、物流服务等全过程高效协同。智慧供应链运营体系如图 6-1 所示。

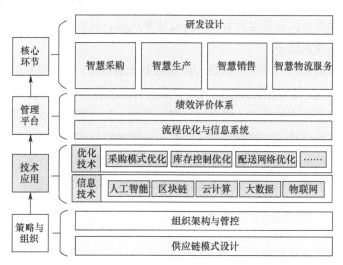

图 6-1 智慧供应链运营体系

如图 6-1 所示，智慧供应链运营体系由供应链运营策略与组织、供应链运营技术应用、供应链运营管理平台、供应链运营核心环节四部分组成。通过设计合适的供应链运营策略与组织，应用信息技术、优化技术等供应链运营技术，搭建供应链运营管理平台，最终助力供应链运营核心环节的有效开展。

6.1.1 供应链运营策略与组织

1. 供应链模式设计

在供应链运营过程中，运营主体应该对照行业发展趋势及自身整体发展战略要求，对供应链现状进行全面分析，制定智慧供应链高阶战略议题、使命、愿景及战略目标，从而设计自身供应链发展模式。例如，行业龙头企业要应用新技术，建立行业及产业协作空间与数据共享平台，中小企业要打开管理边界和供应链系统边界，与设备供应商、原材料供应商进行战略协同与合作，成为供应链生态系统的一部分。

2. 组织架构与管控

在供应链运营过程中，运营主体要依据自身供应链模式，结合供应链中商流、物流、信息流、资金流的相互关系，建立自身的组织架构。其中，组织机构设置应该包括研发设计、采购、生产、物流、计划等必要的职能部门，同时要兼顾提高供应链运营效率和规避决策风险，根据实际需求将各个职能部门进行整合或切分。

为使供应链运营的总利润最大和总服务质量最高，需要建立供应链运营管控机制。供应链运营管控机制的核心是对管理流程的重构与优化，对采购、生产、销售及相应的物流、资金流、产品开发、需求管理、客户关系管理等内容实施流程化管理和集成管理；同时，该管控机制还要包括突发事件响应流程、协调机制、数据收集与反馈、数据分析与考核等，从而实现资金流、信息流和物流的协调，降低企业的运营成本和提高客户满意度。

6.1.2 供应链运营技术应用

1. 信息技术应用

通过深入应用人工智能、区块链、云计算、大数据、物联网新一代数字化信息技术，可以汇聚内外部业务数据和物联网数据、指挥供应链各方协同运作、激活海量物资数据资源价值、分析供应链的业务情况和发现供应链的业务规律，从而不断改善供应链运营效率和效益，实现数字化转型、高质量发展，通过深度融合实体经济，实现供应链数据化、可视化、智慧化。

2. 优化技术应用

供应链优化技术包括供应链采购模式优化技术、供应链库存控制优化技术、供应链配送网络优化技术、供应链战略定位优化技术、供应链客户关系管理优化技术、供应链信息系统优化技术等。通过应用供应链优化技术，可以优化供应链结构，促进供应链转型升级，即使传统供应链从传统职能管理到流程协同管理，从线式链式结构到网状非线式结构，从非接触式关系到接触式关系，从简单粗放传统管理到精准客户驱动管理，从单一组织内部管理到跨组织、跨平台、跨体系协同管理支撑，从纵向一体化流程结构到平台生态化分布流程化，从而实现商业模式的创新、盈利模式的改变，提升企业核心竞争力。

6.1.3　供应链运营管理平台建设

1. 流程优化与信息系统

根据供应链中各实体的业务需求，将供应链各个核心的流程环节进行优化，并建立相应的信息系统，使业务流程和信息系统紧密配合。供应链核心业务流程包括研发设计、采购、运输、制造、仓储、配送、销售、废旧回收。基于此进行业务流程优化，并建立企业运营管理系统、采购管理系统、库存管理系统、销售管理系统、配送管理系统、供应链金融服务系统、供应链协同管理系统、决策支持系统，做到各系统信息互联互通和业务协同联动，形成物流、信息流、单证流、商流和资金流五流合一的优质模式，以降低企业间的采购成本和交易成本，有效地结合线上线下进行风控管理和帮助企业优化业务流程。

2. 绩效评价体系

基于供应链业务流程，面向供应链整体、各环节运营状况及各环节之间的运营关系，通过建立供应链绩效评价体系，运用数量统计、运筹学方法进

行定量和定性分析，对供应链的整体运行绩效、节点企业、节点企业之间的合作关系做出评价，评价内容包括产销率情况、供应链总运营成本情况、供应链核心企业产品成本情况、供应链产品质量情况、客户满意度情况等。

6.1.4　供应链运营核心环节

基于供应链运营策略与组织、供应链运营技术应用和供应链运营管理平台，对企业供应链的研发设计、智慧采购、智慧生产、智慧销售、智慧物流服务五大供应链运营核心环节，实现由洞察驱动的端到端统筹管理。通过有效协调供应链成员企业的活动，增加、创造供应链的价值，各成员企业通过信息协调和共享，可以大大降低供应链的运营成本，增加供应链的价值，同时通过及时把握客户需求的变化和发展动向，适时开发出能够满足市场需求的产品，提供令客户满意的服务。

6.2　研发设计

6.2.1　概述

1．定义

研发设计是供应链的起点，达到智慧化的研发设计可推动采购、制造、物流、销售环节打造智慧供应链。研发部门可以在研发过程中根据制造、物流、销售的智慧化需求，设计开发产品，以更好地提高制造、物流、销售环节的效率，缩短产品开发生产周期，实现大规模快速定制化生产，提高消费者、客户对产品或解决方案的满意度。

智慧供应链中的研发设计以知识为基础、以仿真为驱动、以质量为目标，持续创新，不断开发新产品、新服务，基于智慧科学的理论、技术、方法和信息，采用自动化、数字化技术与工具，利用云计算、物联网、大数据等手段，整合和优化利用各类内外部资源，实现信息流、物资流、资金流、知识流、服务流的高度集成与融合。

2．存在的问题

1）研发设计柔性不足

一些企业研发设计柔性差，面对外部市场环境、设计思路、产品工艺、客户要求等方面的变化，不能以合理的成本水平迅速开发出新产品，使企业不能及时地发现市场机遇，导致新产品的成本增加、利润减少。

2）设计的产品难以制造

产品设计方案过于理想化，导致设计的产品不方便生产和制造，从而给生产车间、制造部门及供应商带来很大问题，如影响生产进度、增加成本、营业额下降等。

3）产品研发周期过长

从产品设计到产品生产落地，往往耗费的时间太长，令企业没有系统地控制好研发周期，这会使产品难以上市或者错过最佳上市时间，导致企业没有取得好的销售业绩。

6.2.2　运营管理模式与方法

在研发设计运营过程中，通过建立全链路数字化研发，实现对概念设计、产品开发、生产测试和产品销售环节的高效管理，使产品研发设计能够在限定时间内低成本和高质量地完成。智慧研发运营管理环节构成如图 6-2 所示。

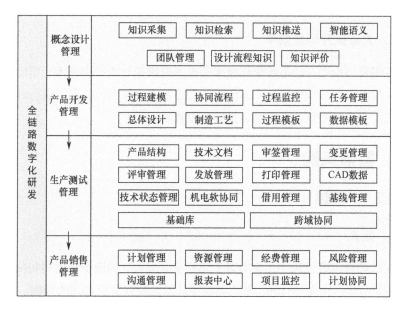

图 6-2　智慧研发运营管理环节构成

如图 6-2 所示，智慧研发运营管理包括概念设计管理、产品开发管理、

生产测试管理、产品销售管理四大环节，可以帮助客户建立高效协同的产品技术研发体系，打通设计、仿真过程与试验的联系，实现顶层计划到具体执行的透明化管控、基于知识驱动的自动化设计和产品数据的全程管理等；可以实现多维度数据的存储和分析，支撑研发设计的迭代更新。

6.2.3　价值分析

1．提高研发设计柔性

基于全链路数字化研发，可以打造统一平台和协同研发的技术框架体系，从而实现设计、仿真、试验全生命周期管理，实现任务活动的精细化控制管理；可以根据外部变化以合理的成本水平，迅速开发出满足需要的新产品，提高企业研发设计柔性。

2．有效降低研发风险

通过智能嵌入、大数据和实时数据的管理、分析、分享，以及全面使用贯穿产品周期的开发、制造、物料和使用数据，将大幅降低研发风险，从而降低产品周期管理中其他环节因研发问题导致的潜在损失。

3．大幅提升研发效率

在研发过程中，运用数字化技术实现虚拟模拟及个性化技术，帮助企业在开发前期进行产品模拟，产品测试不需要等待硬件到位，即可进行性能测试，将大大帮助缩短研发周期，提高研发效率。

6.3　智慧采购

6.3.1　概述

1．定义

在供应链运营过程中，采购对于降低企业成本、加速资金周转和降低经营风险具有极其重要的作用。采购涵盖了从供应商到需求之间的货物、技术、信息或服务流动的全过程。一方面，科学采购不仅能降低产品生产成本，而且也是产品质量的保证；另一方面，合理采购能保证经营资金的合理使用和控制，从而以有限的资金有效开展企业的经营活动。

智慧采购是将新型数字化技术运用到采购环节中，通过有效计划、组织及控制采购活动，合理选择采购方式、采购品种、采购批量、采购频率和采购地点，以有限的资金保证经营活动的有效开展，体现在稳定合理库存、降低货源风险、采购过程透明等环节。智慧采购的核心是通过信息系统的应用，确保采购与库存数据的准确、及时呈现。

2．存在问题

1）传统采购流程过于烦琐

　　大多数企业的采购仍需要由销售专员、销售部门经理、采购专员、采购部门经理、仓库专员、供应商销售部门甚至设计人员等共同完成，跨越多个部门、不同企业，采购效率偏低，复杂烦琐的流程急需整合。

2）信息管理程度低下

　　虽然我国大多数企业开始使用各种信息技术开展采购业务，但往往只是为了节约成本、提高工作效率和质量，而忽视了信息流的管理和信息共享。例如，企业与供应商的资源共享、业务协同程度低，使采购相关数据管理混乱、信息接口不一致、信息沟通慢和保密程度差，这为供应链采购的发展带来了诸多困难。

3）缺乏科学的供应商考核体系

　　供应链采购涉及各种产品和服务，一个企业需要面对多个供应商。目前，我国大部分企业都未实施科学的供应商考核评价管理机制。一方面，领导不重视供应商的考核评价，缺乏与供应商的交流；另一方面，采购专员仍然比较注重价格因素，对供应商缺乏综合的量化考核标准，如交货期、质量、信誉、企业文化等都缺乏相应的考评标准，影响采购业务的质量和效率。

6.3.2　运营管理模式与方法

　　在采购运营过程中，通过打造全流程数字化采购，对接外部数据，根据项目类型、采购金额、物料属性、采购周期、供应商水平等为整个企业采购业务赋能。智慧采购运营管理环节构成如图 6-3 所示。

　　如图 6-3 所示，智慧采购运营管理由采购计划管理、供应商选择管理、接受服务管理、供应商评价管理四个环节构成，可以有效计划、组织与控制采购活动，以有限的资金保证经营活动的有效开展。

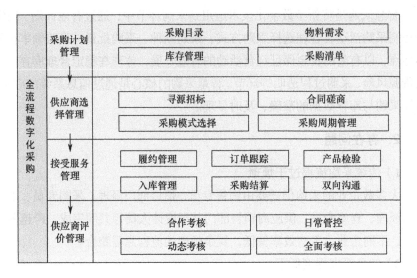

图 6-3 智慧采购运营管理环节构成

1. 采购计划管理

该管理通过建立企业的采购目录、汇总物料需求、精益管理库存，制定科学合理的采购清单。它可以根据企业实际需要，为不同场景下的采购提供更智慧、更灵活、可视、可感知的智慧采购策略，将企业更多的采购需求整合进来，真正解决企业经营管理中的可持续发展问题。

2. 供应商选择管理

该管理考虑供应的速度、柔性、风险，优化采购模式，从单一的竞争性采购模式变成集中采购、全球采购、准时采购等多种模式及其优化组合，以增强供应链竞争力；对不同的采购对象、采购情境进行恰当分析，建立与公司业务相匹配的智慧供应链采购系统。

3. 接受服务管理

该管理实现对供应商的履约管理、订单跟踪、产品检验、入库管理、采购结算和双向沟通。在实际运营过程中，公司间、部门间及时与真实地传递信息，可在供应链采购的跨部门节点设置相关岗位，进行双向沟通，确保工作的一致性。同时，让供应商积极参与到企业的生产活动中，降低供应商供货的失误率，适时适量提供物资。

4．供应商评价管理

供应链采购环节复杂，供应商众多，因此可以在 5G 技术下利用区块链技术的创造信任优势，融合多角度考核标准体系，搭建供应商信息平台，不仅要关注供应商的价格，更要关注货物的质量、交货期、技术、服务等因素，采用合作考核、日常管控、动态考核、全面考察相结合的考评方式。合作考核指对供应商的条件进行考核，决定是否进行合作；日常管控指了解供应商基本情况，考察其是否存在不良问题；动态考核指考核供应商的信誉、业绩等；全面考核指对供应商进行全方位的考核，真正构建以数据信用为主的供应商考评体系。

6.3.3　价值分析

1．提升整合能力

通过打造全流程数字化采购，可以提升信息整合能力和业务整合能力。一方面，借助 5G 网络技术，利用先进手段，实现采购过程中各种信息的无缝对接；另一方面，通过数字化采购，可以实现采购业务所涉及的一切流程和行为的整合，包括对外部资源的整合管理。

2．灵活性更强

借助智慧供应链采购的智慧化特性，可以辅助采购专员进行供应商的评估、采购交易等工作；同时，通过对上游供应商、企业库存和下游市场的实时监控，能根据实际情况随时调整相应策略。

3．提升服务水平

可与全球的优质供应商合作，跨越空间局限，创造时空优势；同时，通过优势互补、共同改进，提高供应商采购效率，为快速响应客户需求打好基础。

6.4　智慧生产

6.4.1　概述

1．定义

智慧生产基于智慧供应链运作。随着生产制造行业数字化转型的不断深

入，智慧生产对智慧供应链的建设需求快速增长，将重点关注供应链的智慧化、可视化和弹性化转型升级。

智慧生产通过打造由智慧装备、过程控制、智慧物流、制造执行系统、信息物理系统等部分组成的人机一体化系统，可以实现对整个生产制造过程的智慧化管理，完成制造执行与运营管理、研发设计、智慧装备的集成，还可以根据客户个性化需求和情境感知，在人机物共同决策下做出智慧响应，在生产制造全生命周期过程中为客户提供定制化、按需使用、主动、透明、可信的制造服务。

2．存在问题

1）内部生产管理低效

很多生产制造企业的生产车间没有实施 MES（Manufacturing Execution System，制造执行系统），这造成车间生产作业计划粗放、设备负荷不均、物料供应协同性差。

2）设备智慧化水平不高

企业要想真正实现智慧生产，必须实现生产设备、检测设备、物流设备及移动终端的联网，但很多生产制造企业生产设备的数字化、智慧化水平不高，联网率低，严重妨碍了数字化、智慧化车间的建设。

3）生产系统透明度不高

推进智慧生产，必须进行生产、质量、设备状态与能耗等数据信息的采集和传输。目前，很多生产制造企业的数据采集严重不足，生产工序进度、质量状况、设备运行状态、物料配送情况等信息不能及时反馈，整个生产系统的透明度、可视化程度不高，导致不能进行科学的生产调度。

6.4.2 运营管理模式与方法

通过打造全方位数字化生产，重点关注产品制造全过程的生产调度、现场综合指挥、生产现场监控，从而对生产线的智慧管控进行优化完善，以达到企业节能降耗、设备稳定运行、提质增效和管理精细化的目的。智慧生产运营管理环节构成如图6-4所示。

如图6-4所示，智慧生产运营管理包括生产调度管理、综合指挥协同管理、生产现场监控管理三个环节，可以实现信息集成、产品制造周期过程与质量管理。

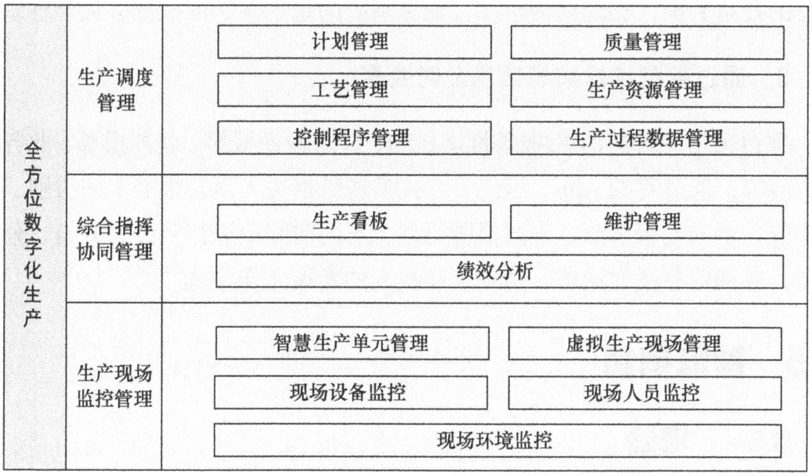

全方位数字化生产	生产调度管理	计划管理		质量管理	
		工艺管理		生产资源管理	
		控制程序管理		生产过程数据管理	
	综合指挥协同管理	生产看板		维护管理	
		绩效分析			
	生产现场监控管理	智慧生产单元管理		虚拟生产现场管理	
		现场设备监控		现场人员监控	
		现场环境监控			

图 6-4　智慧生产运营管理环节构成

1. 信息集成

通过对人、机、料、法、环等信息数据的无缝连接，建立从空间、时间到状态同步的虚拟生产现场，实现对生产现场全要素的实时感知监控，达到资源智慧化、信息透明化、生产柔性化，从而提高企业生产能力。

2. 产品制造周期过程与质量管理

通过对产品信息的智慧表达、过程追溯与数据的关联及制造过程的数据管理，准确高效地记录产品完整履历，从而实现对产品制造周期过程与质量的有效管理。

6.4.3　价值分析

1. 依托统一平台实现数据互联

通过打造全方位数字化生产，实现生产、质量、设备、能源、安全、环保、远程监控等相关业务数据的融合，建立集中数据服务，实现信息共享，服务上层决策。

2. 基于智慧装备实现智慧采集

在原有自动化、信息化的基础上，结合智慧装备的升级更新，形成全企业

信息的智慧采集，实现物物相连，确保系统的稳定性、准确性、完整性。

3．通过智慧推送实现信息及时共享

平台采用完善的消息/报警推送机制，针对设备报警、能耗报警、业务流程提醒等，通过终端 App、短信等方式推送给相关人员。根据不同级别、不同岗位、不同报警来源、不同报警类型、不同时间段进行分级、分类、分时推送，保证信息及时送达，达到工作找人的新型工作模式。

6.5 智慧销售

6.5.1 概述

1．定义

智慧销售是智慧供应链的一部分，它基于供应链的研发设计、采购、生产、物流配送等环节，面向最终客户提供产品或服务；而智慧销售反过来也可以根据销售情况指导供应链其他环节的运作，从而优化整个供应链的运营水平。

智慧销售指运用新型数字化技术，结合传统的销售环节，通过市场分析挖掘客户、数据分析匹配客户，挖掘新的市场需求。其核心是依托大数据，探寻海量数据下的潜在规律，从而挖掘市场的新需求点，并精准匹配目标客户，完成从传统销售向智慧销售的转变。

2．存在问题

1）客户需求感知不够精确

智慧化时代，客户的消费体验不仅在于使用某一物品，对于所获得的产品或服务所产生的需求，已经不局限于满足其使用价值，而是趋于个性化与多元化。目前的销售面对客户的需求感知不够精确，这影响了销售活动的有效开展。

2）销售效益水平比较低下

客户能否形成或产生消费行为，关键是营销是否到位，而营销手段的介入需要给予合适的场景，只有在合适的宣传场景中才能产生积极作用。目前的营销往往采取广泛撒网的大规模营销方式，这使销售的效益水平比较低下。

6.5.2 运营管理模式与方法

通过打造全周期数字化销售，重点关注销售数据管理、产品客户管理和营销决策管理。智慧销售运营管理环节构成如图 6-5 所示。

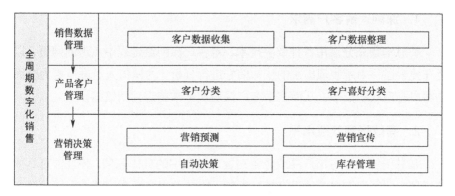

图 6-5 智慧销售运营管理环节构成

如图 6-5 所示，智慧销售运营管理由销售数据管理、产品客户管理和营销决策管理三个环节构成；它基于长期的销售数据积累，依赖大量数据分析和学习，做好客户分层，利用数据赋能内部产品的营销决策。

1．获取海量销售数据，挖掘数据价值

智慧销售通过广泛收集客户群体的销售数据，搭建客户数据库，并对这些数据进行加工、提取、抽象等操作，从中提炼销售核心信息进行下一步操作。

2．面向产品客户，建立客户标签

基于多维度、全场景、完整及高价值数据建立客户标签；同时，兼顾数据信息的全面性、特殊性，指导企业面向产品客户进行销售决策部署。

3．优化决策机制，实现精准营销

通过对相似或同类型客户的消费行为进行分析对比，获得不同时期的客户对于不同产品需求的意愿，进而指导营销预测和决策。一方面，可以根据实时的客户反馈，利用数据挖掘、知识图谱、机器学习等技术，实现营销自动化决策。另一方面，对已有的大量素材进行训练和学习，可以在短时间内

根据活动内容生成不同形式、不同内容的营销创意,针对不同客户投放最匹配的优质素材以实现精准营销,达到降低人工成本、提升生产效率的目的。

6.5.3　价值分析

1.深刻理解客户需求

智慧销售充分运用各种数字技术,对客户在浏览过程中点击的网页,以及在搜索过程中所表现出来的认知偏好进行分析,为销售人员进行更为全面的客户心理状态描摹,从而基于客户深层次需求制定营销策略。

2.有效提高效益水平

智慧销售通过考虑产品或服务在运用过程中的具体场景,并且针对具体的场景中的特定客户群体进行精准营销,比较过去广泛撒网的大规模营销方式,智慧销售更多的是锁定目标客户,也就是将最有可能使用该产品或服务的群体锁定为营销的主要对象,有效提高了效益水平。

6.6　智慧物流

6.6.1　概述

1.定义

供应链视角下的智慧物流,是以智慧物流的发展为基础,应用供应链技术及管理思路,进一步提升智慧物流的运作效率。只有实现供应链企业间交互协同,才能真正实现智慧物流效用。

智慧物流以物流互联网和物流大数据为依托,通过协同共享创新模式与人工智能先进技术重塑产业分工,再造产业结构,转变产业发展方式的新生态。与传统物流模式不同,智慧物流依靠物联网、大数据、云计算等技术,实现对物流资源的高度集成和融合,保证业务开展各环节间的无缝对接,从而有效提高物流效率和提升物流服务水平。

2.存在问题

1)运输透明程度不高

目前,虽然借助现代先进的信息技术,提高了运输过程的透明化程度,但由于跨部门、跨上下游合作伙伴的信息堵塞和信息孤岛问题的存在，运输过程中的货物状态信息不能被真实反映，包括运输工具的状态、货物状态、流程节点的作业状态，这导致客户的货物安全性、个性化物流服务需求没有得到满足。

2）信息共享程度不高

企业与企业之间、部门与部门之间的物流作业数据、决策支持数据之间存在共享壁垒，信任机制并不健全，信息之间的共享程度不高，信息在物流业务链中的流转不通畅。

3）物流协同程度不高

多式联运的运输方式衔接、仓储业务中共享云仓及配送业务中的共同配送等业务在目前依然存在协同化程度不高的问题，需要各企业、各部门之间的业务流程和信息系统进行高效协作对接。

6.6.2　运营管理模式与方法

通过打造全环节数字化物流，可以从智能运输、自动仓储、动态配送、信息控制四个关键物流环节进行管理。智慧物流运营管理环节构成如图 6-6 所示。

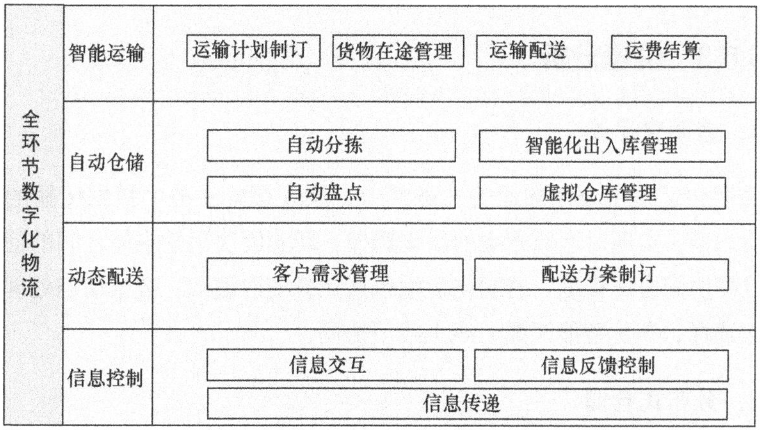

全环节数字化物流	智能运输	运输计划制订	货物在途管理	运输配送	运费结算
	自动仓储	自动分拣		智能化出入库管理	
		自动盘点		虚拟仓库管理	
	动态配送	客户需求管理		配送方案制订	
	信息控制	信息交互		信息反馈控制	
		信息传递			

图 6-6　智慧物流运营管理环节构成

1．智能运输

智能运输可联通货主、物流企业、运输企业、货代公司、客户等多方主

体，提供铁路、公路、水路、航空、管道等运输服务及其他特色化运输服务。智能运输通过运输路线追踪等实现运输管理过程的智能管控，在运输计划制订、货物在途管理、运输配送、运费结算等运输流程中实现更加智能化、线上化的管理，与上下游业务进行物资资源整合和高效连接。

2．自动仓储

自动仓储环节通过提供自动分拣、智能化出入库管理、自动盘点、虚拟仓库管理等功能，实现智慧物流自动化仓储、货物在库查询和仓储统计分析。

3．动态配送

动态配送环节基于大数据技术等智慧技术，对配送过程中客户需求等数据进行信息捕捉并有效反馈，及时采取应对策略，形成动态配送方案，提高配送效率。

4．信息控制

在信息控制方面，信息技术的发展可促进物流各业务流程的信息交互、信息反馈控制及企业与外部的信息传递，实现物流企业的信息流活动升级，提高整个物流的反应速度和准确度，促进智慧物流服务平台的发展。

6.6.3　价值分析

1．透明化运输

透明化运输主要面向运输业务环节，实现运输业务中数据传输的实时性、动态性，实现对运输方案的优化选择，切实解决运输主体之间的信任问题，提高协同协作程度。透明化运输包括业务实时追踪、数据动态处理、方案优化选择、车货智能匹配、线上线下协同。

2．分布式仓储

面向仓储业务，仓储节点采用分布式布局，改变传统的仓储管理模式，打通线上线下仓储体系，可实现车货仓匹配的实时性、交易的智能化，以及运输、仓储、配送业务之间的高效协作。分布式仓储涵盖网络云仓共享、多级库存调拨、货仓实时匹配、仓储运配协作、交易智能结算五大方面。

3．网络化配送

智慧物流中的配送业务逐渐向网络化、动态化发展，通过对城市配送订单的线上动态处理、线下企业共同配送来实现配送业务的协同高效发展。通过对客户进行精准管理、对配送订单进行预测来实现配送服务的优化。网络化配送涵盖动态共同配送、多级网络优选、线上线下一体、客户精准管理、状态动态预测五个方面。

4．全域式信息共享

通过利用区块链技术赋能智慧物流信息平台，可以解决数据共享困难、数据可追溯性和安全性差等问题，实现信息的互联互通与系统的集成管控。全域式平台包括数据实时共享、交易动态互联、系统集成优化、业务精准预测、全域过程管控五大方面。

6.7 案例分析

6.7.1 无锡不锈钢电子交易中心

1．交易中心简介

无锡市不锈钢电子交易中心（以下简称"交易中心"）是在传统商品市场发展起来的大宗商品产业互联网平台，它成立于 2006 年，以成交金额年均 20%以上的速度持续快速增长，逐步成为具有国际影响力且服务实体经济成效显著的"全国民营企业 500 强"和"中国互联网百强"企业，是国内大宗商品交易市场与现代供应链的标杆企业。交易中心 2017—2018 年运营情况如图 6-7 所示。

2．核心功能

交易中心有效连接期货、现货市场，辅助期货市场满足产业链上下游企业的个性化需求，具有提供个性化结算方案、管理和优化供应链交易、指导钢厂按需生产、提供客户售后服务等功能。

1）提供个性化结算方案

交易中心通过基准价+升贴水报价、点价、月均价等方式为客户提供个性化的现货贸易结算方案。

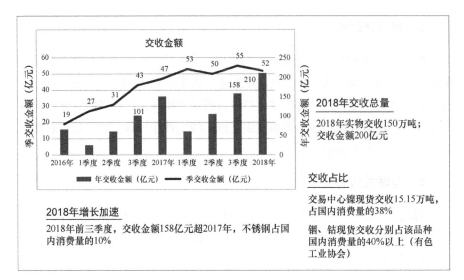

图 6-7　交易中心 2017—2018 年运营情况

2）管理和优化供应链交易

不锈钢钢厂直接把产品明细发布到平台，下游贸易商和生产企业直接通过平台采购不锈钢产品，并由平台为上下游企业提供供应链流程优化方案、组织上游企业动态化按需及时在钢厂厂库交货，提高了不锈钢产业上下游的协同水平，提升了流通效率，节约了流通成本。

3）指导钢厂按需生产

交易中心基于汇总的不锈钢规格、型号、使用地等信息，对其进行分析评估和趋势判断，形成不锈钢钢厂的生产订单，不锈钢钢厂由此实现按需生产，提高供应链柔性，提高了不锈钢钢厂的供应效率，减少了生产不确定性和长鞭效应影响。

4）提供客户售后服务

交易中心对交收货物提供入库检验和售后质量跟踪服务，发现质量问题后，由交易中心直接面向客户解决问题，满足了客户特别是中小客户及时、妥善、合理解决质量问题的需要，提升了客户体验，赢得了客户信任。

3．供应链金融服务

1）核心环节

交易中心的供应链金融服务包括生成融资订单、借款人融资申请及动产质押、担保方担保及放款、代采方向上游支付货款、货到仓库质押监管、还款及解除质押、货物出库 7 个核心环节。

（1）生成融资订单。①下游交易商和交易中心签订购货合同，合同模板由交易中心提供；②下游向交易中心在江苏银行的融资专用账户汇 20% 货款的银行回单；③交易中心和上游签订采购合同；④交易中心生成和提供电子版的采购商品明细表。

（2）借款人融资申请及动产质押。融资企业通过网上银行进行融资申请及签订动产质押合同。

（3）担保方担保及放款。交易中心签订阶段性担保合同，系统自动放款。

（4）代采方向上游支付货款。交易中心向银行提交交易中心和上游的采购合同、划款申请书，由银行相关部门审核后，将钱款支付给上游。

（5）货到仓库质押监管。货物到库后，运用物联网技术手段对质押物进行实时监管。

（6）还款及解除质押。融资企业可以在网上银行进行还款、解除质押操作，一份借据要分两次以上还款操作。

（7）货物出库。银行收到还款后给仓库出具解质押通知书，交易中心给客户开具提货单出库。

2）风控体系

为保障供应链金融服务的有效开展、促进信用体系建设和降低金融风险，交易中心建立了相应的风控体系。风控体系职能如图 6-8 所示。

如图 6-8 所示，风控体系由会员中心、交易管理中心、风控中心、系统控制中心、分析中心、结算管理中心、交易引擎七大部分组成。风控体系提供公众接口、CS 客户端、BS 客户端和智能终端等多种接入方式，可以汇集交易信息、实现全流程管控和完善行业信用体系建设，助力资金流、物流、信息流深度融合，加速资金周转和降低资金成本；同时还可以提供银行交互、政府监管等功能。

面向风控体系职能，交易中心参照国家标准，根据实际需求，设计了风控体系架构。风控体系架构如图 6-9 所示。

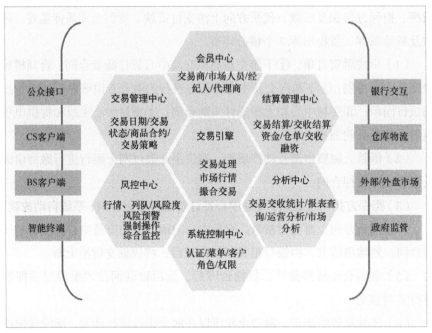

图 6-8　风控体系职能

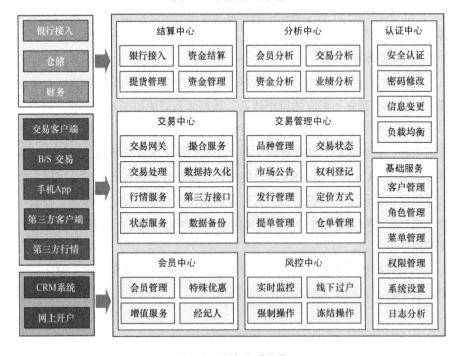

图 6-9　风控体系架构

如图 6-9 所示，风控体系架构包括结算中心、分析中心、交易中心、交易管理中心、会员中心、风控中心、认证中心、基础服务等部分。风控体系依托高速发展的互联网络和现代电子商务技术，采用国际先进的网络产品，配备高强度数据加密、身份认证等技术，并与银行结算系统、仓库管理系统相衔接，可以为客户提供高效、安全、快捷的不锈钢电子交易、结算、交收及相关服务。

4．应用效果

1）推动现货贸易形式的转型升级

通过交易平台，线上交易、交收已经成为现货贸易的重要形式，交易平台简化了贸易流程、提升了贸易效率。同时，随着贸易模式的转变，也促使众多中小贸易企业从贸易型逐步向加工型和服务型转变，无锡不锈钢电子交易中心已成为全球最大的镍、钴、铟和不锈钢现货电子交易市场。

2）平台价格成为现货贸易的基准价格，具有国际认可的定价权

无锡不锈钢平台价格已成为国内电解镍、电解钴的定价依据，现货市场已经形成以参考无锡不锈钢平台价格进行升贴水报价的贸易模式。无锡不锈钢平台交易价格被央视财经频道、汤森路透采集，伦敦金属交易所、芝加哥商品交易所计划增加以无锡不锈钢平台价格作为结算价的镍和钴指数合约。

3）建立了覆盖全国的配套服务体系，提供一体化综合服务

交易中心的客户企业覆盖全国 32 个省/市/自治区、2 个特别行政区，在全国 4 个主要贸易集散地区共设立了 26 个交收仓库，交收库容约 100 万平方米，为所有产业客户提供公共库存；同时与全国 50 余家物流配送企业达成合作，可以为全国范围不锈钢及金属行业企业提供交易、仓储、交收、融资、剪切、加工和配送等一体化服务，并通过交易中心实现其原料采购、按需生产、产品销售、产品加工和售后服务等功能。

4）线上交易带动线下贸易，线上商流带动线下物流，促进产业融合

交易中心通过提供综合服务和打造生态圈，用线上模式改变了传统行业贸易流通模式，与产业客户建立了更加紧密的合作关系；并为客户提供了一体化现代供应链解决方案，促进产业融合。

5）线上平台与线下物流中心、加工中心融合发展，促进产业集聚

依托交易平台，其总部所在地无锡硕放不锈钢物流园区吸引了更多的不锈钢行业资金和货物，已成为全国最大的不锈钢产业集群，为全国范围

不锈钢及金属行业企业提供交易、仓储、交收、融资、剪切、加工和配送等一体化服务，并带动无锡地区形成了全国最大的不锈钢产业集散地，形成年交易额超 1500 亿元、年纳税额达 6 亿元的产业规模。

6.7.2　京东智慧供应链

1．发展历程

2016 年 11 月，京东成立 Y 事业部，着手打造智慧供应链；2017 年 3 月，在年会上正式发布了京东智慧供应链战略。该战略通过数据挖掘、人工智能、流程再造和技术驱动四个原动力，形成了覆盖商品、价格、计划、库存、协同五大领域的京东智慧供应链解决方案，助力京东电商将其供应链优势又一次提升到了新的高度，使其成为电商行业智慧供应链的领跑者。

2．优势特点

京东自身有超 500 万的品种，有非常丰富的供销业务场景，面向选品、定价、网络分布、商品布局、需求预测、自动补货、调拨、库存平衡、拣货、配送等各个环节，京东构建了智慧供应链。京东智慧供应链架构如图 6-10 所示。

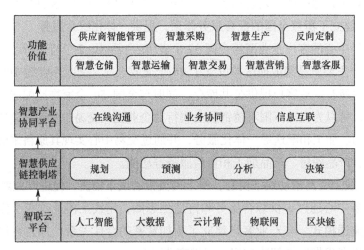

图 6-10　京东智慧供应链架构

如图 6-10 所示，目前，京东智慧供应链由智联云平台、智慧供应链控制塔、智慧产业协同平台、功能价值四部分组成。目前，京东智慧供应链的优势特点体现在智慧流通、智慧消费、销售预测、动态定价四个方面。

1）智慧流通

京东建立了包含仓储网络、综合运输网络、配送网络、大件网络、冷链网络及跨境网络在内的高度协同的六大网络，依托京东智慧供应链，具备数字化、广泛和灵活的特点，服务范围覆盖了中国大部分地区、城镇和人口，不仅建立了中国电商与消费者之间的信赖关系，还通过 211 限时达等时效产品和上门服务，重新定义了物流服务标准。

2）智慧消费

京东的智慧客服可支持超 10 亿件商品订单的客户咨询，并由京东"宙斯盾"系统精准地分析客户意见。此外，"拍照购"也能支持数十亿件商品的快速搜索，实现了全场景无界零售。

3）销售预测

以机器学习为主的预测模型主要针对每个 SKU（Stock Keeping Unit，库存量单位）做特征值建模，确定影响销量的特征值，根据消费者需求预测相对准确的销售额，利用智慧化预测的销售量指导仓库下单和补货。京东目前的做法是通过预测指导补货，并在预测的过程中考虑前端消费者的因素，同时加入京东运营伙伴的卓越经验，将零售经验与机器学习算法相互结合，从而进行准确的销售预测。

4）动态定价

京东使用了经济学中的量价关系价格弹性模型，针对上百万个差异化的 SKU 依托人工智能技术做出个性化建模，并将市场价格数据整合到价格弹性模型里，动态地为商品确定一个最优价格。此外，京东的动态定价系统还有一套比较强的风控体系，可以有效防止定价错乱。

3. 应用效果

京东智慧供应链助力京东在"双 11"期间的成交额同比大幅增长。在 2020 年"双 11"期间，通过开放供应链，京东平台与超过 55% 的品牌产生数据协同，面对 500 多万种商品进行销售预测，每天给出超过 30 万条供应链智能决策。通过智慧销售预测、自动调拨和智慧履约，京东智慧供应链支撑 32 个省/市/自治区、近 200 个城市的大促预售商品的前置决策，助力京东运营 500 万 SKU 商品、750 个仓库，现货率维持在 95% 以上，库存周转控制在 35 天以内，能够实现 93% 的自营商品 24 小时内送达。

6.8　本章小结

　　本章首先提出智慧供应链运营体系构成，包括供应链运营策略与组织、供应链运营技术应用、供应链运营管理平台建设、供应链运营核心环节；然后对研发设计、智慧采购、智慧生产、智慧销售、智慧物流服务五个智慧供应链的核心环节进行研究，包括定义和分析目前存在的问题、提出运营管理模式与方法、分析应用价值；最后针对无锡市不锈钢电子交易中心、京东智慧供应链两个优秀智慧供应链案例，剖析了它们的功能特点和应用效果。

参 考 文 献

[1] 陈灵欣. 现代智慧供应链智能采购创新与实践[J]. 能源，2020(10)：81-83.

[2] 杨雯雯. 5G 技术下智慧供应链采购发展面临的问题及对策研究[J]. 铁路采购与物流，2020，15(9)：42-44.

[3] 皮海营，李冰郁，李晖. 智能采购、数字物流、全景质控 实现供应链全业务智慧贯通[J]. 华北电业，2020(8)：20-22.

[4] 田锋. 智能制造时代，智慧研发的核心是知识工程[EB/OL]. (2017-12-27)[2021-03-01]. https://www.sohu.com/a/213097184_356714.

[5] 尹巍巍. 供应链视角下智慧物流模式发展研究[J]. 中国市场，2020(30)：163-165.

[6] 孙戈兵，张慧. 我国智慧物流模式发展路径研究[J]. 经济研究导刊，2020(30)：23-26.

[7] 宋冠良. 我国智慧物流发展现状与改善路径研究[J]. 营销界，2020(43)：54-55.

[8] 张钰. 智慧物流发展探析[J]. 物流工程与管理，2020，42(10)：24-26.

[9] 陈晓旋. 改革开放 40 年看银行服务变迁——从千篇一律到千人千面，从产品销售到智慧营销[J]. 现代商业银行，2018(20)：49-52.

[10] 谷建可. 智慧水泥工厂生产管控平台建设思路[J]. 水泥工程，2020(6)：57-60.

[11] 物流技术与应用. 供应链优化十大手法[EB/OL]. (2018-08-13)[2021-04-07]. https://mp.weixin.qq.com/s/qAo7HMFzcuNDA-HEDbk7bg.

[12] 陈洁娜. 跨境电商进口企业供应链管理优化研究[D]. 商务部国际贸易经济合作研究院，2019.

[13] 高柳生. 供应链视角下企业物流管理优化设计及实施运作分析[J]. 企业科技与发展，2021(2)：212-213+216.

[14] 物流沙龙. 供应链结构优化的八大方法[EB/OL]. (2018-07-13)[2021-04-07]. https://mp.weixin.qq.com/s/DOiQUyn416Q0Df5OZL2E7w.

[15] 大咖驾到. 解密京东智慧供应链[EB/OL]. (2020-10-12)[2021-04-07]. https://mp.weixin.qq.com/s/DOiQUyn416Q0Df5OZL2E7w.

[16] 千家智客. 智能制造与智慧供应链的关系[EB/OL]. (2020-11-30)[2021-04-10]. http://smarthome.qianjia.com/html/2020-11/30_373007.html.

[17] 管理顾问落地. 智能生产现状与未来[EB/OL]. (2018-10-11)[2021-04-10]. https://www.sohu.com/a/258887285_99902166.

[18] 王小博，张毅. 新时代智能营销提升用户消费体验的策略[J]. 改革与开放，2020(9)：20-23.

[19] 陈增发. 基于物联网的智慧物流供应链优化探究[J]. 中小企业管理与科技（下旬刊），2020(12)：156-157.

第7章

物联网在供应链金融中的应用

7.1 供应链金融发展现状及趋势

7.1.1 我国供应链金融发展现状

1. 供应链金融产业链分析

供应链金融产品根植于供应链条的各个环节，依据参与主体的不同，供应链金融可分为六类主要模式。其中，核心企业、第三方支付、物流企业、电商平台凭借自身的经验和资源的积累掌握了一定供应链交易的信息流、物流、资金流等核心数据，具备自身竞争优势；而商业银行等金融机构和互联网金融点对点（P2P，Peer-to-Peer）借贷平台则在资金端有自身优势。

特别是 P2P 网贷平台，在处理信息能力及审批效率、创新速度等方面都远超商业银行等传统企业或机构，并且 P2P 融资门槛低、资金来源风险偏好多元化，可以满足产业链内中小企业的个性化需求。

近年来，供应链金融是供应链管理领域与金融领域发展的新方向，其产生和发展主要为中小企业提供了融资渠道，主要业务形态有应收账款融资、库存融资、预付款融资和战略关系融资。

2. 政策推动供应链金融服务实体经济

近年来，供应链金融受到国家层面多项政策推动，是我国融资结构改革，资金服务实体经济、服务中小企业的重要抓手。

在政策支持方面，2019 年 7 月，中国银行保险监督管理委员会（简称"中国银保监会")发布的《中国银保监会办公厅关于推动供应链金融服务实体经济的指导意见》要求,银行保险机构应依托供应链核心企业,基于核心企业与上下游链条企业之间的真实交易,整合物流、信息流、资金流等各类信息,为供应链上下游链条企业提供融资、结算、现金管理等一揽子综合金融服务。

在政策监管方面,2020 年 9 月 22 日,中国人民银行等八部门联合发布的《关于规范发展供应链金融 支持供应链产业链稳定循环和优化升级的意见》强调,供应链大型企业应严格支付纪律和账款确权,不得挤占中小微企业利益。各类机构开展供应链金融业务应遵守国家宏观调控和产业政策,加强业务合规性和风险管理。

3. 供应链金融市场规模逐年递增

相关研究院数据显示,2015—2020 年,我国供应链金融市场规模整体呈现逐年递增的趋势,截至 2020 年年底,我国供应链金融市场规模达到 27 万亿元,供应链金融市场迎来快速发展。2015—2020 年我国供应链金融市场规模如图 7-1 所示。

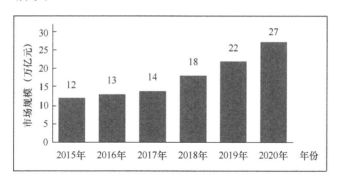

图 7-1　2015—2020 年我国供应链金融市场规模

4. 供应链金融市场主体呈多元化发展

随着我国供应链市场的加速发展,市场参与主体也呈现多元化特征,由单一金融机构拓展到多种类型的参与主体。万联供应链金融研究院和中国人民大学中国供应链战略管理研究中心联合发布的《2019 中国供应链金融调研报告》显示:供应链管理服务公司、B2B(Business-to-Business,企业对企业)平台和商业银行数量规模占据市场前三,合计占比 56.86%。2020 年我国供应链金融市场主体占比(按主体类型)如图 7-2 所示。

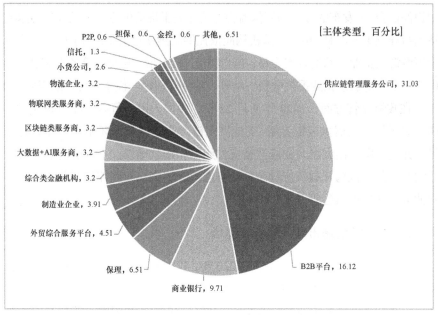

图 7-2　2020 年我国供应链金融市场主体占比（按主体类型）

按照参与主体性质来看，在供应链金融的各参与主体中，民营企业是主要参与者，占总体参与主体数量的 62%。2019 年我国供应链金融市场主体占比（按主体性质）如图 7-3 所示。

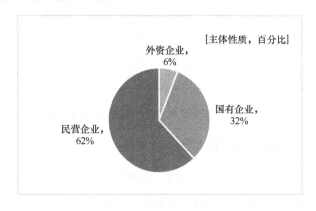

图 7-3　2019 年我国供应链金融市场主体占比（按主体性质）

按参与主体融资规模来看，参与主体融资规模整体较小，融资规模在 1 亿～100 亿元的比例高达 75.95%。大多数企业融资规模在 1 亿～10 亿元和 10 亿～50 亿元，占比分别为 27.21% 和 24.05%。2019 年我国供应链金融市场主体融资规模分布如图 7-4 所示。

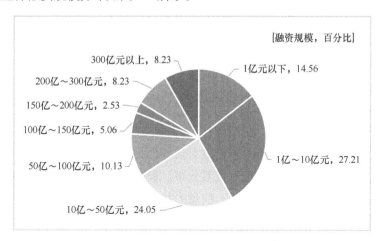

图 7-4　2019 年我国供应链金融市场主体融资规模分布

7.1.2　我国供应链金融发展存在的问题

1．非核心企业融资困难

银行只愿意放款给核心企业上下游一级供应商或经销商，而不愿放款给链上的二、三级供应商或经销商。

由于银行信赖的是核心企业的控货能力和调节销售能力，出于风控的考虑，银行仅愿意对与核心企业有直接应付账款义务的上游供应商（限于一级供应商）提供保理业务，或对其下游经销商（一级经销商）提供预付款或者存货融资。这就导致了二级、三级供应商或经销商的融资需求得不到满足，供应链金融的业务量受到限制。简单说，银行相信的是人（企业），而非物（货物链路）；这又导致供应链金融无法渗透到核心企业之外的环节，表面上是链，实际上是断开的各个节点。

2．信息准确性无法保证

供应链金融平台和核心企业不能保证系统信息准确性，导致资金端风控成本居高不下。

在目前供应链金融业务中，银行或其他资金端除担心企业的还款能力和还款意愿外，也很关心交易信息本身的真实性。交易信息是由核心企业的 ERP 系统记录的，虽然 ERP 篡改难度大，但也并非绝对可信，银

行依然担心核心企业和供应商/经销商修改信息，因而需要投入人力、物力去验证交易的真伪，这就增加了额外的风控成本。上游供应商和下游经销商的 ERP 系统的普及程度与可信度进一步衰减，银行对其的信任相应减弱。

3. 市场主体难以积累起信用数据

金融机构希望获得的一些有价值的主体数据无法很顺畅、低成本地得到。事实上，银行非常愿意为供应链上众多企业提供金融服务，但要想识别某个客户的行为特征、风险偏好及其分布、未来发生问题的概率，则需要基于大数据的分析；需要实现数据、信息的共享和连接，打破数据垄断和数据分割。但现实是，各级供应商/分销商的行为数据在开放和共享程度上非常欠缺；即使在供应链体系内，也难以真正积累下有效的主体信用数据——因为每次的货物流转都是独立行为，并未能从"物"（交易行为）再归属于"人"（链上的企业）。

4. 相关评估系统和评价机制不完善

大体上看，我国商业银行对供应链金融业务过程中所碰到的法律风险、操作风险、业务真实性风险、融资人信用风险及担保品相关风险等缺乏细致的辨别评估系统，对风险识别缺乏科学的评价机制，更多是凭经验确定质押率、贷款期限、利率及平仓线等关键指标，对风险的预警与控制缺乏系统性和动态性管制。

5. 融资风险扩散性

由于供应链风险还具有扩散的特性，一旦供应链上的某个企业经营状况发生意外，就会导致该节点融资出现问题，极易造成该融资问题迅速蔓延到整个供应链，最终引发金融危机。

7.1.3 供应链金融发展趋势

1. 发展历程

我国在 20 世纪 90 年代末开始供应链金融的探索和尝试，经过 20 多年的持续发展，供应链金融逐步从 1.0 时代步入 4.0 时代。

1）1.0 时代：传统供应链金融

供应链金融的模式被笼统称为"1+N"，银行根据核心企业"1"的信用支撑，以完成对一群中小微型企业"N"的融资授信支持。这种传统的线下供应链金融主要有两个风险难点：一是银行对存货数量的真实性不好把控，很难去核实重复抵押的行为；二是经营过程中的操作风险。

2）2.0 时代：线上供应链金融

2.0 时代是"1+N"模式的线上版本，将传统的线下供应链金融搬到了线上，让核心企业"1"的数据和银行完成对接，从而让银行随时能获取核心企业和产业链上下游企业的仓储、付款等各种真实的经营信息。线上供应链金融能够高效率地完成多方在线协同，提高作业效率。但其仍然以银行融资为核心，资金往来被默认摆在首位。

3）3.0 时代：电商供应链金融

供应链金融 3.0 是基于电商模式的金融，总结为线上"M+1+N"的模式，代表的类型是电商涉足金融，电商同时和银行合作，京东、阿里巴巴就是 3.0 时代的供应链金融。该时代的主要特点是金融实现了电商化，在这个过程中，物流的获权与资金流被紧密结合起来，实现了物流金融化。

4）4.0 时代：开放式的供应链金融生态圈

开放式的供应链金融生态圈分为两个部分：一是大型电商加自有金融的供应链金融；二是中小型电商，中小型电商不可能建自己的金融系统，这就产生了银行和互联网金融合作的空间。特别是互联网金融的 P2P，第三方支付和众筹都可以和电商合作。

目前，中国的供应链金融已经走到了 4.0 时代，是立足在数据、平台、知识基础上的金融性活动。供应链金融给予了中小企业全新的融资工具，这使中小企业在融资难的背景下，具有强大的生存空间；同时，又满足了核心企业产业转型升级的诉求，通过金融服务，变现其产业链生态系统的价值；而对于银行等资金供给方而言，由于核心企业的隐性背书，降低了向中小企业放款的风险。这种多方共赢的生态系统，正是供应链金融未来的商业价值和发展方向。

2．发展趋势

1）智慧化

供应链金融与信息技术高度融合，推动智慧化转型。伴随着供应链的智

慧化，供应链金融呈现出与信息通信技术高度融合的趋势，大数据、云计算、人工智能、区块链、物联网等技术推动供应链运营的变革。信息技术和供应链金融的高度融合，将有效降低产业活动及金融活动中的信息不对称和道德风险问题，实现决策智能化、管理可视化、流程标准化、运营高效化。

2）专业化

供应链金融专注于重点细分行业，进行专业化管理。由于各行业盈利模式、资金需求状况、周期性及供应链金融管理模式均不同，供应链金融参与主体只有持续深耕重点细分行业，在对行业属性和特征进行专业分析和研判后，才能充分了解客户经营状况，掌握客户经营管理中的痛点和需求，有效把握各环节风险，并为企业提供量身定制的供应链金融产品服务。未来，供应链金融各参与主体都将专注于重点细分行业，进行专业化管理。

3）全程化

各类供应链金融服务主体通过互联网、区块链技术整合电商、支付、物流、银行、税务、海关等数据节点，搭建跨产业、跨部门、跨区域平台，并与政府、行业协会等建立深度联盟，打破"信息孤岛"。同时，通过逐渐明确供应链金融各主体交易边界，进行交易接口标准化、交易合约标准化、交易流程标准化等标准化管理，保证数据高效互通，真正实现供应链金融全程化服务。

7.2 供应链金融基础理论

7.2.1 供应链金融的内涵及功能

1. 含义

供应链金融是一种针对中小企业的新型融资模式，它将资金流有效整合到供应链管理的过程中，以核心客户为依托、以真实贸易背景为前提，运用自偿性贸易融资方式，既为供应链各环节企业提供贸易资金服务，又为供应链弱势企业提供新型贷款融资服务。

2. 特点

供应链金融通过运用丰富的金融产品以达到交易过程中的融资目的，以供应链运作环节中流动性差的资产及资产所产生的且确定的未来现金流作为还款来源，借助中介企业的渠道优势提供全面的金融服务，提升供应链的协调性、降低其运作成本。供应链金融的主要特点如下。

1）依据真实贸易背景

不单纯依赖客户企业的基本面资信状况来判断是否提供金融服务，而是依据供应链整体运作情况，以真实贸易背景为出发点。

2）闭合式资金运作

注入的融通资金运用限制在可控范围之内，按照具体业务逐笔审核放款，资金链、物流运作需按照合同预定的模式流转。

3）制定个性化服务方案

供应链金融可获得渠道及供应链系统内多个主体信息，可制订个性化服务方案，尤其对于成长型的中小企业，在资金流得到优化的同时提高了经营管理能力。

4）针对流动性较差资产

流动性较差的资产是供应链金融服务的针对目标，能提高众多资金沉淀环节的资金效率，但前提为该部分资产具有良好的自偿性。

3．供应链金融的功能

供应链金融既能为链条上各企业提供商业贸易资金服务，又能为中小企业提供贷款融资服务，作为一种新型融资模式，可以有力解决现代供应链各个环节面临的资金占用量大、利润率偏低等突出问题。供应链金融的主要功能体现在以下三个方面。

1）提高供应链竞争力及稳定性

供应链金融通过对供应链交易环节的把握，设计了不同的融资模式，使供应链上处于不同水平的中小企业都能获得有效贷款，资金的流入弥补了供应链相关中小企业难以融资的短板，中小企业的稳步发展能够实现供应链的平衡发展，供应链整体竞争力得以提升。同时，商流、物流、信息流、资金流在供应链上的有效流转进一步提升了供应链的运作效率，强化了供应链企业之间的合作关系，提高了供应链的稳定性。供应链的竞争力和稳定性是相辅相成的，其一特性的提高必定带动另一特性的提高。

2）突破中小企业融资困境

不同于传统信贷业务，银行等金融机构开展的供应链金融业务不再局限

于依据中小企业自身的资信实力进行贷款评估，而是更注重其所处的供应链实力及其与核心企业之间关系强度的评估。也就是说，中小企业可以借助核心企业的信用担保及其与核心企业之间开展的实际业务向银行进行贷款申请，这在一定程度上突破了中小企业因缺少不动产质押、资信水平低而难以融资的困境。

3）优化银行业务结构

供应链金融改变了一对一的传统借贷模式。银行以供应链核心企业为基点放眼于整个供应链上的企业，根据实际情况采取合适的业务模式对整个供应链上的企业进行金融服务，贷出的资金也只局限于供应链上流转。这对银行而言有效降低了其单独进行信贷业务的资金风险，也拓宽了自身的业务范围。同时，银行通过掌握供应链的运行信息，了解企业的真实经营情况，以此评估相关业务的实际风险，改善了银行的盈利模式，也优化了银行的业务结构。

7.2.2　供应链金融的参与主体

供应链金融的参与主体主要有金融机构、中小企业、支持型企业，以及在供应链中占优势地位的核心企业，各主体在供应链金融系统中发挥不同的作用和功能。供应链金融各主体之间的关系如图 7-5 所示。

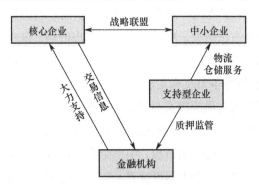

图 7-5　供应链金融各主体之间的关系

开展供应链金融需要依托供应链中企业上下游之间的真实交易，根据这些交易开展供应链金融业务，涉及的主体不仅包括买卖双方，还包括银行、物流企业等相关主体。

1．金融机构

金融机构在供应链金融中为中小企业提供融资支持，通过与支持型企业、核心企业合作，在供应链的各个环节，根据预付账款、存货、应收账款等动产设计相应的供应链金融模式。金融机构提供的供应链金融服务模式，决定了供应链金融业务的融资成本和融资期限。

2．中小企业

中小企业主要指下游企业购货方。在生产经营中，受经营周期的影响，预付账款、存货、应收账款等流动资产占用大量的资金，而在供应链金融模式中，可以通过货权质押、应收账款转让等方式从银行取得融资，把企业资产盘活，将有限的资金用于业务扩张，从而减少资金占用，提高资金利用效率。

3．支持型企业

支持型企业指供应链金融的主要协调者：一方面为中小企业提供物流、仓储服务；另一方面为银行等金融机构提供质押监管服务，搭建银企间合作的桥梁。对于参与供应链金融的物流企业而言，供应链金融为其开辟了新的增值业务，带来新的利润增长点，为物流企业业务的规范与扩大带来更多的机遇。

4．核心企业

核心企业指在供应链中规模较大、实力较强，能够对整个供应链的物流和资金流产生较大影响的企业，一般指上游企业、销货方。供应链是一个有机整体，中小企业的融资瓶颈会造成核心企业供应或经销渠道的不稳定。核心企业依靠自身优势地位和良好信用，通过担保、回购和承诺等方式帮助上下游中小企业进行融资，维持供应链稳定性，有利于自身发展壮大。

7.2.3　供应链金融的业务模式

供应链金融与产业链紧密结合，从业务切入节点来看，涉及采购阶段、运营阶段、销售阶段三个业务阶段。在各业务阶段有相应的融资模式，金融产品呈现多样化特点。各业务阶段对应的融资模式与融资目的如表 7-1 所示。

表 7-1　各业务阶段对应的融资模式与融资目的

业务阶段	融资模式	融资目的
采购阶段	预付账款融资模式	使"支付现金"的时点尽量向后延迟，减少现金流缺口
运营阶段	动产质押融资模式	弥补"支付现金"至"卖出存货"期间的现金流缺口
销售阶段	应收账款融资模式	弥补"卖出存货"与"收到现金"期间的现金流缺口

1．预付账款融资模式——采购阶段

预付款融资模式是在上游核心企业，主要是销货方承诺回购的前提下，中小企业即购货方以金融机构指定仓库的既定仓单向金融机构申请质押贷款，并由金融机构控制其提货权为条件的融资业务。预付账款融资业务流程如图 7-6 所示。

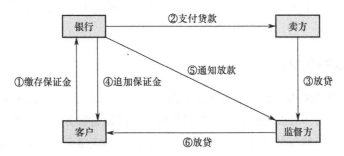

图 7-6　预付账款融资业务流程

中小企业和核心企业签订购销合同，并协商由中小企业申请贷款，专门用于支付购货款项；中小企业凭购销合同向金融机构申请仓单质押贷款，专用于向核心企业支付该项交易；金融机构审查核心企业的资信状况和回购能力，若审查通过，则与核心企业签订回购及质量保证协议。随后，金融机构与物流企业签订仓储监管协议，核心企业在收到金融机构同意对中小企业融资的通知后，向金融机构指定物流企业的仓库发货，并将取得的仓单交给金融机构；金融机构收到仓单后向核心企业支付货款；中小企业缴存保证金后，金融机构释放相应比例的货物提货权给中小企业，并告知物流企业可以释放相应金额货物给中小企业。

2．动产质押融资模式——运营阶段

供应链下的动产质押融资模式指银行等金融机构接受动产作质押，并借

助核心企业的担保和物流企业的监管，向中小企业发放贷款的融资业务模式。动产质押融资模式实质上是将金融机构不太愿意接受的原材料、产成品等动产转变为其乐意接受的动产质押产品，并以此作为质押担保品或反担保品进行信贷融资。动产质押融资业务流程如图 7-7 所示。

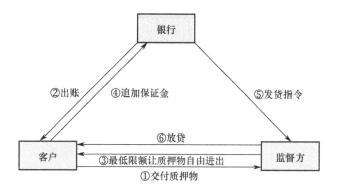

图 7-7　动产质押融资业务流程

中小企业向金融机构申请动产质押贷款，金融机构委托物流企业对中小企业提供的动产进行价值评估，评估后向金融机构出具评估证明；动产状况符合质押条件的，金融机构核定贷款额度，与中小企业签订动产质押合同，与核心企业签订回购协议，并与物流企业签订仓储监管协议；之后，中小企业将动产移交物流企业，物流企业对该动产进行验收，并通知金融机构发放贷款。

3. 应收账款融资模式——销售阶段

应收账款融资模式指卖方将赊销项下的未到期应收账款转让给金融机构，由金融机构为卖方提供融资的业务模式。基于供应链的应收账款融资一般是为供应链上游的中小企业融资，该融资模式帮助中小企业克服其资产规模和盈利水平难以达到银行贷款标准，财务状况、资信水平达不到银行授信级别的弊端，利用核心大企业的资信实力帮助中小企业获得银行融资，并在一定程度上降低银行的贷款风险。应收账款融资业务流程如图 7-8 所示。

中小企业与核心企业进行货物交易，签订采购协议，核心企业向中小企业发出应收账款单据，成为货物交易关系中的债务人。中小企业用应收账款单据向金融机构申请质押贷款，核心企业向金融机构出具应收账款单据证明，以及付款承诺书。金融机构贷款给中小企业，中小企业成为融资企业；

中小企业融资后，用贷款购买原材料和其他生产要素，以继续生产；核心企业销售产品，收到货款，最后将预付账款金额支付到融资企业在金融机构指定的账户。

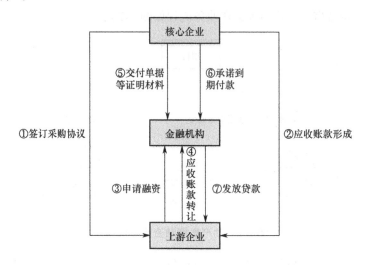

图 7-8　应收账款融资业务流程

7.3　物联网技术应用

物联网技术在供应链金融中应用主要指使用 GPS、生物识别等手段，对目标进行识别、定位、跟踪、监控等系统化、智能化管理，然后进行数据汇总并分析，使客户、监管方和银行等各方参与者均可以从时间、空间两个维度，全面感知和监督动产存续的状态、发生的变化，进行风险监控和市场预测。这种无遗漏环节的监管，会极大地降低金融企业项目投资风险。

7.3.1　融资过程优化

在银行方面，物联网为银行和企业群架起了一座信息交流的桥梁。物联网可以提高银行对链上企业、仓储机构的信息流和资金流的监管效率，并且可以加快结算速度。通过物联网信息流通渠道，银行可以掌握不同供应链上的产品流、资金流动态特点，以此设计个性化服务方案，从而以更简化的流程为供应链企业办理融资手续。基于物联网的银行服务结构如图 7-9 所示。

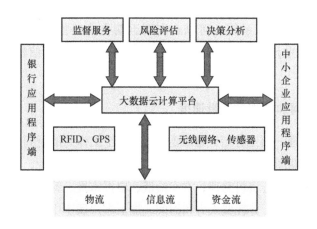

图 7-9　基于物联网的银行服务结构

动产融资作为供应链金融的重要组成部分,具有广阔的发展空间,但是"确权难,监管难,处置难"等问题一直阻碍着该业务在我国商业银行的发展。当前,使用物联网技术可以有效地做好动产的全过程监管,实现可视、可信、可控的目标,有效解决实体企业融资难、金融企业动产融资贷款监管难的问题。物联网在融资过程中的应用如表 7-2 所示。

表 7-2　物联网在融资过程中的应用

涉及业务	技术应用	效果分析
用信调查	银行通过物联网接口进入企业管理系统查询近期企业经营信息	辅助用信调查 节省用信调查时间
贷款可行性审核	通过物联网掌握更准确的企业资金流、产品流的情况	减少人力成本和沟通时间 加快贷款审批速度
贷后管理	通过物联网内部系统加强管理 电子感应器检测货物保管状态 RFID 监管客户提货	降低操作风险 提高授信管理效率
企业经营状况报告	银行通过物联网监控功能在线实时监控授信企业日常结算与现金流状况	对授信企业的经营变化与财务状况予以掌握 及时进行风险预警

1．物联网辅助银行对企业进行用信调查

以往申请授信的客户向银行融资,除要提供营业执照、税务登记证、公司章程、近期财务报告等纸质证明材料外,还需要提供一段时间内的企业生产经营、拟抵押货物信息,如报关单、货运单等。若银行通过物

联网接口进入其管理系统，可以查询到近期企业经营信息，并且可由此决定是否对企业用信，这个过程省去了企业收集整理用信资料的时间，提高了效率。

2．物联网加快贷款审批速度

银行在受理一项业务后，通常要用至少一个工作周的时间来审核业务的可行性。在这期间，业务团队需要亲自且多次走访客户企业，收集待授信客户的信息，随后进行资料整理、方案洽谈、申报审批、签署合同及至贷后管理等一系列工作，十分耗费人力和时间。加上客户属于中小企业，信息不对称问题相对更加严重，也会增加沟通时间。物联网在企业中运用后，银行通过物联网掌握更准确的企业资金流、产品流的情况，将极大减少人力成本，省去大量沟通时间。

3．物联网提升贷后管理效率

贷款审批通过后，银行对货权进行严格审核复核，然后通过物联网内部系统加强管理，减少人为管理环节，降低操作风险，提高中小微企业授信管理效率。

物联网中的电子感应器用于检测货物保管状态。当电子感应器感知抵押货物存在质变风险时，及时向信息管理系统发出信号并通知客户。这方便银行及时判断抵押物具体情况，判断是否重新进行价格核定与跌价补偿，核定原则按照购入价与市场价孰低确定。

购入价以发票为基准，最后选择市场价或购入价视情况而定。若总跌价超过银行最低授信额度，并且借款人未追加质押物或提供新的担保，则立即宣布授信提前到期，在与客户沟通后，采取拍卖等措施出售质物，偿还贷款。RFID 监管客户提货。在物流仓储现场安装 RFID 电子监控设备，客户一旦提货，通过物联网传递信号，由银行发出提货指令后，仓储监管人员根据银行的指令发货。

4．物联网信息管理系统实时报告企业经营状况

物联网如同一台监视器。银行在线实时监控授信企业日常结算与现金流状况，结合仓储机构提供的质押物的信息，对授信企业的经营变化与财务状况予以掌握，及时采取风险预警措施。

7.3.2　质押过程监控

1. 涉及业务

物流仓储机构与金融机构合作，负责质押物的监管，是业务过程重要的一环。银行与链上企业达成交易后，将来自企业的质押物交予合作仓库。由仓库负责保管质押物，并定期同银行核查质押物的货值。融资环节中的仓储监管交易流程如图 7-10 所示。

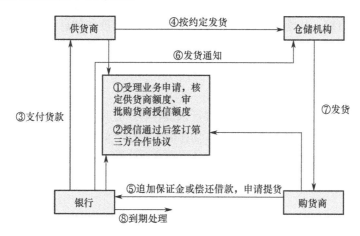

图 7-10　融资环节中的仓储监管交易流程

2. 物联网的应用

物联网的信息管理系统与物流仓储机构连接，使银行方便监管链上中小企业质押物。RFID 技术可以使银行与供应链成员联系更紧密；银行与物流监管机构间采用信息系统协同传输，这种方式取代传真、电话、纸张等点对点的传统信息传输方式，具有快捷、准确的优点。

当质押物入库时，装在仓库门口的 RFID 将其信息录入与其对接的信息系统中，然后读码器扫描银行和企业双方签订的质押单据，确定货物信息与单据匹配，检查货物数量是否齐备。

货车装载质押物驶出仓库时，门口的 RFID 识读器启动各质押物上装配的 RFID 标签（它含有一个唯一标识该质押物的产品电子代码）。于是，货物"苏醒"过来，并自动在"物联网"上"注册"自身信息。经过一段时间的运输，抵达与银行合作的物流仓库，搬运工直接将质押物入库上架，再通过

卸货区的 RFID 识读器，由仓库的库存系统自动记录每个质押品，不需要人工开包检查或者清点数目。库管人员可以马上确认存货量，银行也可通过物联网信息服务系统获得质押物信息。

3. 技术应用效果分析

利用 RFID 技术，企业和银行可以很清楚地了解和把握质押物从生产、运输到销售等环节的情况。安装在工厂、配送中心、物流监管仓库的 RFID 阅读器，能够自动记录物品在整个供应链的流动，物品能在供应链的任何地方被实时追踪。从整个集成供应链看，供应链透明度和信息准确度的提升，恰好解决银行监管难的问题。

7.3.3 风险控制

以往中小企业的融资过程对银行来说存在一定风险，其信用资质参差不齐导致银行放贷时因信息不对称面临许多不确定性问题，而物联网应用在一定程度上能克服这种局限性，重新对银行的风险管理体系进行塑造。物联网技术对供应链金融风险控制的作用如表 7-3 所示。

表 7-3 物联网技术对供应链金融风险控制的作用

涉及业务	技术应用	效果分析
信息获取	对供应链上下游中小企业的采购、生产、库存、销售等真实信息进行实时追踪和控制	掌握实体中小企业信用状况
信息质量保证	整合物和信息 交叉验证各环节的交易数据 剔除"噪声数据"	提高供应链传递信息的质量及可信度
控制决策	构建物联网风险控制模型 对贷前调查、授信管理、贷款流向进行跟踪预警	实时把握供应链风险 提高银行整体风险控制水平

1. 信息获取

物联网对供应链上下游中小企业的采购、生产、库存、销售等真实信息进行实时追踪和控制，全面了解中小企业的实际经营情况和现状，解决银行信用体系缺乏对实体中小企业信用状况的掌握的问题。

2．信息质量保证

物联网有效地整合了真实的物和信息，交叉验证了供应链的中小企业在采购、生产、销售等环节产生的物联网、互联网交易数据，并有效剔除了影响中小企业信用资质的"噪声数据"，提高了整个供应链传递信息的质量和可信度。

3．控制决策

物联网将供应链上收集的大量中小企业真实数据进行分析，并构建物联网风险控制模型，精准评估中小企业的经营能力、盈利能力和偿债能力，精确计量中小企业的违约概率和损失率，并帮助银行对贷前调查、贷中授信管理、贷后贷款流向进行跟踪预警，实时把握供应链风险，提高银行整体风险控制水平。

7.3.4 物联网应用的问题及趋势

1．问题分析

1）物联网技术下供应链金融新生风险

物联网金融模式下，传统供应链融资风险得到很大程度的控制，但同时不可避免地会产生各类新生风险。根据物联网金融的分层结构可以将新生风险分为三类：感知层风险、网络层风险、应用层风险。

（1）感知层风险。感知层所采集信息的准确性、完整性、全面性是其风险的主要关注点，因此各类信息源的低效运行和相关检测设备失灵或故障将直接导致风险的产生。根据供应链金融的三个阶段，在授信阶段需要得到借款企业的相关数据，可能面临的风险有：网络数据不可靠风险、平台数据不完整风险、市场信息不准确风险。合作放款阶段的风险主要出现在质押物验收环节，可能面临的风险有：品质检验设备故障风险、监测不及时不准确风险、反应不及时风险、货物丢失风险、配送故障风险。贷后回款阶段面临的风险除合作放款阶段的风险外，还有融资项目跟踪不及时风险、市场信息收集不全面风险。

（2）网络层风险。网络层主要借助互联网技术将由感知层得到的数据进行远距离传输，由于相关技术和标准尚不完备，产生了较多风险。面临的风

险主要有：信息泄露风险、信息延迟风险、信息加密风险、信息丢失风险、信息不对称风险、物联网标准风险、恶意干扰风险、网络不稳定风险。这些风险将导致应用层不能及时得到全面、准确、客观的数据信息，对后续数据处理和科学决策产生重大影响。

（3）应用层风险。应用层将获得的数据进行加工处理，提供风险监测、金融决策、交易跟踪、市场预测等服务。这一层次的风险主要是参与各方合作经营及有可能破坏合作状态所产生的风险，主要有：商业机密泄露风险、知识产权保护风险、数据挖掘效率风险、数据融合风险、各参与方合作风险、物联网管理风险、社会经济风险、政策法规风险、组织管理风险。

2）其他方面问题

虽然物联网有其庞大的优势，但出于技术成熟度和我国发展现状等原因，在供应链金融的应用上可能还会存在以下问题。

（1）成本过高。物联网的加入解决了供应链金融的许多难题，但与此同时，在供应链金融业务流程中引入一个新的板块，也造成了成本上升。在模式没有大批量复制和形成规模效应之前，这一成本对于融资企业来说显得过高，有的模式甚至超过贷款利率本身。这样一来，成本控制成了这一模式的第一大难点。

以 RFID 标签为例，由于没有批量生产，其昂贵的成本对于汽车、冰箱、电视、手机等贵重商品来说，影响甚微；但对于灯泡、牙膏等低价商品来说，成本过高。

（2）规范程度较低。现在市面上提供物联网服务的企业多以技术服务公司、供应链管理公司等形式存在，这些公司的技术背景、定价机制、运作透明度等参差不齐，导致供应链金融在这一环节很难做到技术的统一评估和价格的透明管理，也在一定程度上导致此类模式推动的难度增加、银行和融资方的选择难以确定，也就直接导致了落地难度增大。

若要大力推动此类业务发展，则应在立法、行业规范等层面有一定规范性的约束，才会有进一步规范发展的可能。

2. 物联网供应链金融发展趋势

1）进一步扩大物联网在供应链金融领域的应用范围

国家有关部门应该从经济发展的趋势出发，进一步加强供应链金融领域的物联网技术的覆盖与推广。从范围与程度上构建一个立体、多维的物联网平台，为未来实现供应链金融的发展打下坚实的技术基础。因此，从我国的具体实际出发构建基础的物联网系统平台，是我国未来信息化建设与发展的重点。

2）发挥物联网在供应链金融服务中的作用

物联网作为一个可视追踪的技术平台，可以有效地帮助金融服务企业与客户，对相关金融服务产品的操作与收益进行及时的跟踪、监管，可以在第一时间根据市场的运营情况采取科学的管理与操作。通过这种"可视追踪"的方式，各参与主体可以更好地把握市场的动态，从而在危机来临之前构筑起较好的防御体系。从物联网自身的特点与供应链金融的本质出发，将风险的系数降到最低，使供应链在未来拥有更大的发展空间。

3）加强供应链金融网络建设

（1）强化信息平台的建设。只有建立完善的信息发布平台，才能避免在金融服务的过程中，由于银行与客户之间的信息沟通不畅而导致严重的操作风险的产生；同时，在这种信息发布平台中，客户也会在第一时间了解自己的金融产品的收益与资金走向，银行也会通过对其资金实力的了解，制订相关的金融服务计划。

（2）加强供应链金融的预警体系。在物联网技术的带动下，整个市场的参与者，包括金融服务企业与客户都会在一个巨大的网络体系中。一旦某个环节出现问题，会对整个供应链金融体系产生影响。因此，在物联网技术的支持下，我们应该从金融服务和客户两方面出发，制定相应的风险应对机制与预警机制。只有在保证最大限度的操作安全的前提下，物联网技术下的供应链金融的发展才会步入正轨。

7.4　案例分析——平安银行

7.4.1　发展背景

近年来，受宏观经济增速放缓、大宗商品价格疲软等因素影响，钢铁、煤炭等大宗商品行业纷纷进行调整。银行、借款人、质押监管机构等各方之间的信任度急剧下降，银行沿用多年的仓单质押、互联互保等传统的大宗商品融资业务模式受到了前所未有的挑战，行业信用恶化导致企业普遍陷入融资困境，银行面临重复抵质押、押品不足值、押品不能特定化、货权不清晰、

监管过程不透明、监管方道德风险、预警不及时等一系列风险。

平安银行分析认为，虽然动产融资业务经历了较长时间的阵痛，但随着国家推出一系列稳增长、调结构的微刺激政策，作为国民经济重要支柱产业的钢铁、有色金属等大宗商品行业在经历调整和优化升级后也必将走出低谷，迎来又一个发展周期。当务之急，是要构建更完善的商业模式，重建动产质押中各方互信局面，推动动产融资业务稳健复苏。物联网新技术的应用，可以为银行解决上述难题提供一种可行方案。

7.4.2　物联网金融服务模式

1．模式内涵

平安银行在 2016 年推出创新的物联网金融服务模式，即通过物联网技术，赋予动产以不动产的属性，将动产融资变被动管理为主动管理，变革供应链金融模式，带来动产融资业务的智慧式新发展。

2．应用领域

平安银行在多个领域实行了物联网金融的新模式。在品牌白酒存货业务中成功借助 RFID 技术进行押品溯源和追踪，提高了供应链的可视化程度，成功破解了白酒动产业务的品质管理难题；在国内率先推出汽车物联网金融业务，实现了汽车监管业务的智能化升级。

在钢铁行业，平安银行联合感知集团引入感知罩等物联网传感设备和智能监管系统，在全国钢材交易的重点区域推进了大型仓库的智能改造升级，实现了对动产存货的识别、定位、跟踪、监控等系统化、智能化管理，使客户、监管方、银行等各方参与者均可以从时间、空间两个维度全面感知和监督动产存续的状态与发生的变化，有效地解决了动产融资过程中信息不对称问题。

7.4.3　典型应用

平安银行在钢铁、汽车等多领域布局"供应链金融+物联网技术"模式。下面选取发展较为完善、模式较为典型的汽车产销供应链融资业务进行分析。

1．应用场景

对于传统动产融资业务，企业将合法拥有且经过银行认可的动产交由银行委托的物流监管方进行监管，物流监管方通过派驻监管人员实施人工现场监管。在这种业务模式中，物流监管的质量和准确性主要取决于物流监管公司的管理能力与现场监管人员的履责程度，银行面临重复抵质押、押品不足值、监管方道德风险等一系列风险。在此种情景下，急需一套新的更完善、准确的系统提高物流监管质量，平安银行开发了汽车产销供应链融资业务动产质押品识别跟踪系统。

2．系统功能

动产质押品识别跟踪系统与传输控制系统、安全应用系统和现有的信贷台账系统对接，实现对动产质押品的实时跟踪。整体系统模式如图 7-11 所示。

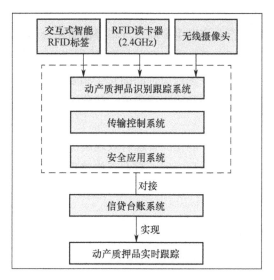

图 7-11　整体系统模式

动产质押品识别跟踪系统由安装于车辆上的具有防拆卸功能的交互式智能 RFID 标签、安装在停车场内的 RFID 读卡器（2.4GHz）、无线摄像头构成。RFID 读卡器负责对管理区域内贴有 RFID 标签的车辆进行识别监管及辅助定位。无线摄像头负责管理车辆的视频识别及辅助管理。系统功能如下。

1）确认质押品状态

在完成汽车现场质押操作后，物流公司通过互联网通知供应链融资银行，供应链融资银行随即启动动产质押品识别跟踪系统，对质押品进行扫描，确认质押品状态。在确认无误后，供应链融资银行按照合同规定发放贷款、支付货款，要求物流公司将质押品汽车运往合同约定的品牌汽车经销商处。

2）对品牌汽车经销商处的汽车进行实时监控

供应链融资银行在得知汽车运抵停车场后，会启动动产质押品识别跟踪系统，通过安装在该停车场的超高频读卡器及无线摄像头捕获信息，对质押品进行首次确认，更新动产质押品地点信息，并实时监控，定时向融资银行的信贷台账系统提供动产质押品汽车的最新数据。

3．应用效果和价值分析

引入物联网的传感设备和智能监管系统后，整个汽车产销供应链融资效率大大提高，惠及银行、汽车生产商、汽车经销商和合作物流公司等各个参与方。银行实现了对质押品的实时跟踪与监管，并能根据实时信息做出及时反应或进行下一流程；也能保证质押品的安全和融资安全，避免重复质押造成损失。这对于汽车生产商和经销商来说，简化了融资流程，降低了融资难度，有利于其更好地运营。

物联网金融系统化、智能化的管理有效地解决了动产融资过程中的信息不对称、监管不安全等一系列问题，有益于构建更完善的商业模式，重建动产质押中各方互信，推动动产融资业务稳健复苏。

7.5　本章小结

本章介绍了我国供应链金融的现状，在此基础上提出了当前发展存在的问题，并描绘了未来供应链金融的发展趋势；同时，对供应链金融的基础理论做了介绍，包括其内涵、功能、参与方与业务模式等。物联网技术在供应链金融的应用主要有融资过程、全程监控和风险控制三方面。本章对目前物联网技术在供应链金融中应用的问题进行了分析，并在此基础上对未来物联网技术应用做出展望。章末介绍了平安银行物联网金融的典型案例，从其模式内涵、系统应用场景与功能及其应用价值等角度进行了详细介绍。

参 考 文 献

[1] 杨萌. 物联网技术下的供应链金融研究[J]. 金融科技时代，2020(11)，91-93.

[2] 冯晓玮，王成付，奚雷. 物联网金融模式下供应链融资风险识别与控制[J]. 商业经济研究，2016(3)，180-182.

[3] 魏可才，宋雪述. 浅谈物联网在动产融资贷款中的应用[J]. 电子世界，2020(3)：208-209.

[4] 肖燕飞，钟文彬. 关于物联网优化供应链金融服务的思考[J]. 商业时代，2012(32)：74-75.

[5] 郭晓蓓. 浅议供应链金融发展现状及趋势[J]. 贸易金融，2019(12)：14-16.

[6] 杜竞欣. 基于物联网的供应链金融信用风险管理[J]. 现代商贸工业，2019，40(24)：32-33.

[7] 吴琼. 供应链金融的发展现状及问题分析[J]. 中国管理信息化，2016(2)：135-136.

[8] 培训网. 供应链金融主要四大模式[Z/OL]. (2017-05-09)[2021-01-10]. http://www.oh100.com/peixun/gongyinglian/172177.html.

[9] 泥鸽. 供应链金融模式详解与创新[Z/OL]. (2020-03-24)[2021-01-10]. https://baijiahao.baidu.com/s?id=1662039874232911230&wfr=spider&for=pc.

[10] 360个人图书馆. 物联网：让供应链金融从难控到可控[Z/OL]. (2020-02-29)[2021-01-11]. http://www.360doc.com/content/20/0229/11/47624588_895653309.shtml.

[11] RFID世界网. 平安银行"供应链金融+物联网技术"[Z/OL]. (2017-02-22)[2021-01-12]. http://success.rfidworld.com.cn/2017_02/e518ba5193ad652a.html.

[12] 搜狐新闻. 物联网可视资产项下的供应链金融模式[Z/OL]. (2018-07-02)[2021-01-10]. https://www.sohu.com/a/238879248_100183344.

[13] 平安银行. 平安银行物联网金融全新亮相[Z/OL]. (2015-06-29)[2021-01-12]. http://bank.pingan.com/about/news/1435551064548.shtml.

[14] 经济参考报. 平安银行借势物联网再造供应链金融升级版[N/OL].(2015-11-13)[2021-01-12]. https://finance.huanqiu.com/article/9CaKrnJRqUx.

[15] 泡杯茶看金融. 物联网在供应链中的运用[Z/OL]. (2018-01-05)[2021-01-13]. https://mp.weixin.qq.com/s/pbr1UImYVAL1D3VnrltKdw.

[16] 知乎专栏. 一文读懂供应链金融[Z/OL]. (2018-11-13)[2021-03-02]. https://zhuanlan.zhihu.com/p/49033813.

[17] 知乎专栏. 供应链金融深度解析（一）[Z/OL].(2019-08-08)[2021-03-02]. https://zhuanlan.zhihu.com/p/77217506.

[18] 前瞻产业研究院. 2019 年中国供应链金融行业市场现状及趋势分析 融合区块链技术突破融资瓶颈. [Z/OL]. (2019-05-23)[2021-03-08]. https://mp.weixin.qq.com/s/LSpKefpHX_7FdZDGHySHXQ.

[19] 筑材网. 供应链金融 1.0 到 4.0 的进阶, 你跟上步伐了吗? [Z/OL]. (2016-07-20)[2021-01-13]. https://mp.weixin.qq.com/s/LSpKefpHX_7FdZDGHySHXQ.

[20] 智链金融科技. 我国供应链金融的现状及对策[Z/OL]. (2016-04)[2021-03-05]. https://www.sohu.com/a/116664549_497113.

基于物联网的供应链物流全程可视化

8.1 供应链物流过程总体分析

供应链可视化即向管理者提供供应链中的各种关键事件所产生的实时信息，管理者通过分析这些信息进行科学有效的决策。基于物联网技术的供应链物流是指将物联网、云计算、大数据、人工智能等数字化技术与手段，应用到供应链领域，助力采购、生产、销售三个环节运行，实现供应链物流业务协调发展。供应链物流业务环节的全程可视化如图 8-1 所示。

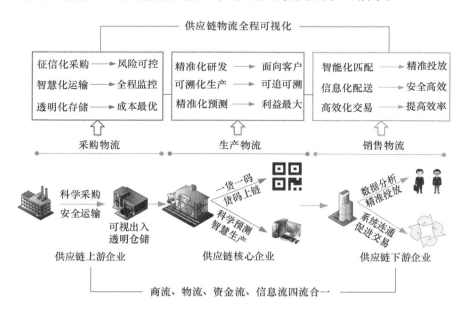

图 8-1 供应链物流业务环节的全程可视化

如图 8-1 所示，基于物联网的供应链物流可以实现各个环节的全程可视化。在采购物流方面，以征信化采购来控制风险；通过信息化技术对运输进行全程监控；利用透明化存储减少库存积压，从而优化成本。在生产物流方面，以精准化研发满足客户个性化需求；通过可溯化生产对生产全流程进行控制追踪；采用精准化预测来降低库存水平，从而达到利益最大化。在销售物流方面，以智能化匹配客户信息达到精准投放广告；通过信息化配送来提高配送的安全高效性；采用高效化的商品交易来提高双方贸易效率。

同时，基于物联网的供应链物流也能够对接供应链业务场景，使供应链上下游资源相互融合，实现企业组织协调、流程简化透明、交易安全可信、信用真实可靠，从而构建安全透明可信的供应链体系，达到商流、物流、资金流、信息流四流合一。

8.2 基于物联网的供应链物流技术应用

采购物流、生产物流、销售物流是供应链的三大核心环节。其中，原材料采购是基础，商品生产是核心，产成品销售是目的。就整个供应链而言，物联网技术可以运用在供应链采购、生产、销售的各个环节，对物料、商品进行准确的追踪和定位，使供应链的透明度和可视化得到有效提升。基于物联网的供应链物流环节及应用效果如图 8-2 所示。

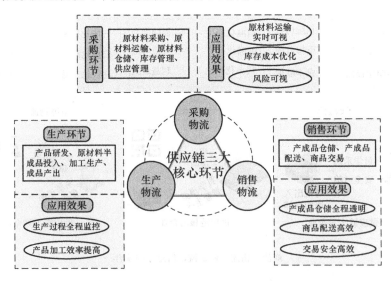

图 8-2　基于物联网的供应链物流环节及应用效果

如图 8-2 所示，基于物联网的采购物流可以实现原材料运输实时可视；优化原材料的库存成本；达到风险可控。基于物联网的生产物流可以进行生产过程全程监控；提高产品加工效率。基于物联网的销售物流使产成品仓储全程透明可溯；提高商品配送效率；促进交易安全、高效。

供应链物流全过程包括原材料获取，零部件采购、运输和存储，产成品生产，产品销售及售后服务。在供应链物流体系中，需要提高和改进物流业务的管理水平，减少无效信息的传递，降低无用流程的比例。

8.2.1　基于物联网的采购物流

采购物流包括原材料、零部件等所有生产物资的购买，也包括采购运输、仓储管理等物流过程。通过对采购物流进行管理，能够维持企业产品的安全连续生产，为企业按时完成订单、控制企业采购成本、提高物资采购的可靠性提供强有力的保障。

基于物联网的采购物流是将物联网相关技术运用到采购环节中，实现稳定合理库存、降低货源风险、采购过程透明的效果。其核心是通过信息系统的应用，确保采购与库存数据准确、及时地呈现。

1．原材料采购环节

所有产品的生产都离不开原材料的供给，原材料供给质量直接影响到整个供给过程的顺利推进。企业可以借助物联网信息技术对以往的原材料采购信息进行客观分析，建立满足现阶段企业发展所需的原材料采购体系。

在采购物流中需要明确材料的具体应用参数，制订详细的原材料采购计划，从根源上把控原材料质量；还需要对原材料供应商的综合资质进行客观评价，选择综合能力最强的厂家作为稳定供应商，从而确保整个生产过程的稳定推进。

除此之外，通过信息技术还可以整合供应链多家企业采购需求，对产品或原材料进行联合采购，统筹使用；并且对企业的信用进行征信和评级，规避高风险交易，进而确保信息的安全和准确，维系供应链健康。

2．原材料运输环节

基于物联网的运输业务的具体工作流程：在接收客户订单生成客户订单制订运输计划后，由企业相关调度部门对运输车辆进行路径优化，再进行运

送交货。基于物流网的运输环节主要是应用物联网的相关技术，实现物流运输过程的实时性、智能性、系统性，提高运输效率和安全性。

3. 原材料仓储环节

原材料仓储环节是指从货物入库开始，经过在库管理直到出库为止的一系列作业流程。基于物联网的仓储管理业务可以通过快速自动识别原材料种类，提高操作的节拍及工作效率；通过提供原材料库存的实时与准确的信息，实现快速供货，最大限度地降低库存成本。利用物联网技术，供应方与需求方的信息可及时共享，有助于进货与备货信息协同，避免物料配送不及时导致生产线停产，并且可以解决物料大量积压在仓库的问题。在仓储业务中，通过物联网技术自动采集的信息，可以有效避免人工输入可能导致的失误，大大提高仓储流程中的工作效率。

8.2.2 基于物联网的生产物流

生产物流是企业物流的关键环节。从物流的范围分析，企业生产系统中物流的边界起于原材料、外购件的投入，止于产成品存入仓库。基于物联网的生产物流指将物联网技术运用到生产过程，具体包含智慧研发、自动生产、智能仓储等诸多环节。生产物流的核心是利用新技术，改变传统生产方式，提高企业生产效率，增强市场竞争力。

经过各国专家、学者多年坚持不懈的研究和实践，物联网技术在生产物流领域的应用逐渐深入，出现了准时化管理等一整套先进的管理思想。整体而言，准时化管理方式是一种动态管理模式，企业在整个生产管理过程中必须保证物料供应、产品生产、销售等各个环节的动态连贯性，从而显著提升生产效率，同时降低成本及库存堆积。上下游企业通过物联网技术，在准时化订单驱动下，可以有效降低成本，提高企业竞争力。

我国准时化物流管理形式大致分为三类，即计划管理、看板管理、同步管理。其中，应用最广泛、最有效的是以看板管理为工具的拉动式管理。看板管理是电子技术与现代物流的完美结合，同时也是一种需求拉动型的管理模式，可以达到消除浪费，优化程序的效果，实现高效、低成本运营。

1. 产品研发环节

在产品研发过程中，可以通过物联网技术开展更加细致的模块设计。在客户需求分析模块，物联网技术主要应用于客户数据信息的采集与分析；在产品输出模块，主要应用于生产过程中各项参数的设计。通过优化产品开发模块设计，能够提高生产过程的有序性，提高产品生产过程的控制水平。

2．生产计划环节

通过物联网技术帮助企业的生产管理人员合理安排生产进度，同时通过对生产设备的合理调度，提高企业的设备利用率，实现流水线均衡、稳步生产，加强对产品质量的控制与追踪，提高生产企业运行的稳定性。

企业可以借助 SAP 模式来制订智能调度生产计划，同时在具体的应用管理过程中，需要对整个调度生产计划进行科学性处理，及时根据所采集到的相关参数信息来调整原来的生产调度计划，使整个生产过程的稳定性更强。

3．生产加工环节

在生产加工环节，可增加生产过程监测点数量，结合信息管理技术实现生产全过程监管。借助智能标签，对整个产品生产过程进行实时追踪，提高生产线效率，保持生产线上物流通畅，从而加快整个生产过程的顺利推进。

8.2.3　基于物联网的销售物流

销售物流是企业为保证本身的经营利益，不断伴随销售活动，将产品所有权转给客户的物流活动。销售物流作为企业物流系统的末端环节，是企业物流与社会物流的衔接点，可以实现产品的价值和使用。

基于物联网的销售物流是指运用物联网技术，结合传统的销售环节，通过市场分析挖掘客户、数据分析匹配客户，挖掘新的市场需求。销售物流的核心是依托大数据，深耕海量数据下的潜在规律，从而挖掘市场的新需求点，并精准匹配目标客户。

1．智能匹配环节

通过物联网网络技术收集客户数据，更好地将产品匹配给客户。将线下的业务交易、业务过程延伸到线上，拓宽交易渠道，促进交易多样化，提高交易效率；同时，利用线下交易有力支撑线上交易，通过线上线下联通，实现双交易渠道协调并进、联动发展。

2．成品仓储环节

在物联网环境下，整合上下游的供需信息。通过物联网技术，提供车辆预计到达时间和货物信息，进行商品仓库存货战略的确定；实现仓储业务中的货物验收、入库、定期盘点和出库等环节的可视化，并在提供货物保管的同时监控货物状态。同时，利用物联网技术实现商品存储和取出的自动化，提高企业的现代化管理程度，降低产品成本，提升企业整体效益。

3．配送环节

物联网技术可优化作业调度配载、在途监控、绩效管理信息化等环节，实现配送过程信息化、智能化，并与上下游业务进行资源整合和无缝连接。同时，可以利用物联网及时获取交通条件、价格因素、客户数量和客户需求等信息，对货物整备和货物配装过程实现智能化，确保精确的库存控制，甚至可确切了解目前有多少货箱处于转运途中、转运的始发地和目的地，以及预期的到达时间等信息。此外，还可以通过物联网技术应用节省配送过程中的人力成本，提高存货目录的准确性，降低货物在运输过程中的损耗。

4．交易环节

企业间贸易的互联互通，可以实现企业内部系统集成、企业外部系统对接。通过物联网技术使交易安全高效，打破传统交易壁垒，节省双方交易耗时，促进业务安全高效。同时，通过智能化信息技术分析客户信息，为客户提供个性化服务。

8.3　基于物联网的供应链物流应用价值

8.3.1　合理配置资源，提高采购物流效率

随着市场竞争的日趋激烈，企业能否为客户提供更加快捷及时的服务，直接关系企业整体竞争力的强弱。依靠物联网在供应链管理中的优势性因素，可以进一步提高供应链管理的可视性，优化供应链管理中的资源配置，在采购物流中以更快捷、更及时的反应速度响应客户的需要，达到高效服务客户的目的。

8.3.2　协调各个环节，提升生产物流水平

生产物流涉及生产计划与控制、企业内运输、在制品仓储与管理等多个环节，管理不当会导致出现各种不同程度的复杂问题。借助物联网，企业能够有效实现生产物流内部信息共享，更好地让生产各个环节之间实现作业计划的协调化执行；同时可以及时有效地评估企业上下游合作伙伴，从而实现生产集成化管理，使生产物流水平进一步提升。

8.3.3　加快响应速度，实现销售物流高效化

如今，随着社会经济的发展和市场竞争的日益激烈，能否及时、快速地满足客户的个性化需求，已经成为影响企业竞争力的重要因素之一。销售物流包括产成品的库存管理、仓储、发货等活动，应用物联网技术能够让客户需求分析更加直接便捷，从而达到销售物流的高效运行。

8.4　案例分析——海运物流平台（TradeLens）应用

集装箱运输巨头马士基和 IBM 共同开发了 TradeLens 平台，旨在构建全球贸易和海运物流的能效网络型生态系统，促进更有效和更安全的全球贸易。TradeLens 平台应用场景和价值如图 8-3 所示。

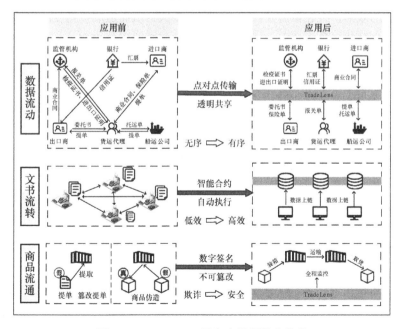

图 8-3　TradeLens 平台应用场景和价值

如图 8-3 所示，TradeLens 平台在数据流动、文书流转、商品流通三个方面对海运物流产生了应用价值。

8.4.1　物联网技术在数据流动中的应用

对于马士基来说，海运物流中关键的问题是业务流程复杂烦琐，涉及多个参与方——托运人、船运公司、货代、港口和码头运营商、内陆运输和海关等有关部门。一次从东非到欧洲的简单冷藏货物运输需要经过 30 人的盖章和批准、100 多个执行人员和 200 多次信息交换，繁杂且易出错。

利用 RFID、传感器等物联网技术进行温度控制、集装箱称重等，可实现数据实时共享，TradeLens 平台授权多个交易参与者和合作伙伴，通过建立交易的共享视图来安全地共享信息并进行协作。应用点对点传输技术，海运物流各参与方将核心数据上链，快速安全地访问端对端供应链信息，获取实时运输数据和运输单证。

8.4.2　物联网技术在文书流转中的应用

在大多数情况下，集装箱只需要几分钟便能装载到船上。但是，传统海运物流中每个集装箱的运输都需要大量的文书工作，加之人工处理降低了运输作业的效率，集装箱需要在港口停留许多天，从而造成货物变质等问题。此外，集装箱运输中的文书工作量大，导致行政费用的提高。

通过使用智能合约及数字签名等技术，贸易文档模块以安全的方式实现在跨组织业务流程和信息交换中的协作。同时，将冗杂的文书工作转换为数字文档，达到既定合约触发条件时自动执行工作，以此减少行政费用并提高运输效率。

8.4.3　物联网技术在商品流通中的应用

由于各国法律对提单没有统一的格式要求，对提单管理也不是很严格，因此违法分子篡改或复印提单，使用假提单提取货物。此外，他们还仿造产品，用假冒伪劣产品替换价值昂贵的真品，这导致每年数十亿美元的海上欺诈。

通过使用传感器、数字签名等技术，贸易各方将带有数字签名的文件上传至 TradeLens 平台，包括运输单证、贸易文件、海关备案等，可保证数据的真实性和不可篡改性；同时利用区块链时间戳、分布式账本等技术实现运输的全程监控，提高海运的安全性和透明度。

8.5　本章小结

　　本章首先对供应链物流的总体过程进行可视化分析，然后研究物联网技术在采购物流、生产物流、销售物流三大核心环节中的应用，并总结出基于物联网的供应链物流应用价值。最后以马士基和 IBM 共同开发的 TradeLens 平台为例，剖析企业基于物联网的供应链物流应用及其效果。

参 考 文 献

[1]　赵新楠，龚裕，吴玉锋. 互联网环境下废旧手机逆向物流体系设计——以北京市为例[J]. 物流科技，2019(1)：81-86.

[2]　任大鹏. 基于物联网技术的第三方物流可视化管理系统研究[J]. 现代科学仪器，2019(1)：146-149.

[3]　吴霞，王雪. 物联网在企业供应链管理中的应用研究[J]. 企业技术开发（下半月），2016，35(6)：38-39.

[4]　程祥霞，丑争，徐帅. 浅谈物联网技术在供应链管理中的应用[J]. 中外企业家，2017(7)：114-115.

[5]　赵纪元，白秋颖. 基于物联网的智慧物流配送系统设计[J]. 现代经济信息，2018(22)：308-309.

[6]　张珺. 基于物联网的物流配送系统研究 [DB/OL](2011-11-22)[2021-04-10] https://wenku.baidu.com/view/ff95eeaed1f34693daef3e7a.html.

[7]　陶齐齐. 基于物联网技术的智能仓储系统的研究与设计[J]. 信息与电脑（理论版），2019，31(18)：10-11.

[8]　高宁，杨永锋，顾亮，等. 基于条码识别及物联网的移动智慧仓储系统的构建[J]. 计算机应用，2019，39(S1)：228-234.

[9]　冷文彦. 采购物流管理及成本控制分析[J]. 中国市场，2020(31)：164-165.

[10]　张彤. 大数据背景下智慧物流业务体系构建与运营[J]. 商业经济研究，2019(21)：86-89.

[11]　孙玉. 杨娟. 基于 UML 的生产物流管理信息系统研究[J]. 中国管理信息化，2011，14(24)：96-98.

[12]　战戟. 工业 4.0 从自动生产到智能制造[J]. 智库时代，2020(6)：3-4.

[13]　刘雨兮，顾技宏，宋明俊. 工业 4.0 对不同行业的影响探析[J]. 科技与创新，2020(11)：99-100.

[14] 王喜富. 物联网与智能物流[M]. 北京：北京交通大学出版社，2014.

[15] 王喜富. 物联网与物流信息化[M]. 北京：电子工业出版社，2011.

[16] 孙静. 基于物联网技术的汽车供应链物流管理系统设计与实现[J]. 自动化与仪器仪表，2016(12)：119-121.

[17] 刘文滨. 基于 JIT 的 H 公司供应链管理流程优化研究[D]. 长春：吉林大学，2019.

[18] 孙睿泽. 基于 JIT 的汽车整车制造生产看板配送管理系统研究与设计[D]. 成都：西南交通大学，2016.

[19] 王喜富. 区块链与智慧物流[M]. 北京：电子工业出版社，2020.

第 9 章

基于物联网的智慧供应链服务平台

9.1 基于物联网的智慧供应链服务平台概述

随着物联网技术在供应链服务领域的广泛应用，供应链智能化快速发展，构建智慧供应链体系已成为物流企业发展的重点工作。针对供应链体系各主体相关业务流程，结合物联网技术建立智慧供应链服务平台，从而打破组织内部存在的业务孤岛、信息孤岛，有效规划和管理供应链上发生的供应采购、生产运营、分销等物流活动，对促进供应链智能化发展意义重大。但是，目前我国供应链管理中的现代信息技术应用和普及程度还不高、发展不平衡，无法形成企业间的物流信息共享机制；利用各种信息集成技术优化配置物流作业的物流企业较少；物流信息资源整合能力较差。因此，无法满足供应链中数据的采集、传输、处理需求。

结合物联网技术和现代供应链管理的理论、方法，在企业间构建智慧供应链服务平台，可实现供应链的智能化、网络化和自动化。智慧供应链的核心是使供应链中的成员在信息流、物流、资金流等方面实现无缝对接，尽量消除不对称信息因子的影响，最终从根本上解决供应链效率问题。为满足供应链不同主体的业务需求及物流信息的服务需求，应运用物联网技术实现信息感知、信息处理、统计分析，为供应链服务平台运营奠定基础。

1）信息感知

利用物联网相关技术可对供应链各环节的物流基础信息进行全面采集与感知。感知的主要内容包括货物的基本属性、状态、位置和附属信息等。此外，车辆信息、仓储信息、交通信息、气象信息等也是基于物联网的智慧供应链服务平台信息感知的重要组成部分。

物联网与供应链

2）信息处理

信息处理指将供应链货物感知过程中采集终端的信息进行集中，并接入物联网的传输体系，利用处理工具对基本货物信息进行选择、纠正及不同信息形式间的转化，从而完成供应链各环节的信息处理，为下一步统计分析的实现提供基础。

3）统计分析

基于物联网的智慧供应链服务平台是集成各种货物信息的处理和存储中心。该平台利用数据挖掘技术、信息集成技术、云计算技术等对货物信息进行筛选、计算和分析处理，最终将有效信息展示给客户，为物联网环境下各供应链环节的智能决策提供支持。

9.2 智慧供应链服务平台构建技术

智慧供应链服务平台主要利用先进的物联网技术，获得感知、学习、推理判断和智能解决问题的能力，从而提高供应链各环节的服务水平。根据智慧供应链服务平台的功能需求，其构建技术主要涉及数据感知技术、数据挖掘技术、网络通信技术、数据计算技术和数据集成展示技术。智慧供应链服务平台构建技术如图 9-1 所示。

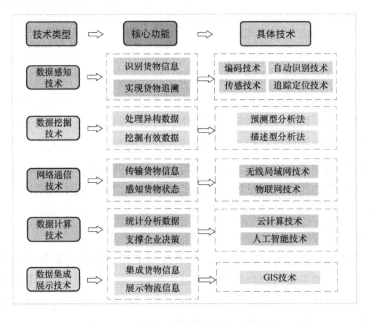

图 9-1　智慧供应链服务平台构建技术

210

9.2.1 数据感知技术

数据感知技术也称为数据采集技术。该技术通过安装一种识别装置可以自动获取被识别的物体信息,已经在运输、仓储、配送等供应链业务领域得到广泛应用。引用数据感知技术,可以快速而准确地采集海量货物数据,为基于物联网的智慧供应链服务平台提供实时有效的物流信息,使供应链上的物流企业能够及时有效地获取货物相关信息。数据感知技术主要涉及的技术有编码技术、自动识别技术、传感技术和追踪定位技术。

9.2.2 数据挖掘技术

数据挖掘技术主要指从海量、非结构化的数据中,挖掘出隐含、未知、对现实决策有价值的数据过程。在智慧供应链服务平台中,可以从原材料采购到货物运输过程产生的各类数据中挖掘出有助于提升供应链效率的数据。比如,通过挖掘不同的运输路线对物流速度影响的相关数据,为运输路线的规划提供决策支持。

当前,数据挖掘技术主要分为两种类型:一是预测型,主要运用回归分析法、分类法、时间序列分析法挖掘数据;二是描述型,主要运用关联分析法、数据聚类法、数据总结法等挖掘数据。在智慧供应链领域中,数据挖掘技术是一个泛化的概念,它是所有能够实现供应链自动化、智能化的相关处理技术和应用的总称,包括多种技术和应用,如平衡计分卡、数据仓库、决策支持、报表等。

9.2.3 网络通信技术

网络通信是智慧供应链服务平台信息传输的关键。网络通信技术在局部应用的场景包括:对于智慧供应链库存,常采用现场总线、无线局域网等技术;在实现状态感知和物体间通信时,常采用物联网技术。

构建智慧供应链服务平台时,确保数据传输的安全性且提高平台信息传递的方便性和高效性,离不开网络通信技术的综合应用。就目前网络通信技术的发展水平而言,在平台构建过程中大多使用物联网技术进行相关的任务处理,一方面可以满足智慧供应链服务平台信息数据传输的切实要求,另一方面也可以对平台的运行状况实行对应的管控与监测。

9.2.4　数据计算技术

数据计算技术是智慧供应链服务平台实现智能化决策的关键技术之一，通过先进的数据计算技术，统计分析挖掘到的大量数据，为企业决策提供有力的支撑。目前，智慧供应链领域中的云计算技术和人工智能技术应用较为广泛。

云计算是多种计算方式发展的产物，如并行、网格、分布式计算等。在该计算模式的支撑下，智慧供应链服务平台使用者可以随时、随地利用各种互联网资源和计算机设备，获得自身需要的互联网信息和数据。云计算技术的优势十分突出，具体表现为处理能力十分强大、存储容量巨大且具有较低的使用成本。在云计算技术的作用下，平台支付流程不断简化，交付费用逐渐降低，有助于智慧供应链效率的提高。

人工智能技术是研究、分析人类智能本质的技术，通过模仿这些智能本质，设计出可取代人的智能机器，主要包括神经网络、粒度计算、进化计算等计算方法。在智慧供应链服务平台中，人工智能技术主要负责研究如何智能化、自动化处理货物所承载的信息内容。

9.2.5　数据集成展示技术

运用数据集成展示技术，集成供应链物流信息，实现智慧供应链服务平台数据的汇集展示，是构建智慧供应链服务平台不可缺少的关键技术。采用 GIS（Geographic Information System，地理信息系统），可以构建"供应链一张图"，将智慧供应链服务平台中的订单信息、供应链节点、货物信息、车辆信息、客户信息等，集成在一张图中展示并进行管理。物流信息的集成展示能够促进供应链物流企业间协同运作，实现基于物联网的智慧供应链服务平台信息的无缝连接，推进智慧供应链的全程可视化。

9.3　基于物联网的智慧供应链服务平台总体架构

物联网作为新技术时代下的信息产物，在其漫长的演化与发展过程中不断对自身进行完善。在现有网络概念的基础上，可将其客户端延伸和扩展到任何物品与物品之间，进行信息交换和通信，从而更好地进行"物与物"之间信息的直接交互。利用物联网技术建立高效综合的智慧供应链服务平台，对平台各子系统及相关系统中的信息资源，按一定的规范标准完成多源异构数据的接入、存储、处理、交换、共享等，可实现供应链各环节物流信息的高效共享，为物流企业和客户提供应用服务。基于物联网的智慧供应链服务平台总体架构如图 9-2 所示。

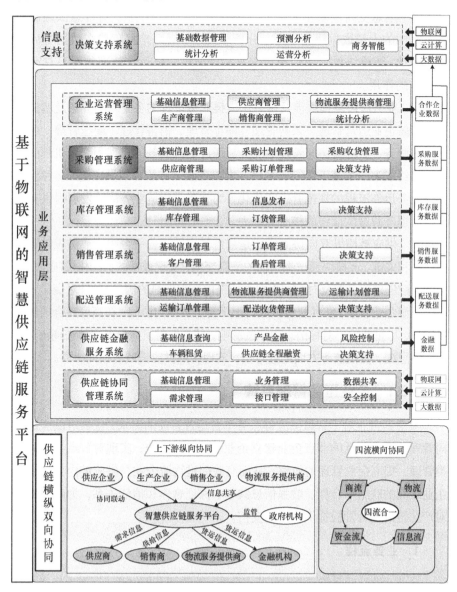

图 9-2　基于物联网的智慧供应链服务平台总体架构

如图 9-2 所示，基于物联网的智慧供应链服务平台由信息支持、业务应用层、供应链横纵双向协同三大模块构成，可以解决供应链各节点间信息流动不及时、不全面、不准确等问题，同时有效保证链条上各节点间关系的平衡与协调。

（1）信息支持模块主要依靠物联网等新兴信息技术，对智慧供应链协同过程中的大量数据进行汇总、分析和处理，进而挖掘隐藏在数据背后的潜在规律。该模块对企业的决策水平和智慧供应链运作效率的提高具有举足轻重的作用。

（2）业务应用层模块涉及智慧供应链服务平台的多个基础业务及增值业务，涵盖企业运营管理、采购管理、库存管理、销售管理、配送管理、供应链金融服务、供应链协同管理等业务。通过这些业务的实现和配套机制的运转，最终成为一个基于银行、客户、物流企业三方的智慧供应链服务平台，实现业务运作流程的规范管理和优化，为智慧供应链业务战略发展提供有力支持，提升智慧供应链的核心竞争力。

（3）供应链横纵双向协同模块是智慧供应链服务平台中企业供应链管理的核心和关键。该模块通过物与物的信息交换，实现数据的自动化控制，帮助智慧供应链内部企业及时掌握来自供应链内部和外部的信息，并针对变化随时与上下游企业联系，实现智慧供应链上下游企业纵向协同；在高度整合的信息机制下，尽量消除不对称信息因子的影响，使得智慧供应链各主体在商流、物流、信息流、资金流等方面无缝对接，实现智慧供应链四流横向协同。

9.3.1　企业运营管理系统

考虑到企业对于智慧供应链服务平台运营管理的需求，应针对供应链协同管理体系中涉及的节点企业建立企业运营管理系统，实现对节点企业的分类管理，提高企业管理的效率，从而有效促进物流企业与供应链内部各节点企业之间的联结与合作、增强信息共享、保证合作和信任关系，为政府部门对产业链的综合管控提供有力的支持。

1．业务流程

企业运营管理系统需要对各节点企业、物流服务提供商、下游市场客户及其相关业务进行综合管理，同时结合客户反馈的信息进行客户分析及信用评价，并对各种基础信息进行统计分析。企业运营管理系统业务流程如图 9-3 所示。

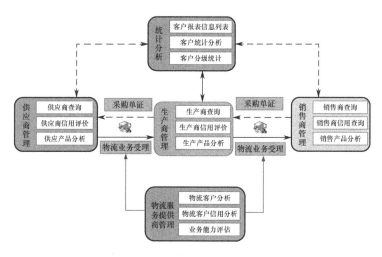

图 9-3 企业运营管理系统业务流程

如图 9-3 所示，智慧供应链中的合作企业主要包括供应商、生产商、销售商和物流服务提供商，这四者之间相互存在业务联系。采购单证由下游发往上游，即由销售商向生产商发送采购请求，生产商向供应商发送采购请求；物流业务由上游发至下游，即由供应商输送原材料至生产商，生产商输送产品至销售商，由物流服务提供商支持物流业务。

2. 数据流程

根据供应链各节点企业运营管理业务内容，结合数据信息在企业运营管理各子系统间的流动情况建立系统数据库，收集和录入供应商、生产商、销售商和物流服务提供商的相关信息，并通过加工处理形成最终数据。企业运营管理系统数据流程如图 9-4 所示。

如图 9-4 所示，企业运营管理系统数据流程以供应链上企业运营管理数据库为核心，从生产商管理、供应商管理、销售商管理、物流服务提供商管理四个子系统提取客户信息、生产产品信息、信用评价信息等基础数据，并以此为基础实现各企业相关数据的统计分析。

3. 系统总体结构

根据供应链上各企业运营管理业务需求，结合供应商、生产商、销售商、物流服务提供商四类合作企业提供的服务需求，基于物联网技术建立企业运营管理系统，对不同的合作企业进行运营管理，从而提高客户管理的效率。

企业运营管理系统包括基础信息管理、供应商管理、生产商管理、销售商管理、物流服务提供商管理、决策支持六个子系统。企业运营管理系统总体结构如图 9-5 所示。

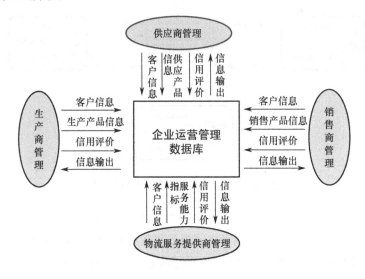

图 9-4　企业运营管理系统数据流程

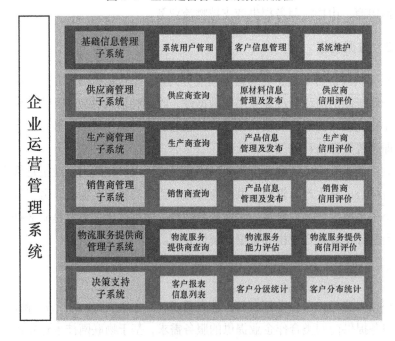

图 9-5　企业运营管理系统总体结构

如图 9-5 所示，结合系统用户及供应链体系相关客户的使用需求和管理需求，进行企业运营管理系统设计。基础信息管理子系统主要对系统用户和相关客户的信息进行收集、管理，为系统的正常运转提供基础信息支持。供应商管理子系统、生产商管理子系统、销售商管理子系统、物流服务提供商管理子系统主要实现对客户信息的查询，并结合各类客户的需求设计相应的功能模块。决策支持子系统主要实现多角度的分析，并生成相应报表和统计图，从而为管理人员的决策提供数据支持。

9.3.2 采购管理系统

考虑到基于物联网的供应链服务平台建设对于采购管理的智能化需求，针对供应链协同管理体系中涉及的用户，建立智慧采购服务系统；综合运用传统物流信息化技术，以及物联网、大数据、云计算等新兴信息技术，对采购物流和资金流的全部过程进行有效的双向控制和跟踪，完善物资供应信息管理，实现对采购业务全过程有效的控制和跟踪。

1．业务流程

完整的采购流程应由采购计划、采购申请、供应商选择、适宜价格的决定、合同订单、订单跟踪与进货控制、检验货物与入库、划拨款项、退货处理、结案和档案维护等环节组成，涉及生产部门、库存部门、采购部门、审核部门、财务部门等多个业务部门。采购管理系统业务流程如图 9-6 所示。

1）采购计划、采购申请

采购部门根据库存部门提供的库存单和生产部门提供的外购清单，制订采购计划。采购计划应交予审核部门审核，若审核通过，采购部门则可提出采购申请，采购申请通过后形成申请订单，进行下一步的供应商选择。若审核未通过，则返还采购部门并重新调整。

2）供应商选择

在选择和确认供应商时一般要考虑三个要素：价格、质量和交货期。基于供应商对企业的重要影响，建立和发展与供应商的关系是经营战略的重要部分，尤其在 JIT 生产方式下，供应商的选择对合作关系的稳定性和可靠性提出了更高的要求。

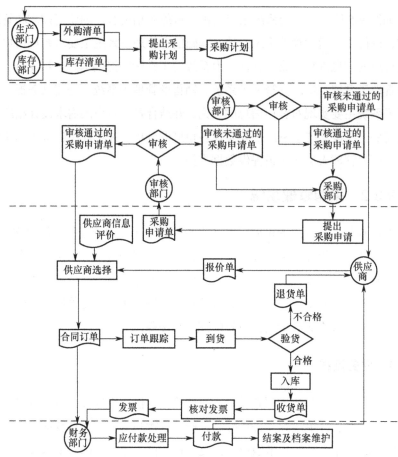

图 9-6　采购管理系统业务流程

3）适宜价格的决定

在选定供应商之后即可进行价格谈判，通常，在供应链协同环境下，供应商的供货价格比较稳定。

4）合同订单

合同订单即办理订货签约手续。订单或合约均具有法律效力，对买卖双方的要求及权利义务必须予以列明。

5）订单跟踪与进货控制

采购部门有责任督促供应商按时交货。采购员不仅要监督采购过程，确保按时交货，还要及时发现采购过程中出现的问题并采取措施。此外，采购部门还负责在送货要求改变时与供应商进行协商。

6）检验货物与入库

到货后，采购员要督促有关人员验货、入库，以确保收到货物的质量、数量与订购要求相符，必要时应确定货物的破损情况。之后，通知财务部门进行货款结算。

7）划拨款项

财务部门对采购订单、收货单和发票进行核对并支付货款。供应商交货验收合格后，随即开具发票；在付款前，应先经采购部门核对，确认发票的内容无误，再由财务部门办理付款手续。

2．数据流程

在系统业务流程分析的基础上，根据智慧供应链各节点相关采购业务内容，从数据流动角度考察采购业务的数据处理模式。结合数据信息在各采购服务子系统间的流动情况，采购管理系统数据流程如图 9-7 所示。

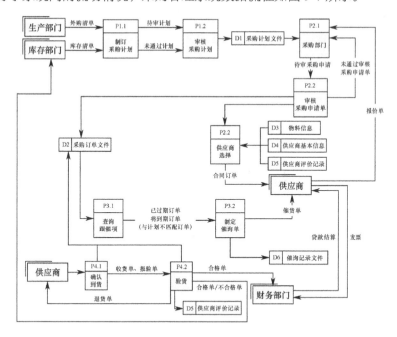

图 9-7　采购管理系统数据流程

如图 9-7 所示，P 表示采购数据处理相关部门，D 表示采购数据信息。根据库存部门发来的库存清单和生产部门提供的外购清单，制订采购计划。采购计划交予审核部门审核，审核通过的采购计划记入采购计划文件，

未通过的采购计划退回。

根据采购计划所需物料，进行供应商选择，生成采购订单。首先根据物料信息中各供应商报价信息制定报价表，并参照供应商评价记录择优选择，然后根据供应商基本信息确认联系方式等，生成采购订单，将订单送至审核部门，审核通过则生成最终采购订单合同，同时采购订单文件存档，合同交供应商一份。

供应商发货，收货人核对并修改采购订单文件和到货数量，出具报验单通知检验部门检验货物。然后，将检验结果录入供应商评价记录（不合格品记录），若有不合格品需要退回，则修改采购订单文件和到货数量。将合格单、不合格单交给库存部门做入库处理，退货单发至供应商。

财务部门根据合格单为供应商进行货款结算，同时核对供应商开具的发票。

3．系统总体结构

根据智慧供应链的管理业务需求，结合供应商、生产商、物流服务提供商三类客户的服务需求，建立采购管理系统，共享需求供给信息，对采购流程相关业务进行管理，从而提高采购服务的效率，降低采购成本。采购管理系统包括基础信息管理、供应商管理、采购计划管理、采购订单管理、采购收货管理、决策支持六个子系统。采购管理系统总体结构如图9-8所示。

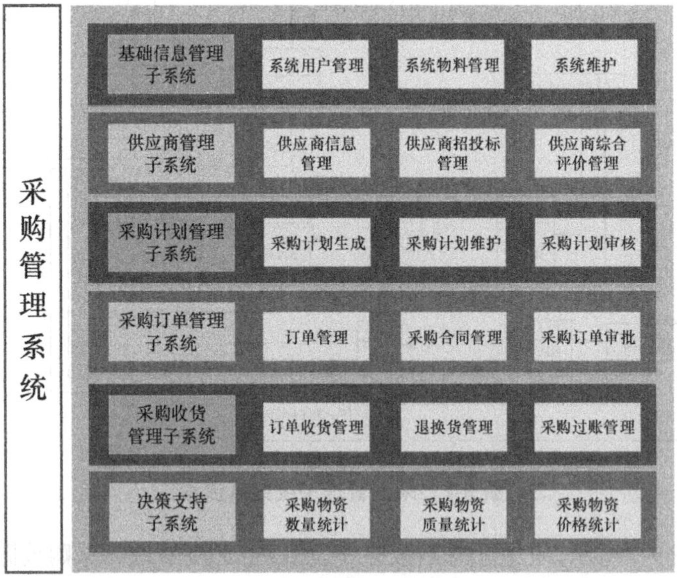

采购管理系统	基础信息管理子系统	系统用户管理	系统物料管理	系统维护
	供应商管理子系统	供应商信息管理	供应商招投标管理	供应商综合评价管理
	采购计划管理子系统	采购计划生成	采购计划维护	采购计划审核
	采购订单管理子系统	订单管理	采购合同管理	采购订单审批
	采购收货管理子系统	订单收货管理	退换货管理	采购过账管理
	决策支持子系统	采购物资数量统计	采购物资质量统计	采购物资价格统计

图 9-8　采购管理系统总体结构

如图 9-8 所示,结合系统用户及供应链体系相关用户的使用和管理需求,进行采购管理系统设计。基础信息管理子系统主要对系统用户和系统物料的信息进行管理,同时为系统的正常运转提供维护支持。供应商管理子系统根据业务需求对核心供应商和招投标供应商进行相应的管理。采购计划管理子系统、采购订单管理子系统、采购收货管理子系统主要对采购具体流程进行管理,并结合各类用户的管理需求设计相应的功能模块。决策支持子系统主要实现对采购过程的多角度分析,并生成相应报表和统计图,从而为管理人员制定决策提供数据支持。

9.3.3　库存管理系统

运用现代的信息技术和计算机技术,整合整个供应链库存管理的实际需求,建立库存管理系统,对库存信息进行系统化的采集、加工、传送、存储和交换;并根据客户需求提供相应的信息,达到整个供应链库存可视化、信息化管理,为供应链上相关客户提供信息沟通宏观决策支持,通过子系统之间的协同互补,实现库存管理的目标。

通过库存管理系统整合供应链上企业库存,并对其进行统一管理,运用数据挖掘技术和物联网技术实时采集供应链各节点企业的库存信息,实时发布有关的决策信息及库存调整信息,为库存控制及管理提供信息化技术手段和高效率管理平台。

1．业务流程

库存管理主要包括存货管理、在库管理和订货管理等管理业务,涉及生产部门、采购部门、仓储部门、财务部门等多个部门。库存管理系统业务流程如图 9-9 所示。

如图 9-9 所示,多级库存管理是存货管理的核心,智慧供应链的多级库存是指某一节点企业现有的库存,加上转移到或正在转移给后续节点企业的库存。对于多级库存管理,主要通过信息共享的方式,根据整个供应链的库存成本最优化原则,制定库存控制策略。在库管理主要面向货位安排、货位堆码、保管维护及货物盘点等业务。订货管理包括调拨移库、安全库存、动态响应、订货提醒四项主要业务。其中,调拨移库主要为了满足市场需要,在不同仓库之间调配货物;安全库存的设置可以保证库存在一个合理区间

内，避免存储过多造成仓储成本的增加；同时，在货物达到安全库存时，仓储部门通过信息平台向采购部门发出补货需求，及时补货。

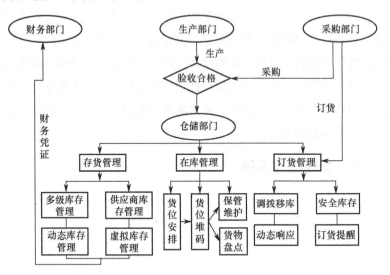

图 9-9 库存管理系统业务流程

2. 数据流程

根据供应链各节点企业相关库存业务内容，从数据流动角度来考察实际库存业务的数据处理模式。结合数据信息在库存服务各子系统间的流动情况，库存管理系统数据流程如图 9-10 所示。

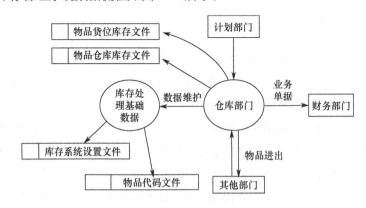

图 9-10 库存管理系统数据流程

如图 9-10 所示，数据从各计划部门向仓库部门流动，仓库部门根据所传递的数据信息对库存物资进行合理安排，并定期对库存处理基础数据进行维护。同时，要根据业务部门的需要处理库存，及时更新系统平台中的物品仓库和物品货位信息。此外，供应链各节点企业能够分权限查询库存信息，达到订货点时，由仓库部门通过平台向采购部门和生产部门发出补货通知，进行补货。

3．系统总体结构

库存管理系统的子系统包括基础信息管理子系统、库存管理子系统、订货管理子系统、信息发布子系统、决策支持子系统。库存管理系统总体结构如图 9-11 所示。

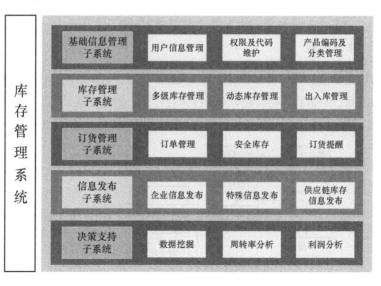

图 9-11　库存管理系统总体结构

如图 9-11 所示，库存管理系统运用以物联网为主的现代信息技术，整合整个供应链节点企业的仓储需求和库存管理需求，实现整个供应链上库存信息的高效传递与共享。同时，为了实现供应链库存管理一体化，使库存信息在供应链上各用户之间自由流通共享，利用库存服务信息系统对整个供应链上所有企业的库存进行整合管理，使商品从原材料到用户手中所经过的流程最短、费用最低，提高供应链的整体效益；最终减少生产准备次数、克服原料交货时间的波动、增强生产计划柔性。

9.3.4　销售管理系统

为提高供应链各节点企业的销售水平，通过大数据技术、信息传输与处理技术，实现各节点企业销售部门对供应链产品需求信息和交易信息的实时掌握与跟踪。通过建立销售管理系统，对销售数据进行统计和分析，为销售提供可靠的信息支持，并通过子系统之间的协同互补，达到优化销售服务的目标。

同时，从整个智慧供应链服务平台建设角度出发建设销售管理系统，实现销售信息在供应链上各用户之间的共享，并通过数据挖掘技术使平台上各用户实时掌握和跟踪其产品的动态信息，形成快速响应机制，提高整个供应链销售管理水平。

1．业务流程

供应链涉及的销售管理主要包括相关客户管理、订单管理和售后管理，涵盖了供应商、经销商、物流商等业务往来合作方。销售管理系统集成并优化了整个供应链中多个部门的业务流程模块。销售管理系统业务流程如图 9-12 所示。

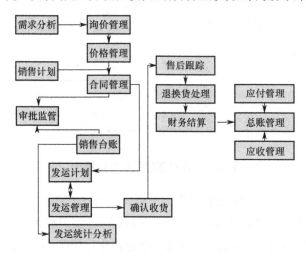

图 9-12　销售管理系统业务流程

如图 9-12 所示，统计分析人员通过多种数据分析手段对潜在客户的需求进行分析，得出需求分析报告，各供应链节点企业销售人员可以查询相应结果。待客户询价或者主动报价后，结合销售计划和市场供需行情制定合理价格，进行商务谈判；谈判达成一致后，签订合同，进行审批，系统自动录入合同台账。同时，按照合同规定的发运条款，与中标物流商制订发运计划，保证准时发运。客户确认收货后，进行售后跟踪，如有退换货则及时处理；若产品验收合格，则根据财务账期进行收付款操作。

2. 数据流程

根据供应链各客户的相关销售业务内容，从数据流动角度来考察实际销售业务数据处理模式。结合数据信息在销售服务各子系统间的流动情况，销售管理系统数据流程如图 9-13 所示。

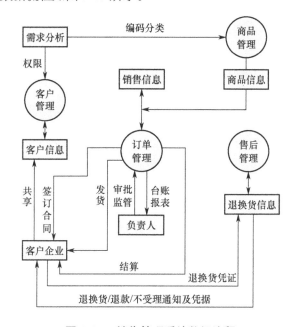

图 9-13　销售管理系统数据流程

如图 9-13 所示，销售管理系统数据流程主要围绕客户管理、订单管理、商品管理和售后管理展开，销售服务系统管理人员向各供应链节点客户销售部门分配权限，对销售产品进行统一编码并及时更新产品信息和销售信息。客户通过销售服务系统可以查询供应链上下游企业的供给和需求情况，通过系统提供的供求数据分析报告，为销售决策提供数据支持。在售后管理数据流程方面，系统将线下的退换货凭证单据信息反馈到智慧销售服务系统，形成线上数据信息。

3. 系统总体结构

销售管理系统包括基础信息管理子系统、客户管理子系统、订单管理子系统、售后管理子系统、决策支持子系统这五个子系统。销售管理系统总体结构如图 9-14 所示。

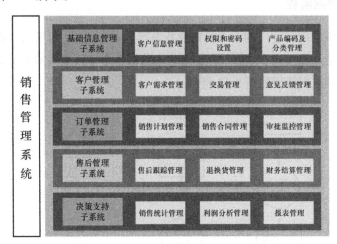

图 9-14　销售管理系统总体结构

如图 9-14 所示，销售管理系统采用系统集成技术实现各子系统协同运作，基础信息管理子系统通过客户信息管理、权限和密码设置、产品编码及分类管理对交易基础信息进行有效规范。客户管理子系统通过对客户需求的分析，敏锐捕捉客户的核心需求，提高企业的经济效益。订单管理子系统将销售计划和销售合同关联起来，通过计划指导销售合同的完成，并规范对合同签订和执行环节的监管。售后管理子系统通过售后跟踪、退换货管理等模块，提升客户满意度。决策支持子系统则通过数据挖掘技术和云计算技术，对销售数据进行分析，为决策提供依据。

9.3.5　配送管理系统

在整个物流活动中，配送是与客户直接接触的重要环节。通过配送将货物在规定的时间内运输至客户是物流的最终目标，因此配送服务是评价物流满意度的决定性因素。但在物流供应链中，部分节点企业缺少系统分析的能力及必要的基础数据支持，导致在配送信息管理方面存在很多不足。考虑到配送服务的智能化需求，针对配送业务中涉及的客户，建立配送管理系统，通过应用物联网等信息技术，对配送途中物流、信息流和资金流的全部过程进行追踪，实现配送业务全过程的智能化管理。

1．业务流程

通过基于物联网的智慧供应链服务平台构架，针对物流运输配送的各个业务模块进行管理和监督，实现企业在配送环节的智能化操作，提升业务管理能力，具体包含订单管理、运输计划制订、运输方案执行、财务结算等业务环节。配送管理系统业务流程如图 9-15 所示。

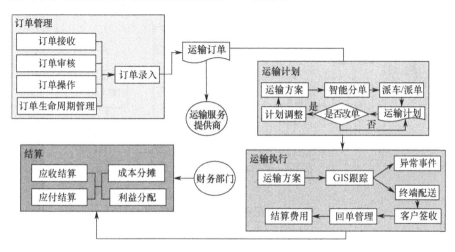

图 9-15　配送管理系统业务流程

如图 9-15 所示，对于配送服务的管理，主要通过信息共享的方式，根据物流需求商的运输要求，针对运输订单制订合理的运输计划，对于运输过程中的突发情况做出及时响应，最终完成整个配送服务。订单管理主要指订单录入，包括订单接收、订单审核、订单操作、订单生命周期管理等业务。运输计划制订包括制订运输方案、智能分单、派车/派单、形成运输计划。如果物流需求商临时改单，则调整运输计划，再次制订合适的运输方案。运输方案执行包括 GIS 跟踪、异常事件处理、终端配送、客户签收、回单管理、结算费用等业务。财务结算包括应收结算、应付结算、成本分摊、利益分配。

2．数据流程

根据供应链相关主体的相关配送业务内容，从数据流动角度来考察实际

配送业务数据处理模式。分析数据信息在配送服务各子系统间的流动情况，得到配送管理系统数据流程，如图9-16所示。

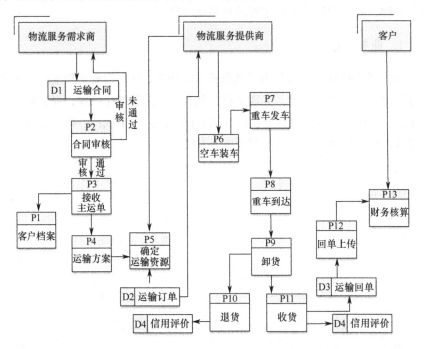

图 9-16　配送管理系统数据流程

根据物流服务需求商发来的运输合同，制订运输方案。运输合同交予审核部门审核，针对审核通过的运输合同制订相应的运输方案，建立客户档案；未通过的运输合同予以退回。

根据运输方案所需运输资源，进行物流服务提供商选择，生成运输订单。首先，根据运输合同中的运输需求，参照物流服务提供商评价记录择优选择；然后，根据物流服务提供商基本信息确认联系方式等，生成运输订单。

根据运输订单，物流服务提供商承包具体的运输任务。物流服务提供商派车/派单，空车到达货物地址，进行空车装车、重车发车、重车到达、卸货。客户验货收货后，运输任务结束，生成运输回单。

财务部门根据运输回单进行相应货款结算。

3．系统总体结构

基于物联网的智慧供应链服务平台配送管理系统包括基础信息管理子

系统、物流服务提供商管理子系统、运输计划管理子系统、运输订单管理子
系统、配送收货管理子系统、决策支持子系统共六个子系统。配送管理系统
总体结构如图 9-17 所示。

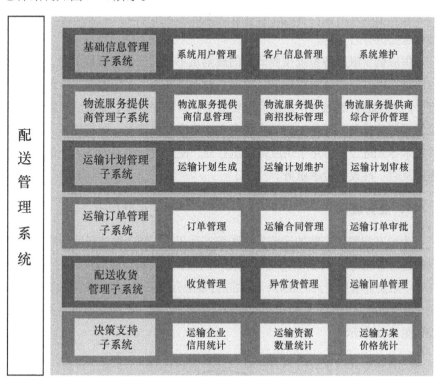

图 9-17　配送管理系统总体结构

　　如图 9-17 所示，结合系统用户及配送业务相关客户的使用和管理需
求，进行配送管理系统设计。基础信息管理子系统主要对系统用户和客
户信息进行管理，同时为系统的正常运转提供支持。物流服务提供商管
理子系统根据业务需求对其核心信息进行相应的管理，包括物流服务提
供商的信息管理、招投标管理、综合评价管理。运输计划管理子系统、
运输订单管理子系统、配送收货管理子系统主要实现对配送具体流程的
管理，并结合各类客户的管理需求设计相应的功能模块。决策支持子系
统主要实现对配送过程多个运输计划的量化分析，从而为管理人员制定
决策提供数据支持。

9.3.6 供应链金融服务系统

针对部分物流服务行业的供应链客户融资成本高、融资难等现状，建立供应链金融服务系统，为供应链各客户提供相关金融服务，为避免、解决金融难题提供有力支持。

供应链金融服务系统按照既定的规则从不同的子系统提取信息，在平台内部对共用供应链金融数据进行挖掘、处理和整合，保证物流、商流、资金流、信息流的有效融合；为提高运转效率，将融资管理、金融质押监管、风险管理等功能集于一体；把信息技术、计算机处理技术、网络技术、数据通信技术等先进技术应用于供应链物流行业，使金融机构能为各生产销售企业提供及时、高效的金融服务。

1. 业务流程

为提高智慧供应链的运营效率和资产利用率，结合物流行业所服务的客户的运营管理周期特点，针对运营过程中的资金缺口特点和借款人在不同贸易环节中融资需求风险点的差异，将供应链金融分为三类：代收货款融资服务模式、动产质押融资模式和替代采购融资服务模式。供应链金融服务系统业务流程如图 9-18 所示。

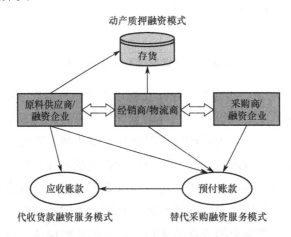

图 9-18　供应链金融服务系统业务流程

1）采购阶段的供应链金融——代收货款服务融资模式

代收货款服务融资模式指物流企业在采购阶段替采购商承运货物时预

付一定比例的货款给供应商（生产商），并且按约定取得货物的运输代理权；同时，代理供应商收取货款，采购商在提货时一次性将货款付给物流企业的服务模式。代收货款服务融资模式业务流程如图 9-19 所示。

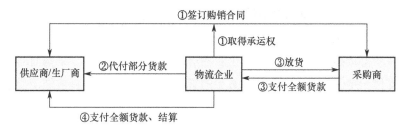

图 9-19　代收货款服务融资模式业务流程

如图 9-19 所示，物流企业依照供应商和采购商签订的购销合同，取得货物承运权，物流企业为采购商预付一定比例货款，获得货物所有权。采购商支付物流企业所有货款并取得货物，物流企业在一定的期限后将剩余货款扣除服务费后支付给供应商。在代收货款服务融资模式下，物流企业除获得货物运输等传统的物流环节收益外，还因延迟支付获得了一笔无息资金，可利用这笔资金获取额外的资本收益。

2）库存阶段的供应链金融——动产质押融资模式

动产质押融资模式指融资企业以其库存为质押，并以该库存及其产生的收入作为第一还款来源的融资业务。在这种融资模式下，金融机构会与融资企业签订担保合同或质押物回购协议。动产质押融资模式业务流程如图 9-20 所示。

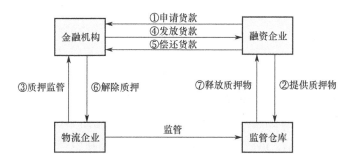

图 9-20　动产质押融资模式业务流程

如图 9-20 所示，融资企业在申请动产质押融资时，需要将合法拥有的货物交付给银行认定的仓储监管方，只转移货权不转移所有权。在发货以后，

银行根据物品的具体情况按一定比例为其融资。当提货人向银行支付货款后，银行向物流企业发出放货指示，将货权交给提货人。如果提货人不能在规定的时间内向银行偿还货款，银行可以在国内、国际市场上拍卖手中的货物。

3）销售阶段的供应链金融——替代销售服务融资模式

替代销售服务融资模式指物流企业代替供应商（生产商）向采购商销售货物并获得货物的所有权，物流企业将货物运输到指定仓库，采购商向物流企业支付一定保证金后获取相应数量的货物，直至全部货物释放结清货款的服务模式。替代销售服务融资模式业务流程如图 9-21 所示。

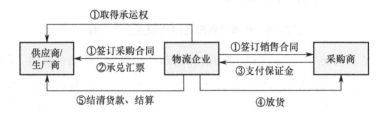

图 9-21　替代销售服务融资模式业务流程

如图 9-21 所示，物流企业按约定代替供应商向采购商销售货物，与供应商签订采购合同，与采购商签订销售合同，并获得货物所有权。物流企业需要向供应商支付货款，一般以商业承兑汇票形式支付；采购商需要向物流企业缴纳一定保证金，而物流企业则需要向采购商释放相应数量的货物并与其结清货款。替代销售服务融资模式使物流企业获得货物运输、仓储和流通加工等业务收入；同时，还可通过货物差价等形式获得资本收益。通过替代销售可以加强供应链企业间的合作，稳定客户来源。

2．数据流程

根据供应链各节点用户相关金融业务内容，从数据流动角度来考察实际供应链金融业务数据处理模式，分析数据信息在供应链金融服务各子系统间的流动情况，得到供应链金融服务系统数据流程，如图 9-22 所示。

如图 9-22 所示，供应链金融服务系统数据主要在生产商/供应商、物流商、经销商、最终用户、银行之间流动，通过实际业务中的数据流动，实现票据管理、货后管理、放款管理、保证金管理等功能；最终，通过信息平台将所有数据汇总到处理中心，提供给供应链各节点用户使用。

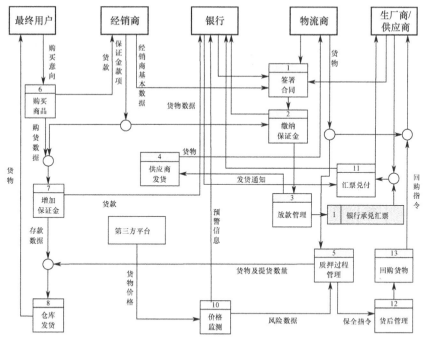

图 9-22　供应链金融服务系统数据流程

3．系统总体结构

基于对供应链金融服务业务流程的分析，结合供应链用户的金融业务现状，设计供应链金融服务系统，包括基础信息查询子系统、车辆杠杆租赁子系统、产品金融子系统、供应链全程融资子系统、风险控制子系统、决策支持子系统共六个子系统。供应链金融服务系统总体结构如图 9-23 所示。

如图 9-23 所示，供应链金融服务系统以物流为核心，主要依托供应链上库存、应收账款、预付账款等丰富的担保资源，进行物流、资金流和信息流的整合运作。该系统可以解决供应链各节点用户融资难问题，具有广阔的发展空间。供应链金融服务系统是一个跨行业的业务信息平台，这一平台涵盖业务营销、物流全程监控、调度与优化、数据收集处理、风险识别、评估与控制及结算支持等功能。通过这些功能和配套的运行机制，最终形成一个基于银行、客户、物流企业三方的管理信息平台，实现对供应链金融业务战略发展的支持，帮助规范管理和优化业务运作流程，简化财务结算流程，降低融资成本，提升供应链核心竞争力。

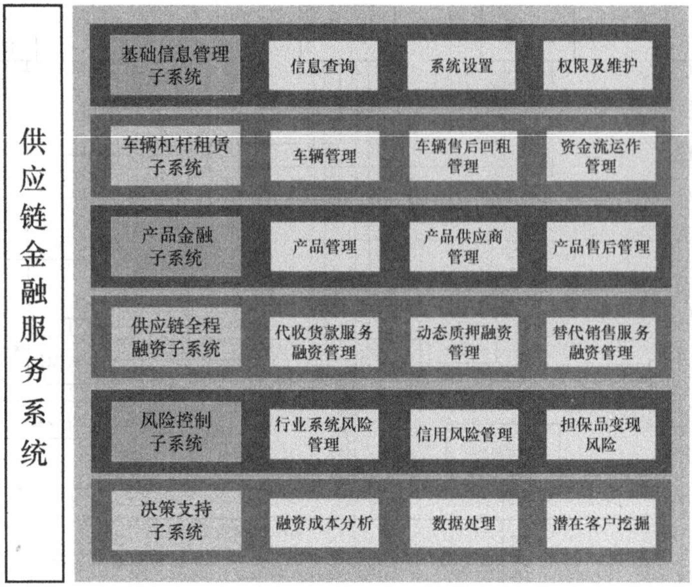

供应链金融服务系统	基础信息管理子系统	信息查询	系统设置	权限及维护
	车辆杠杆租赁子系统	车辆管理	车辆售后回租管理	资金流运作管理
	产品金融子系统	产品管理	产品供应商管理	产品售后管理
	供应链全程融资子系统	代收货款服务融资管理	动态质押融资管理	替代销售服务融资管理
	风险控制子系统	行业系统风险管理	信用风险管理	担保品变现风险
	决策支持子系统	融资成本分析	数据处理	潜在客户挖掘

图 9-23　供应链金融服务系统总体结构

9.3.7　供应链协同管理系统

供应链系统业务协同程度越高,所能实现的功能和效应就越大。在一般的供应链系统中,各核心企业分散在各地和各环节,各自优势、增值价值和发展目标难以协调统一。但是,供应链协同管理系统的建立可对各节点用户间业务协作进行管理,通过明确系统中各角色身份,制定统一的标准和策略,确定协同管理模式和具体内容,达到核心客户业务间信息协同管理的目的。

构建供应链协同管理系统能够将分散在各地的、具有特定优势的独立企业联合起来,联动资源提供、研究开发、生产加工、物流服务和市场营销等不同增值环节,实现企业间的业务协作管理,充分发挥智慧供应链系统中各节点企业的优势。

1．业务流程

供应链协同管理系统本质上是一个咨询决策机构,能够为多条产业链上各参与方提供最优的供应链解决方案,提出共同的战略策略。供应链协同管理系统的主要业务内容是整合各方信息,进行协调规划,使产业链上各节点用户实现信息共享和多方面协同,包括用户协同、需求管理、业务管理、接口管理、数据共享。供应链协同管理系统业务流程如图 9-24 所示。

如图 9-24 所示，协同管理智慧供应链上的各类客户，确定统一价值目标，制定共同的联盟战略。供应商、生产商、销售商、物流商共同进行需求预测，确定统一协调的需求、生产、采购、库存、销售、物流运输计划。在此基础上，通过接口匹配及安全管理，获得数据并进行智能处理，助力供应链上各客户共享库存信息并向外界市场反馈信息。企业内外部客户利用平台相互交流，参与企业业务流程优化，实现供应链网络中信息和流程的全面集成。

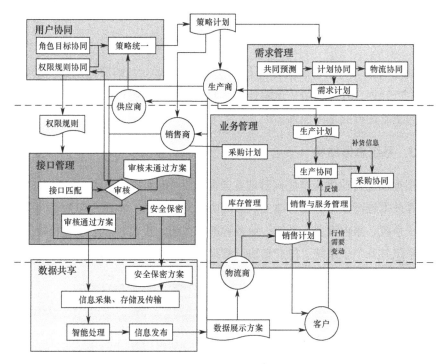

图 9-24　供应链协同管理系统业务流程

2．数据流程

通过分析和整理物流行业智慧供应链的协同管理业务，结合数据信息在供应链协同管理系统的各子系统间的流动情况，分析数据在供应商、生产商、销售商、物流商和客户之间的协同工作流程。供应链协同管理系统数据流程如图 9-25 所示。

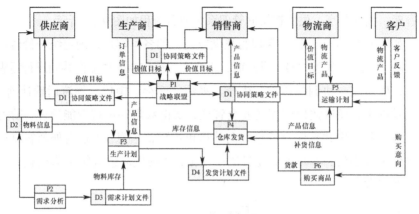

图 9-25　供应链协同管理系统数据流程

如图 9-25 所示,智慧供应链上各用户之间主要对战略联盟制定、需求分析、生产计划、仓库发货、运输计划、购买商品等业务行为进行协同管理,以此为基础进行数据的流通。

3. 系统总体结构

根据物流行业供应链协同管理业务需求,利用大数据技术、物联网技术、云计算技术进行数据分析,建立供应链协同管理系统。本系统包括基础数据管理子系统、需求管理子系统、业务管理子系统、接口管理子系统和数据共享子系统共五个子系统。供应链协同管理系统总体结构如图 9-26 所示。

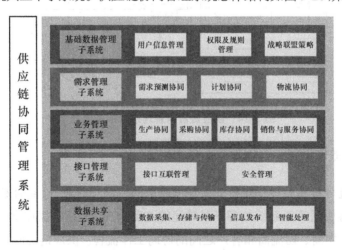

图 9-26　供应链协同管理系统总体结构

如图 9-26 所示，结合供应链体系的数据需求和使用情况，进行供应链协同管理系统设计。基础数据管理子系统进行基础数据的设置，协同必要战略联盟策略；需求管理子系统能够实现需求管理信息化、标准化、一体化的目标；业务管理子系统实现产品的生产、采购、库存、销售与服务一系列业务的协同运作；接口管理子系统通过系统内接口互联，实现信息共享和传输数据的安全及保密；数据共享子系统加强各供应链节点客户之间的协同管理、数据信息共享，提高整条智慧供应链的灵活性。

9.3.8　决策支持系统

供应链上各企业和客户业务运营过程存在大量需要汇总、分析和处理的数据信息，必须采用物联网等新兴信息技术来挖掘数据背后的潜在规律，这对公司的决策水平和运作效率的提高具有举足轻重的作用。

应针对智慧供应链服务平台应用需要，建立决策支持系统。应在大数据背景下，运用物联网、云计算等先进技术，实现数据采集、数据处理、数据分析与挖掘等功能，对海量的数据进行采集、存储和分析，挖掘有用的信息，为智慧供应链服务平台上各用户的经营管理人员提供智能化的决策支持。

1. 业务流程

决策支持系统实际上就是从数据库中对产业链相关业务数据进行提取与转换，并结合物联网技术，通过对数据进行统计与分析，实现对业务报表的展示、业务现状的分析、业务运营质量的评估及业务发展趋势的预测，从而为管理人员提供决策支持。决策支持系统业务流程如图 9-27 所示。

如图 9-27 所示，决策支持系统通过对产业链上基础数据的提取和转换，生成预测模型并进行历史数据的管理，对采集到的数据进行统计与分析；利用数据挖掘等技术，开展多维分析、随机查询、展示与业务评估等业务，为信息可视化、商务信息可视化、运输路线等提供决策支持。

2. 数据流程

结合数据在各产业链中的分类，通过建立决策支持系统将各系统提供的信息进行汇集、提取、整合、共享，并利用加工处理形成支持决策的最终数据。决策支持系统数据流程如图 9-28 所示。

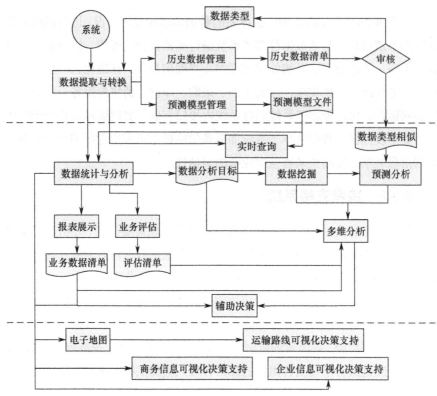

图 9-27　决策支持系统业务流程

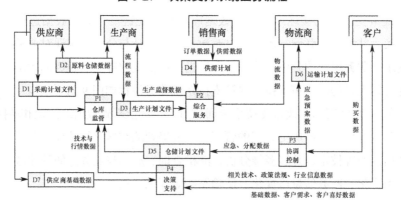

图 9-28　决策支持系统数据流程

　　如图 9-28 所示，根据各企业的智慧供应链管理业务需求，按照智慧供应链中各用户的角色划分，从供应商、生产商、销售商、物流商和客户几方面明确数据来源，通过对数据仓库的初步分析和预处理，从仓库监管、综合服务、协调控制和决策支持四大主要业务方面确定决策支持系统的数据流程。

3. 系统总体架构

根据物流企业的供应链管理业务需求，结合数据挖掘技术与物联网等数据处理技术，提取、汇集、整合、共享各业务系统的数据，设计决策支持系统。该系统包括基础数据管理子系统、统计分析子系统、预测分析子系统、运营分析子系统和商务智能子系统。决策支持系统总体结构如图 9-29 所示。

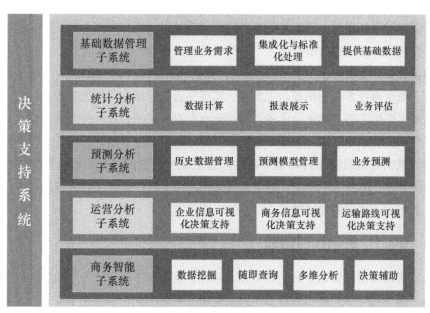

图 9-29　决策支持系统总体结构

决策支持系统获取的数据来源于企业运营管理系统、采购管理系统、库存管理系统、销售管理系统、供应链金融服务系统和供应链协同管理系统。基础数据管理子系统负责收集产业链中各企业的基础数据，对其进行集成化与标准化处理，并管理各企业的业务需求；统计分析子系统通过数据计算、报表展示和业务评估，开展对整个供应链的统计分析工作；预测分析子系统通过对历史数据和预测模型的管理，开展业务预测工作；运营分析子系统主要为产业链中各企业提供相关的可视化决策支持；商务智能子系统主要利用物联网等先进技术进行数据挖掘、随即查询、多维分析和决策辅助。

9.4 基于物联网的智慧供应链服务平台技术应用

随着信息技术与物流企业的飞速发展，为了满足物流企业持续增长的信息化需求，运用物联网技术构建智慧供应链服务平台，为供应链上下游物流企业相关部门的信息共享、自动化、高效化管理、智能化决策等提供数据支持和信息服务。

基于物联网的智慧供应链服务平台技术应用指通过建立高效综合的智慧供应链服务平台，调动各智慧供应链子系统中的信息资源，按一定的规范标准完成多源异构数据的接入、存储、处理、交换、共享等功能，同时面向物流企业提供服务。

该平台技术应用的核心思想是，实现平台智能化、可视化的管理，从而高效实现供应链上物流企业各部门间信息共享，完成多源异构数据的整合与集成，实现平台下信息数据集成展示，简化物流业务流程，并在基于物联网的智慧供应链服务平台环境下对供应链上发生的物流过程进行全程监控与智能管理；同时为物流企业提供智能化的决策支持，最终使供应链形成一个智能化、一体化的发展模式。

9.4.1 货物实时感知

货物实时感知是平台运营的基本应用，主要内容包括业务现场信息的采集，在运营与维护过程中对工作人员管理、现场作业管理及安全监督等，保证货物信息被准确、及时地感知与采集，从而为基于物联网的智慧供应链服务平台提供实时有效的货物信息，使供应链上的物流企业能够及时、有效地获取货物相关信息，实现供应链的可视化管理，保障货物质量。

9.4.2 信息数据共享

为实现基于物联网的智慧供应链服务平台运营下货物信息数据共享，不仅需要设备供应商保证物联网设备配置正常运行，还需要电子运营商对物联网进行运营维护与管理，如基础数据的维护管理、货物信息质量的保障管理等，以此实现货物信息共享与数据交换的功能。同时，还需要平台运营的相关技术人员对网络信息进行综合化管理与处理，主要包括信息数据传输、信息数据处理、信息数据存储等，为平台各子系统之间的信息共享和交换提供标准、通信、技术等支持；在运营商管理与维护下，实现供应链物流企业各相关部门间的信息共享与数据交换，最终提高整条供应链智能化服务效率与水平。

9.4.3　信息集成展示

信息集成展示主要指运用物联网服务技术集成物流信息，实现数据的集成展示功能。在平台运营过程中，设备供应商负责对多功能集成展示设备和终端设备进行维护管理，保证集成展示功能及平台终端集成的实现。运营服务商主要对货物信息资源进行有效整合，并对货物信息数据的海量存储与计算提供有效的技术支持。

信息集成展示应用能够促进供应链物流企业间的协同运作，实现平台中信息的无缝连接及信息数据集成展示，企业通过客户端对集成信息进行综合查询与分析，为基于物联网的智慧供应链服务平台下企业的智能化应用提供数据支撑。

9.4.4　业务智能应用

在平台中实现业务智能应用，是基于物联网的智慧供应链服务平台运营的主要功能之一。在物流业务智能应用时，运营商主要负责对供应链业务流程进行监管，设备供应商负责业务管理系统的正常运行与故障维护等，为应用系统提供标准接口及面向服务的功能调用。

基于物联网的智慧供应链服务平台下的业务智能应用，能够有效改善供应链业务流程，实现供应链全程的动态控制，实时掌握货物运输状态，使供应链在基于物联网的智慧供应链服务平台中实现智能化、网络化、一体化的运营管理。

9.4.5　决策智能支持

基于物联网的智慧供应链服务平台能够为供应链上企业提供智能化的决策支持服务；通过企业决策系统对供应链上各业务信息进行分析，并通过客户关系的管理和基于物联网的智慧供应链服务平台的信息交互，完成客户与企业的连接；运用专家系统及数据挖掘技术为企业进行市场预测与统计分析，帮助企业实现智能诊断，辅助企业做出明智的运营决策，实现供应链上企业内部高效运营与管理，提高供应链的稳定性，增强各企业在行业中的核心竞争力。

9.4.6　规范企业标准

基于物联网的智慧供应链服务平台的运营能够为供应链上企业提供标准化的网络连接及各种信息标准化的格式，如数据交换集成应用标准、通信协议标准、数据接口标准等。运营商在基于物联网的智慧供应链服务平台运营环境下，规范相关标准，促使供应链上企业采用一致的相关信息标准与规范，从而保障供应链上企业信息化的安全，实现企业一体化管理。

9.5　基于物联网的智慧供应链服务平台安全解决方案

依赖网络信息系统和物联网等数字化技术，可进行基于物联网的智慧供应链服务平台的日常运营和商业交易。供应链上物流企业通过网络系统实现监测产能、了解产量、统计销量、核算利润、分析客户需求等商业活动，大大提高智慧供应链管理和运营效率。但是，在网络信息化和物联网等数字化技术为供应链竞争提供便利的同时，也伴随着网络空间安全隐患：黑客攻击、信息泄露、系统瘫痪、数据丢失等。这些安全隐患随时都可能对智慧供应链企业造成直接经济损失、社会信誉损失、核心技术损失、竞争力损失，甚至导致企业破产。因此，基于物联网的智慧供应链服务平台必须设计平台安全解决方案，提升供应链信息安全能力来应对潜在的网络信息安全风险威胁。

9.5.1　网络结构安全设计

通过在平台对内、对外区域中增加一个子网络，加强基于物联网的智慧供应链服务平台网络结构的安全设计。该子网络可以起到数据缓冲隔离作用。在此种安全结构设置的状态下，智慧供应链服务平台可以有机地划分为对内信息、对外服务、中间子网络三个区域。平台外部客户无法直接访问平台内部供应链的信息网络服务器，只能通过中间子网络来访问信息应用服务器，从而实现智慧供应链服务平台网络结构的安全设计。同理，智慧供应链内部网络用户也只能通过中间子网络访问智慧供应链服务平台供应链的信息应用服务器，进而对数据进行转储和管理。在该网络结构的安全设计状态下，入侵者只能到达信息应用服务器层面，无法对平台内部供应链的信息网络服务器进行破坏，可有效保护智慧供应链服务平台内网的重要数据。

9.5.2　设备安全管理设计

平台设备安全管理设计主要是针对网络设备的安全设计，其中包括：网络设备的软件版本的及时更新；所有路由器维护在本地进行；所有路由器的管理通过互联网安全协议（Internet Protocol Security，IPSEC）或使用一次性口令系统对路由器的访问进行控制；关闭路由器上不需要的服务，组织路由器接收带源路由标记的包，关闭路由器广播部的转发；路由器的 Login Banner 信息中不包括该路由器名字、型号、时间等详细信息，启动控制列表的日志功能；路由器开启日志功能；基于物联网的智慧供应链服务平台内部网络使用静态路由，对外服务在连接 IntPr-net 的接口上双向禁用 RJP 和开放最短路径优先（Open Shortest Path First，OSPF）动态路由协议；强化互联网控制报文协议（Internet Control Message Protocol，ICMP）、网际互联协议（Internet Protocol，IP）、传输控制协议（Transmission Control Protocol，TCP）的安全配置；在智慧供应链服务平台系统中根据不同的安全级别加强对计算机端口的设置。

9.5.3　多链路负载均衡设计

平台多链路负载均衡设计是指充分利用多个互联网连接通道，在网络出口部署技术成熟的链路负载均衡器。通过其强大的健康检查功能，实时检测不同链路的健康状态，将用户业务请求分发到最优的链路实现业务访问，为解决不同平台使用者之间互联互通问题及实现最佳访问效率提供有效的解决方案。在此基础上，为避免单点故障，保证在一台链路负载均衡器发生故障时物联网连接能够连续通畅，同时部署两台链路负载均衡器，实现设备冗余。

9.5.4　智能域名解析设计

平台智能域名解析设计是指使用多个互联网运营商链路，通过在链路负载均衡器部署智能域名解析功能，实现同一域名向不同运营商接入用户提供相对应的 IP 地址，链路负载均衡器根据静态列表及动态判断算法选择最优的线路，然后将域名解析成相应运营商线路的 IP 地址，保证平台外部用户在访问智慧供应链服务平台时在链路方面进行自动优化。

9.5.5　多级多平面交换架构设计

多级多平面交换架构设计是指通过具体的网络规划，实现业务数据的高效传输。按照不同的网络层次配置相应网络设备，划分相应的 IP 网络数据段。面向出口方向部署能够抵御网络攻击的网络安全设备，面向核心业务方向部署应用及数据服务器。同时，部署网络安全审计区部署各类审计设备。通过在网络核心环节上安装两台高度可靠、性能强大的高端核心交换机，实现上述网络结构设计及功能。两台核心交换机构成冗余备份。设计先进的多级多平面交换架构，支持 100 GB 以太网标准，提供持续的高带宽数据传输，充分满足无阻塞应用及未来发展需求。架构上采用独立的交换网板卡，控制引擎和交换网板硬件相互独立，最大限度地提高设备可靠性；同时，为日后设备的升级提供基础。

9.5.6　分层防御安全体系设计

平台的分层防御安全体系设计是指针对供应链上物流服务对信息传输的安全及快速要求，采用信息安全领域成熟的安全防护技术，构建分层防御安全体系框架，部署可有效抵御各类非法攻击的安全防范策略，保证智慧供应链服务平台业务系统的硬件、软件及其系统中的数据资源，得到完整、准确、连续运行和服务不受干扰破坏或非授权使用。智慧供应链服务平台对当前及可预见未来的各类安全威胁部署了全面的防御设施及策略，体现了多路冗余、分层防护的特点。在直接与物联网对接的位置部署高可用集群防火墙，在网络延伸位置部署高精准入侵防御设备（Intrusion Prevention System，IPS）及流量控制设备；同时，在服务器交换节点部署系统漏洞扫描设备。

9.5.7　系统安全保障技术设计

平台的系统安全保障技术设计是指在既有的安全平台的基础上，综合运用防火墙、流量监控、区块链等安全设备和技术，进一步增强信息系统的安全防范、防攻击、防渗透、数据加密、合法用户认证、访问控制等功能。构建基于物联网的智慧供应链服务平台网络结构的安全设计，在平台上采用符合公钥基础设施（Public Key Infrastructure，PKI）、X.509v3 规范的数字证书系统，就可以对系统用户身份进行鉴别，实现有效的安全认证等功能。

在设计中对安全隔离网闸及安全控制服务器进行有机整合，可形成完整统一的数据传输安全控制系统；在设计中采用安全隔离硬件，可以使系统内外两个网络在链路层断开，防止非法网络行为的攻击；在设计中采用轻型目录访问协议（Lightweight Directory Access Protocol，LDAP）数据库结构，可有效对用户进行安全管理；在设计中采用 Access Manager 服务，可确认用户的身份及相应的授权信息。

系统可以根据自身记录的报警情况、日志信息及相应涉及安全管理方面的信息，进行有效的综合评估，从而对基于物联网的智慧供应链服务平台网络的不安全行为进行统计分析，形成相应的报告。基于物联网的智慧供应链服务平台管理者，通过安全报告可以有效掌握平台网络结构的安全问题，并积极采取补救措施，从而实现平台网络的安全，保障其安全、稳定地运行。

9.6　本章小结

本章首先对基于物联网的智慧供应链服务平台的基本结构进行概述，并对其构建技术进行分析，提出了该平台的五大关键构建技术，从而提出平台的总体架构并针对平台下各个子系统进行具体研究。根据平台的运营性质，提出了该平台的六项技术应用：货物实时感知、信息数据共享、信息集成展示、业务智能应用、决策智能支持、规范企业标准。另外，由于网络存在潜在风险，本章还对平台运营的安全保障进行研究。

参 考 文 献

[1] 王焕娟，秦日臻. 基于物联网标识技术的智慧供应链管理[A]//中国电机工程学会电力信息化专业委员会. 生态互联 数字电力——2019 电力行业信息化年会论文集[C]. 中国电机工程学会电力信息化专业委员会：人民邮电出版社电信科学编辑部，2019：4.

[2] 周凤鸣. 关于物联网技术中智慧物流发展模式的研究[J]. 现代信息科技，2019，3(5)：169-171.

[3] 郝惠惠，康利娟. 物联网技术在智慧物流中的应用[J]. 信息与电脑（理论版），2020，32(7)：9-11.

[4] 尹丽. 物联网下农产品智慧物流设计探讨[J]. 现代农业研究，2020，26(3)：30-31.

[5] 王继祥. 智慧物流发展路径：从数字化到智能化[J]. 中国远洋海运，2018(6)：36-39.

[6] 王喜富. 物联网与智能物流[M]. 北京：北京交通大学出版社，2014.

[7] 王喜富. 区块链与智慧物流[M]. 北京：电子工业出版社，2020.

[8] 官新鹏，乔敏慧. 铁路物流服务平台网络安全解决方案研究[J]. 无线互联科技，2020，17(7)：133-134.

[9] 柯艳莉. 物联网和智慧物流在企业管理中的应用[J]. 全国流通经济，2020(15)：32-33.

[10] 张予川，王海燕. 基于物联网的中小企业智慧供应链框架研究[A]//中国管理现代化研究会、复旦管理学奖励基金会第七届（2012）中国管理学年会商务智能分会场论文集（选编）[C]. 中国管理现代化研究会、复旦管理学奖励基金会：中国管理现代化研究会，2012：7.

[11] 胡新龙，李怀成. 互联网+医疗健康模式下的医院网络安全防护[J]. 中国卫生信息管理杂志，2019(4)：462-466.

[12] 王茜，朱志祥，葛新，等. 应用于云计算中心的虚拟主机安全防护系统[J]. 计算机技术与发展，2014(3)：134-137.

[13] 王喜富. 物联网与物流信息化[M]. 北京：电子工业出版社，2011.

第 10 章

基于数字化技术的智慧供应链生态体系

10.1 物联网与数字化技术融合应用

物联网技术具有智能感知、稳定传输、高速处理的优势，与区块链、云计算、大数据、人工智能的融合应用成为物联网技术行业发展的未来趋势。物联网技术与上述技术的深度融合，有利于技术间的相互赋能，将有效打破技术间的应用瓶颈，形成新的应用价值，打造全新的应用效果，最终构建数字化技术融合应用生态体系。

10.1.1 物联网与区块链

1. 区块链核心内涵

区块链技术是一种在信息技术组合基础上构建的平等自主可控的公共数据模型及信息技术范式，以链式数据结构、点对点网络和分布式存储技术为基础，以共识机制、哈希算法和非对称加密技术为支撑，构建多元化中心、分布式共享、全程可监管的信息处理系统或平台，通过新基础设施实现高效能业务连接，通过新发展空间实现高品质产业生态，通过新治理机制实现高自主业务运作，形成新型信息世界的生态体系。

内涵上，区块链指链式数据结构、分布式存储、共识机制等所有区块链核心技术的有机组合所构建的分布式账本系统。该系统能够实现数据的安全传输和分布式账本的全程可监管，它具有去中心化、不可篡改、开放程度高等独特的优势。

2．区块链技术优势

区块链的技术优势可以总结为多元化中心、分布式共享、私密化通信、可信化网络、全程化监管五个方面。多元化中心、分布式共享、私密化通信为区块链技术的固有优势。其中，可信化网络与全程化监管为区块链技术应用效果的主要优势。

1）多元化中心

多元化中心系统与完全去中心化系统相比，具有更高的效率；与中心化系统相比，具有更强的稳定性与安全性。在多元化中心系统中，由一部分能力较强的节点轮流作为记账节点维护区块链账本，这样既能保证系统的稳定性和安全性，与完全去中心化系统相比，又可以提高系统运行的效率。

2）分布式共享

分布式共享使区块链具有更高的稳定性。区块链通过分布式存储技术使每个节点均存储了完整的账本数据，并可以进行数据读取、交易记录、系统维护、交易验证和信息传输。当某个节点存储的账本数据受到损坏或被篡改时，它可以从其他节点共享到完整的数据，因此少数节点的故障不会影响到整个区块链的正常运行。

3）私密化通信

非对称加密技术使得区块链各节点间的数据传输具有私密性。各个节点以公私钥体系中的私钥作为保密的身份标识，以公钥作为公开的身份标识，节点通过公钥与其他节点进行联系，而通过私钥接收来自其他节点的消息，由此可以有效地保护链上用户隐私。

4）可信化网络

区块链通过算法建立信任关系，构建可信化网络。链式数据结构保证了区块链中数据的真实可信，智能合约确保了契约的自动执行，分布式存储保证了交易的全程透明。由此，区块链构建了一个可信化网络，在这个网络中，交易的双方不需要由第三方进行信任背书便可建立信任关系，交易效率可以大大提高。

5）全程化监管

全程化监管是区块链最为显著的特征，也是区块链实现的必要条件。区块链真实地记录自创世区块诞生以来的所有交易，形成可以追溯的完整历史记录。通过该记录可以对历史上的每笔交易进行检索、查找和验证。该记录与区块链的验证过程相结合，使被篡改的数据无法经过区块链的验证，从而确保了数据的真实性和安全性。

3．物联网与区块链融合

区块链技术与物联网技术融合后，可以解决物联网技术在应用过程中存在的问题，实现架构开放性拓展、平台竞争力增强、数据价值提升、数据安全升级和处理效率提高的融合应用效果，进而实现构建融合平台、形成标准体系、建设应用生态的融合应用价值。区块链与物联网融合应用如图 10-1 所示。

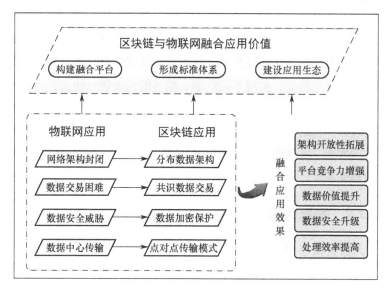

图 10-1　物联网与区块链融合应用

如图 10-1 所示，物联网与区块链融合应用效果主要体现在架构开放性拓展、平台竞争力增强、数据价值提升、数据安全升级、处理效率提高五个方面；融合应用价值主要体现在构建融合平台、形成标准体系、建设应用生态三个方面。

1）融合应用效果

区块链技术具有典型的分布式数据架构，可以从架构层面为不同企业的物联网系统间的对接提供基础条件，有助于实现跨系统价值的互联互通，拓展架构开放性；融合应用区块链技术后，物联网平台将为用户提供安全可信的交易环境，极大地提高用户参与交易的意愿，提升交易单数，提高平台收入，有助于增强平台竞争力。

区块链平台上的各大机构承担共识职责，节点间互相监督，形成并维护规范化的交易市场，充分发挥数据的商业价值；区块链技术的数据加密保护和验证机制可以有效可靠地保护数据安全，提高用户对物联网系统的信任度和参与的积极性，促进数据安全升级；区块链技术能为物联网提供点对点直接互联的数据传输方式，促进区块链网络对分布式物联网的自主管理控制，该数据传输方式将极大提高数据的处理效率。

2）融合应用价值

将物联网技术融入区块链平台，可以去中心化地将各类物联网相关的设施设备、应用、服务等有效连接融合，促进其相互协作，在满足建立信任、交易加速、海量连接等需求的同时，打通物理世界与虚拟世界，极大限度地降低成本；作为底层的计算机技术，区块链技术可为物联网智能硬件接口之间提供统一的传输协议，实现不同厂家、型号的设备统一接入，为物联网企业间的协作打下坚实的基础；依托区块链技术的智能合约可以映射出数据与实体间的联系，有助于体验与服务的进一步发展，物联网的服务范围将向着多元化方向发展，实现物联网与产业发展之间的结合，推进建设物联网跨行业应用生态体系。

10.1.2 物联网与大数据

1. 大数据核心内涵

大数据是指无法用现有的软件工具提取、存储、搜索、共享、分析、处理的海量与复杂的数据集合。大数据技术是指在多样、大量的数据中，迅速获取信息的能力，具有数据量大、内容多样、价值高、数据处理速度快、数据采集手段智能化、数据分析精准化等特点。

大数据技术通过对海量数据的提取、存储、处理与分析，为企业或个人提供多样化数据处理服务，解决传统的数据分析问题及大数据场景下的新问题，促进大数据市场的新服务、新业态不断涌现，实现信息产业的持续高速增长。

2. 大数据技术特点

1）数据量大

人们在生活工作中参与互联网的行为较多，每次活动都能够产生大量信息。因此，互联网中阐述的信息及积累的数据呈现海量的特点，表现为大数据具有数据量大的特点。

2）内容多样

大数据信息本身存在多样化的特点，既包括人们浏览网页中的各种爱好、内容、习惯，也包括常规的视频、文字等信息，通过对数据进行有效的分析和处理可以了解消费者的行为、习惯，提升物联网的运行针对性及运行效率。

3）价值高

大数据信息还存在价值化的特点，通过收集与分析互联网大数据可以对消费者习惯进行更好的研究，为企业制定良好的营销策略，搞活市场经济。对设备产生的数据进行分析，能够明确设备故障发生的因素及设备高效运行的参数和方案，进一步提高社会生产率，减少人工的使用、降低人工成本。

3．物联网与大数据融合

物联网技术与大数据技术融合后，可以解决物联网技术在数据存储、数据整合、数据分析环节中存在的问题，实现提供个性服务、提升整合效果、提升决策价值的融合应用效果，进而实现体验个性化、实现技术现代化、实现服务人性化的融合应用价值。物联网与大数据融合应用如图 10-2 所示。

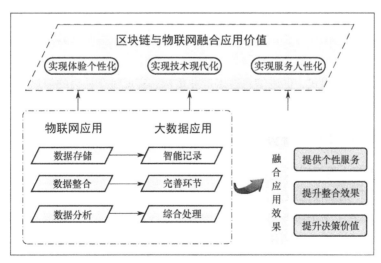

图 10-2　物联网与大数据融合应用

如图 10-2 所示，在数据存储环节，大数据存储信息的功能可以智能记录

用户的喜好，在下一次用户进行搜索时，根据其经常浏览的事物进行推荐，从而实现物联网的体验个性化，实现行业的改革和创新，促进产业转型升级。

在数据整合环节，大数据对于传统形式做出的改变，从根源上对传统网络方式进行整合及改进，解决了原有的信息流程缺失的问题，将信息技术的使用手法与技术手段升至最大化，促进大数据在物联网中的合理运用与实施，实现技术手段的现代化，促进物联网行业的发展。

在数据分析环节，大数据能够将物联网用户数据进行综合处理，实现数据的规范化与流程的现代化，同时根据用户的个人特点，提升对用户的服务决策价值，从而实现物联网的服务人性化。

10.1.3 物联网与云计算

1．云计算核心内涵

云计算是基于互联网络，通过虚拟化等技术手段实现计算机软硬件资源和信息的整合、共享，从而满足租户使用需求的新型计算方式。云计算的核心思想是构建可以动态扩展的资源池，资源池中的软硬件资源取用方便、费用低廉。与其他数字化技术相比，云计算技术具有超大规模运算、数字虚拟技术、动态扩展性等特点。

云计算技术通过基础设施即服务、平台即服务和软件即服务，为企业或个人提供虚拟化计算资源、软件应用及其开发环境，解决计算资源的优化配置问题，降低企业部署计算服务的成本，推动中小企业信息化转型、创新信息技术的运用模式，促进信息技术产业重构，实现整个社会的信息资源无缝连接与集成。

2．云计算技术优势

1）超大规模运算

"云"的规模比较大，有十几万个甚至几十万个服务器，经常遇到的通信企业具有上千个服务器。数量的增多使云计算技术能力显著提高，诸多的计算体系分布在不同的计算节点上，从而提高了数据计算和调整能力，使诸多的数据得以有效处理。

2）数字虚拟技术

云计算适合用户在不同的场所、不同的终端设备之间使用数据，因为这是"云"的一大特点,并不需要固定的应用实体,通过不同的服务器在云中进行试运行。因此,用户不需要担心应用的位置,只要有一台计算机或者通过网络服务器就能获得想要的数据资源。

3)动态扩展性

资源池可为云计算提供商和用户提供可扩展性,因为可以根据需要添加或删除计算、存储、网络和其他资产,这有助于企业 IT 团队优化其云平台托管的工作负载并避免最终用户瓶颈,而云计算可以垂直或水平扩展。云计算提供商可以提供自动化软件为用户处理动态扩展,符合应用的运行需要,满足用户的使用要求。

3. 物联网与云计算融合

物联网技术与云计算技术融合后,云计算可以依据自身技术优势助力物联网应用升级,实现高效处理数据、完善系统架构和提升网络性能的融合应用效果,并逐渐形成提供基础服务、融合技术优势、构建开放平台的融合应用价值。物联网与云计算融合应用如图 10-3 所示。

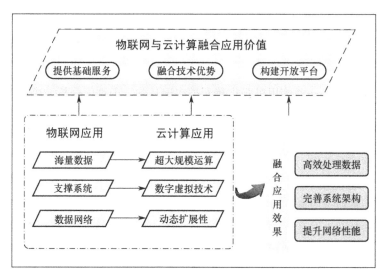

图 10-3　物联网与云计算融合应用

如图 10-3 所示,物联网与云计算的融合应用效果主要体现在高效处理数据、完善系统架构、提升网络性能三个方面,融合应用价值主要体现在提供基础服务、融合技术优势、构建开放平台三个方面。

1）融合应用效果

物联网通过对信息的收集能够实现监控网络信息的功能；利用云计算超规模的计算能力和高速度的能力，可对各种数据之间的信息进行真正的高效处理；利用云计算中的数字虚拟技术，能使物联网中的系统更为完整，优化系统架构；通过云计算的扩展性，可使物联网实现数据网络的快速收集和分析，保证物联网技术的网络性得到全面提升。

2）融合应用价值

先将基础设施提供给使用者，然后由使用者自行搭建应用服务平台，在物联网中借助云计算的海量数据和处理能力，可实现信息处理和资源共享；将云计算与物联网融合以后，让云计算在物联网中延伸，使物联网具有云计算的分析特点，从而实现物联网收集、存储和管理信息，同时还可以对各种信息进行处理，然后将一部分提供给用户；通过云服务商，可给用户或者使用者构建一个服务平台，这个服务平台既是通用的也是共享的，由于物联网所提供的服务是由多个用户共同使用的，所以这种方式可以供许多不同行业应用，提供信息共享的可靠途径。

10.1.4　物联网与人工智能

1．人工智能核心内涵

人工智能是一项使用机器代替人类实现认知、识别、分析、决策等功能的技术，其本质是对人类意识与思维过程的模拟。人工智能领域的研究包括机器人、语言识别、图像识别、自然语言处理、机器学习、深度学习、智能算法和专家系统等。

人工智能技术通过研究人类智能活动的规律并构造具有一定智能的系统，使计算机可以胜任或远远超越以往需要人类智能才能完成的工作，解决机器的智能化运行操作问题。在应用过程中实现作业无人化与管理自动化，可催生基于场景的人工智能应用体系，引领全球新一轮的产业变革，进一步释放科技革命和产业变革的巨大能量。

2．人工智能技术优势

1）计算智能

计算智能主要包括神经计算、进化计算、模糊计算、模式识别、数据挖掘等，是基于人们对生物体智能机理的认识，借鉴仿生学的思想，采用数值计算的方法去模拟和实现人类的智能。计算智能不仅是通用计算的延续与升华，更是人工智能的新计算形态，具有持续进化、环境友好、开放生态的优势特征。

2）感知智能

感知智能是指将物理世界的信号通过摄像头、麦克风或者其他传感器的硬件设备，借助语音识别、图像识别等前沿技术，映射到数字世界，再将这些数字信息进一步提升至可认知的层次，比如记忆、理解、规划、决策等。

3）认知智能

认知智能主要包括对外部信息的加工、理解和知识推理、思考能力。认知智能涉及语意理解、联想推理、自主学习等。人工智能可以掌握人类的判断逻辑，理解人类想要得到哪些信息，大大减少需要人工完成的基础性工作。

3.物联网与人工智能融合

物联网技术和人工智能技术融合后，人工智能可以依据自身技术优势助力物联网应用升级，实现提升感知能力、优化决策流程和改善用户体验的融合应用效果，并逐渐形成推动技术落地、拓展应用边界和助力产业升级的融合应用价值。物联网与人工智能融合应用如图 10-4 所示。

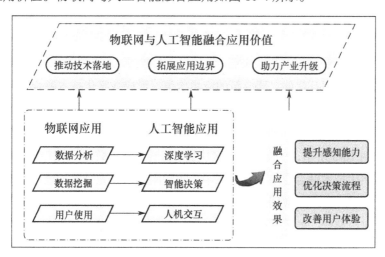

图 10-4　物联网与人工智能融合应用

如图 10-4 所示,物联网与人工智能融合应用效果主要体现在提升感知能

力、优化决策流程和改善用户体验三个方面。融合应用价值主要体现在推动技术落地、拓展应用边界和助力产业升级三个方面。

1）融合应用效果

物联网通过各种信息传感器实时采集各类信息，人工智能在终端设备、边缘域或云中心通过深度学习对数据进行智能化分析，形成图像等使设备进行自主判别，从而提升物联网设备的感知能力；当物联网场景搭建完善后，会对数据挖掘产生需求，而人工智能凭借智能决策可以优化决策流程，保证系统日常的运营、管理与辅助决策、反馈优化流程等；通过人工智能的人机交互，可以把信息转换成容易理解的语言，从而为用户以更有用、更有意义的方式呈现信息，这可以为用户带来个性化的体验，最终使得人和周围环境之间的交互变得更丰富、更有意义。

2）融合应用价值

物联网与人工智能的融合是二者发展的必然结果。物联网需要通过人工智能发挥出更大的作用，以便于把物联网的应用边界不断拓展，这也是产业互联网发展的核心诉求之一；而人工智能也同样需要物联网这个重要的平台来完成落地应用，二者共同作用于实体经济，促使产业升级、体验优化。从协同环节来看，物联网与人工智能的融合主要解决感知智能化、分析智能化与控制执行智能化的问题。

10.1.5　物联网与数字化技术融合应用生态体系

通过将物联网技术与区块链、云计算、大数据、人工智能技术相互融合，可使各种技术相互赋能，形成新的应用价值，形成数字化技术融合应用生态体系，最终优化供应链的运作和服务。物联网与数字化技术融合应用生态体系如图 10-5 所示。

如图 10-5 所示，在物联网与区块链、云计算、大数据、人工智能共同构建的数字化技术融合应用生态体系中，物联网技术将充分发挥全面感知、可靠传输、智能处理的数据采集优势，多维度、全方面地感知基础数据；大数据技术可以整合、处理并分析海量数据；云计算技术通过基础设施、平台和应用服务来提供计算资源；人工智能技术将提供自动化智能决策、深度学习、人机交互等功能；区块链技术可以解决数据的存储与保护问题，提供价值互联的信任基石。

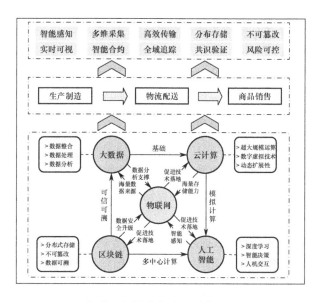

图 10-5　物联网与数字化技术融合应用生态体系

1．技术融合机理

区块链凭借自身分布式存储、不可篡改和数据追溯的技术优势，可以助力物联网实现数据安全升级。物联网可以促进区块链技术落地，区块链可以为人工智能提供多中心计算服务，为大数据提供可信追溯服务。大数据凭借自身数据整合、数据处理和数据分析的技术优势，可以为物联网收集的海量数据提供数据分析支撑，并为云计算提供数据基础。云计算凭借自身超大规模运算、数字虚拟技术和动态扩展性技术优势，可以拓宽物联网数据存储能力，物联网也可以促进云计算技术落地应用，云计算还可以为人工智能提供模拟计算服务。人工智能凭借自身深度学习、智能决策和人机交互的技术优势，可以助力物联网实现智能感知，物联网也可以促进人工智能技术落地。

2．技术融合价值

在物联网技术与区块链、云计算、大数据、人工智能技术共同构建的数字化技术融合应用生态体系中，从商品生产制造、物流配送到最终销售的整个供应链得到极大优化。

1）智能感知

通过物联网与人工智能的技术融合，可以助力物联网设备对语音、图像、视频、触点等外界信息进行自动识别，从而实现对外界信息的智能感知，更

多非结构化数据的价值将由此被重视和挖掘。

2）多维采集

通过技术融合，可以助力物联网设备灵活快速地自定义数据的不同属性和类型，采集多种类、多维度的信息数据，从而满足不同的分析需求、实现不同的分析目标，提高数据采集能力。

3）高效传输

通过技术融合，可以优化数据传输流程，使信息在被物联网设备智能感知和多维采集后，高效快速地传输到存储单元，从而进行下一步数据处理。

4）分布存储

通过技术融合，使业务数据存储在多个服务器上，分散的数据库可以增强系统参与者之间的信任；同时使数据存取效率提高，且易于存储系统的拓展。

5）不可篡改

通过技术融合，可以利用区块链技术的分布式本质使系统对数据操纵和伪造十分敏感，难以篡改，从而能够对所有历史操作进行审计跟踪，确保记录的完整、可追溯性。

6）实时可视

通过技术融合，利用终端设备、物联网设备、数据源链接设备实现数据实时上链，并在每个节点生成相同网络副本，允许所有网络活动和操作实时审计、检查，使系统平台具有实时透明性。

7）智能合约

智能合约是一种可以在区块链环境中自动谈判、履行和执行协议条款的新技术，通过将区块链技术和物联网技术融合，可以提高系统网络的透明度、安全性和不可变性。

8）共识验证

通过区块链与物联网的技术融合，利用区块链中的共识机制，可使系统在很短的时间内完成对信息数据的验证和确认，提高系统网络的工作效率。

9）全域追踪

通过区块链与物联网的技术融合，利用区块链在各环节收集、共享、传输真实数据，使真实信息可追溯，任何信息都可以通过时间戳追溯到区块链的每个块。

10）风险可控

通过区块链与物联网的技术融合，利用区块链技术可使信息真实可靠，提高系统网络的稳定性。

10.2　系统集成与供应链服务应用

供应链是一个把供应商、制造商、销售商、物流服务提供商、最终用户连成一个整体的功能网链结构模式，通过将软件、硬件与通信技术组合起来，使得供应链中原本独立的各个子系统集成到一起形成供应链信息平台，从而助力各子系统彼此有机、协调地工作，以发挥整体效益，达到整体供应链服务优化的目的。

10.2.1　系统集成概述

1．系统集成定义

系统集成是指计算机硬件、软件、应用对象有关的人、技术、设备、信息、过程的集成，通过硬件集成、软件集成、技术集成、信息集成，实现过程与功能的集成。其具体内涵为各类人员组成协同工作的团队，采用系统工程的方法，将计算机硬件、软件、技术、信息、人力等资源，按照应用领域的特殊要求，进行合理配置，优化管理控制及人机系统的组合，实现信息自动化处理，组成满足用户要求的应用系统，取得整体高效率和高效益。

2．系统集成原则

1）开放性和标准化原则

一个集成的信息系统要求是一个开放的信息系统，开放的信息系统才能满足可互操作性、可移植性、可伸缩性的要求。标准化指系统软硬件平台、通信接口、软件开发工具、网络结构的选择要遵循工业开放标准，开放的标准化信息系统才能与其他开放的系统连接，使系统能够不断地扩展、升级。

2）实用性与先进性兼顾原则

系统的先进性是建立在技术先进性之上的，先进的技术才有较强的发展生命力，系统采用先进的技术才能确保系统的优势和较长的生存周期。在系统设计时应该注重实用性原则，紧密结合具体应用的实际需求。在选择具体

的网络技术时，要同时考虑当前及未来一段时间内主流应用的技术，不要一味地追求新技术和新产品。

3）可用性和经济性原则

在满足系统的功能要求、达到系统建设目标的基础上，应考虑经济性原则，尽量减少工程总投资和建成后的运行管理费用。可用性指要求系统具有良好的性能，保证系统在任何情况下，能够合理分配系统各方面的资源，以实现相应能力情况下的各种功能。

4）可靠性和安全性原则

系统集成应遵循安全可靠原则，为保证数据安全一致、高度可靠，需要提供多种检查和处理手段，保证系统的准确性。针对主机、数据库、网络、应用等各层次制定相应的安全策略和可靠性策略，采用容错设计和故障检测与恢复技术，保证安全措施有效可信，能够在多个层次上实现安全控制。

5）灵活性和可扩展性原则

系统集成需要配置灵活，提供备选和可选方案，能够在规模和性能两个方面进行扩展，使其性能大幅度提升，以适应技术和应用发展的需要。系统需要充分考虑在结构、容量、通信能力、产品升级、处理能力、数据库、软件开发等方面具备良好的性能和灵活性。

3．信息系统集成任务

信息系统集成实现的关键在于解决系统之间的互联和互操作性问题。信息系统集成是一个多厂商、多协议和面向各种应用的体系结构。这需要解决各类设备、子系统间的接口、协议、系统平台、应用软件等与子系统、组织管理和人员配备相关的一切面向集成的问题。下面从六个层次对信息系统集成任务进行描述。

1）支撑系统的集成

支撑系统的集成是信息系统集成的重要基础。在支撑系统中，企业应用集成技术主要完成三类任务。

（1）应用程序集成。通过传输和转换，不同的应用系统共享和使用彼此的信息、数据。

（2）企业内部流程集成。将异质的且分散的应用程序，依据运营商的业务流程的需求做有效的集成。

（3）园区商业社群的流程集成。就像运营商内部的流程集成一样，跨组织的流程集成将集成的对象延伸到了整个供应链上的相关企业及主要客户，对不同企业间的应用程序及业务流程进行有效集成。

2）信息集成

信息集成的目标是，将分布在信息系统环境中自治和异构的局部数据源中的信息有效地集成，实现各信息子系统间的信息共享。同时，信息集成还需要解决数据、信息和知识之间的有效转换问题。

3）应用功能的集成

对信息的需求决定了对集成系统功能的需求。应用功能的集成指在集成系统的整体功能目标的统一框架下，将各应用系统的功能按特定的开放协议、标准或规范集合在一起成为一种一体化的多功能系统，以便互为调用、互相通信，更好地发挥集成信息系统的作用。

4）技术集成

技术集成是整个信息系统集成的核心。无论是功能目标及需求的实现，还是支撑系统之间的集成，实际上都是通过各种技术之间的集成来实现的。技术集成可分为硬技术集成、软技术集成、工具集成。

（1）硬技术集成。主要包括计算机技术、通信网络技术、数据库技术、数据仓库技术、软件重用技术等信息技术，以及模拟技术、预测技术、分析技术等管理技术。

（2）软技术集成。主要指信息系统集成中的方法及其模型集成，包括系统开发方法集成和管理方法集成，如面向对象方法、结构化方法、原型方法、生命周期方法、信息工程方法集成等。

（3）工具集成。指由多个工具集合在一起的模块集，主要用于将硬技术与软技术集成为一个整体，服务于组织的管理功能。

5）人的集成

系统集成必须通过人的作用将多种硬件和软件技术，将各个单独的信息系统重新优化和组合，形成一个统一的综合系统。人的集成在系统集成中起着关键的作用。人的集成应包括人与技术的集成和人机协同。集成化信息系统实质上是一个以人为主的智能化的人机综合系统。因此，人的集成是集成化供应链信息系统建设的重要内容，也是集成化系统能否成功的关键。

6）产品集成

产品集成是供应链系统集成最终最直接的体现形式。因为无论是应用功能集成、支撑系统集成还是技术集成，其最终的表现形式都落实在具体产品

集成上，产品集成是系统集成的外在表现形式。

10.2.2 系统集成方案

1. 系统集成要素分析

供应链信息平台是集物流客户、物流服务商、物流相关部门及供应链于一体的公共信息系统，具有社会化、开放式、信息互联的特点。它不仅是连接供应商、物流服务提供商到客户的物料链、信息链、资金链、增值链，更是一体化供应链。供应链信息平台集成要素如图 10-6 所示。

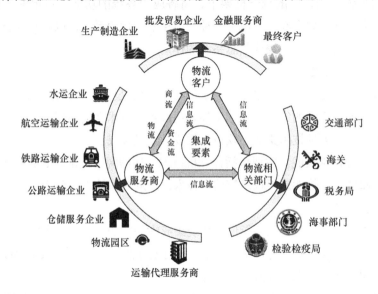

图 10-6 供应链信息平台集成要素

如图 10-6 所示，供应链信息平台集成要素包括宏观要素和微观要素。宏观要素包括物流、信息流、资金流、商流等，微观要素包括物流客户、物流服务商和物流相关部门等。

1）宏观要素

供应链信息平台是以互联网为媒介进行运作的线上服务网站，它集商流、物流、信息流、资金流于一体。通过系统集成技术，整合产业资源、物流资源和政策资讯等信息，在主体间构建这四大要素的连通通道，打下供应链信息平台的构建基础。

（1）商流。商流是指一种交易活动的过程，通过商流活动发生商品所有权的转移，商品所有权的转移是电子交易中的商流需要着重体现的内容。需要特别注意的是，电子交易中的商流不包括资金的支付和资金的转移等过程。

（2）物流。物流是指商品在空间和时间上的位移，包括采购配送、生产加工和仓储包装等流通环节中的物流情况。随着网络电子商务的发展，大多数商品和服务采用传统的物流方式，少数商品和服务可直接以网络传输的方式进行配送，如电子出版物、信息咨询服务等。进入信息时代的物流具备信息化、自动化、网络化、智能化、柔性化等特点。

（3）信息流。信息流主要包括商品信息提供、促销行销、技术支持、售后服务等内容，也包括询报价单、付款通知单、转账通知单等商业贸易单证，还包括交易方的支付能力和信用、中介信誉信息及大量权威的政务信息。供应链信息平台管理的基础是，对企业内、企业间和相关政府主体间的信息流实施有效控制，企业借助现代信息网络技术，使信息流的流动变得更为通畅；政府借助信息流的交互，实现对物流行业的安全监管和决策支持。

（4）资金流。资金流是指在营销渠道成员间随着商品实物及其所有权的转移而发生的资金往来流程。在电子交易的在线支付中，客户支付的款项能否安全、及时、方便地到达商家，关系到交易的最后成败。因此，在线支付无论是对于客户，还是对于商家，都具有非常重要的意义。在线支付的关键就是资金流平台的建设。因此，作为"四流"中最特殊的一种，资金流扮演着重要的角色。

2）微观要素

供应链信息平台集成中的微观要素是宏观要素的承载者，主要包括物流客户、物流服务提供商和物流相关部门三个基本要素。供应链信息平台的参与主体在交易需求的驱动下，通过在物流过程中的职能分工与合作，以资金流、物流、商流、信息流为媒介实现整个平台的不断增值。

（1）物流客户。供应链信息平台中的物流客户，是指在物流服务中可能产生物流需求的企业或个人，主要包含生产制造企业、批发贸易企业、最终客户，以及在物流过程中能够提供物流金融服务的金融服务商。物流客户包含产品物流的始发点、中间点、终点，以客户为中心的管理战略是供应链信息平台吸引和提高客户黏性的关键。

（2）物流服务提供商。物流服务提供商是供应链信息平台集成要素的核心。上游对接产品供应商，确保产品安全正确发出；自身做好库存管理工作，

降低库存成本；下游对接物流服务终端客户，确保物流环节的优质服务；需要满足客户的合理信息服务需求，做好客户评价工作；需要和银行进行业务对接，完成资金的支付、转账，以及提供物流金融服务。物流服务提供商具体包括水运企业、航空运输企业、铁路运输企业、公路运输企业、仓储服务企业、物流园区、运输代理服务商等。

（3）物流相关部门。供应链信息平台是政府进行宏观物流调控的重要途径和手段。物流行业点多面广、内容丰富，传统的宏观调控手段难以发挥高效的管理和支持作用。引入公共供应链信息平台，通过对物流行业基本运行数据进行实时准确统计、分析，规范和监督电子物流交易市场，构建信息平台直接支持企业发展和政策导向，建立健全物流相关法律法规，真正落实市场条件下的政府职能。物流相关部门具体包括交通部门、海关、税务局、海事部门、检验检疫局等。

2．系统集成实施框架

1）各子系统内部集成

各子系统在总体设计时采用 SOA 的思想进行可插拔设计，功能之间松耦合，根据建设单位的实际情况进行组合使用。各子系统采用微服务架构进行实现，服务与服务之间既有区分，又有关联关系，保证服务与服务之间的低耦合，便于服务的管理及部署。

2）各系统之间集成

基于分布式架构设计，实现异构软件的相互对接；实现供应链各子系统之间数据共享、业务协同，促进系统间的无缝对接、紧密结合，有效实现信息交换畅通。

通过服务平台的统一管理支持，供应链集成系统可与其他应用系统实现全面集成，通过统一认证，无缝集成为一个系统。服务平台可满足跨系统、跨平台和跨网络域的异构系统的数据与信息交换，有效地解决信息孤岛问题。

通过在供应链集成系统中设立数据中心概念，各系统开放相关接口信息，统一由数据中心管理，当各系统之间需要进行对接时，通过数据中心进行数据共享、业务协同。

3）硬件集成

根据系统间的关系，调研确定可行的硬件部署方案，使用硬件设备将各个子系统有效地连接起来。硬件采用时下流行的弹性云计算方式，即根据自身需求，弹性购买云服务器。与传统的自购服务器方式相比，云服务器可以减少不确定的额外成本，在服务器的运维方面也可以减少很大一笔开支。企业不需要大量运行维护的专业人员，不需要考虑网络安全的威胁。另外，考虑到硬件技术的发展，硬件的更新换代是不可避免的。云服务器很好地解决了硬件更新换代快这一痛点。在服务器计算能力扩充方面，云服务器更有优势，可以无边际地扩充云服务器的计算能力。

云服务器与微服务部署相得益彰。在云服务器中部署各个系统所需要的微服务，便于各个子系统的有效连接。云计算中心作为供应链集成系统的支撑平台，负责整个系统的服务部署、数据存储与网络服务。

4）数据信息集成

数据信息集成聚焦于数据接口，确定与内外部系统的接口调用方式，并开发相应的接口，实现与外部系统信息数据的协同共享。设计构建接口规范，使各系统间能有效地协同工作，进行数据信息的交互。通过供应链集成系统设立数据中心，系统提供统一标准接口与各系统进行对接，统一由数据中心管理，通过数据中心进行接口对接，实现数据共享、业务协同。

10.2.3　系统集成效果

通过物联网、区块链、大数据、云计算和人工智能数字化技术的融合，结合系统集成要素形式、基础及设计模型，可以助力供应链各个子系统完成集成升级，从而提高供应链的服务水平，打造智慧供应链。系统集成效果如图 10-7 所示。

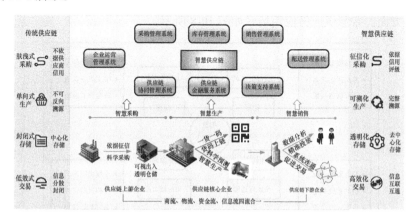

图 10-7　系统集成效果

如图 10-7 所示，通过供应链系统集成，可以助力智慧采购、智慧生产、智慧销售三个环节，重点实现企业运营管理系统、采购管理系统、库存管理系统、销售管理系统、配送管理系统、供应链金融服务系统、供应链协同管理系统、决策支持系统的高度集成；实现征信化采购、可溯化生产、透明化存储、高效化交易，优化供应链的商流、物流、信息流和资金流，让供应链的总成本更低、速度更快、服务水平更高，从而助力供应链协调发展、提高供应链的服务水平。

10.3　智慧供应链应用场景与瓶颈

本节依据供应链的物流、交易、数据、金融将智慧供应链分为供应链协调、全业务交易、全流程透明、供应链金融四大业务场景，并详细解读各个场景下的业务活动；在准确剖析各个场景存在的核心问题后，深耕物联网与其他数字化技术的应用价值，并探讨应用数字化技术克服当前核心问题后的应用效果。

10.3.1　智慧供应链应用场景

1. 智慧供应链场景及业务

物流、商流、资金流和信息流组成了供应链的全部构成要素。这四者构成了一个完整的供应链流通过程，其关系既相互作用又相互独立。物流、商流、信息流、资金流分别对应供应链流通过程中的物流、交易、数据、金融四个方面。智慧供应链应用场景如图 10-8 所示。

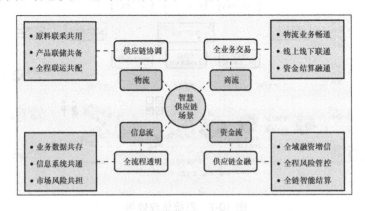

图 10-8　智慧供应链应用场景

如图 10-8 所示，智慧供应链应用场景包括供应链协调、全业务交易、全流程透明、供应链金融四部分。

1）供应链协调

供应链协调重点把握企业之间采购、生产、销售等重要环节，通过开展原料联采共用、产品联储共备、全程联运共配等业务，推进供应链中企业的协同合作。

（1）原料联采共用。整合供应链多家企业采购需求，对产品或原材料进行联合采购、统筹使用。企业将采购产品的品类、数量等信息记录上链，链上数据不可篡改，进而确保信息的安全和准确，为企业降本增效，促进供应链协调。

（2）产品联储共备。供应链上多家企业对采购的产品或原材料进行联合存储、共同储备。共同储备能够极大地降低企业库存成本，同时利用智慧供应链平台数据实时可视，对出入库产品的种类、数量进行准确、实时的把控，从而维系健康合理的库存。

（3）全程联运共配。多家客户联合，共同由一家指定的第三方物流服务公司来提供配送服务。联运共配有助于推动企业间供应链协调，它通过对多客户产品进行统一管理，进而提高产品配送的时效，降低企业配送成本。

2）全业务交易

智慧物流供应链的全业务交易是指以物流畅通为基础，以系统联通为保障，以资金流通为支撑，助力供应链业务全方面、全场景、全时段进行，实现供应链全业务交易。

（1）物流交易畅通。这是全业务交易的基础，是指利用智慧供应链平台的物流数据，实现物流服务提供方与物流服务需求方的信息精准匹配。这一过程主要利用平台数据实时可视且高度可信的特点，减少交易摩擦，实现车与货、货与仓精准匹配。

（2）线上线下联通。这是全业务交易的保障，通过线下业务线上化，实现双交易渠道服务模式。将业务数据上载到智慧供应链平台，从而将线下的业务交易、业务过程延伸到线上，拓宽交易渠道，促进交易多样化，提高交易效率；线下交易有力支撑线上交易，通过线上线下联通实现双交易渠道协调并进、联动发展，促进供应链全业务交易。

（3）资金结算融通。这是全业务交易的支撑，是指基于智能合约的自动执行，保证供应链上资金流的协同与稳定。将融资企业信用上载到供应链平

台，解决供应链上企业融资难、融资贵的问题；同时，发挥供应链平台在促进交易高效方面的显著效果，加速资金流通，助力全业务交易的良好发展。

3）全流程透明

智慧物流供应链的全流程透明指将业务流程数据上载至供应链平台，实现数据共存、信息共享的目标。通过业务数据共存、信息系统共通、市场风险共担等举措，促进平台数据公开透明，助力供应链全流程透明。

（1）业务数据共存。以智慧供应链平台为基础，利用去中心化的结构存储企业数据账本，在分布式数据账本中，区块链用户都拥有数据账本的副本，根据智能合约内容，区块链用户不能对数据账本进行更改，可以保障业务数据真实性，提高数据透明可信度。

（2）信息系统共通。基于智慧供应链平台，打造统一化资源管理系统，包括企业内部系统集成和企业间的系统联通。信息系统共通有利于打破交易阻碍，规避数据鸿沟，规范交易过程，实现过程透明。

（3）市场风险共担。通过将供应链全流程数据上链，分析海量业务、财务数据，将市场风险最小化并分担到供应链的每家企业上，实现市场风险共担。

4）供应链金融

在智慧物流供应链中，供应链金融是指银行将供应链核心企业和上下游企业紧密联系，通过提供金融产品和服务而形成的一种融资模式。

（1）全域融资增信。供应链上中小微企业获得核心企业的授信，通过信用传递，获得信用背书，进而获得银行等金融机构的融资支持；智慧供应链平台借助区块链征信评级助力多方式融资，促进融资多样化，改善中小微企业融资难、融资贵、融资乱的局面。

（2）全程风险管控。以智慧供应链平台为基础，基于区块链的征信特性，结合供应链金融业务，可有效加强信用风险、市场风险、操作风险等方面的监管与控制，通过平台数据实时追踪和共享，运用评价模型，分析金融环境，减少人为操作的失误，从源头遏制风险产生。

（3）全链智能结算。对于平台的企业交易数据，依托区块链上数据不可篡改特性，在交易达成后，智能合约自动触发，系统实行智能结算。

2. 智慧供应链核心问题及解决方案

将智慧供应链应用场景细分，总结不同场景下的智慧供应链业务所存在的核心问题，并利用技术间融合应用价值，以克服目前智慧供应链存在的问题，实现各个场景下业务的良好运营，最终达到理想的供应链运转效果。智慧供应链存在问题及解决方案如图 10-9 所示。

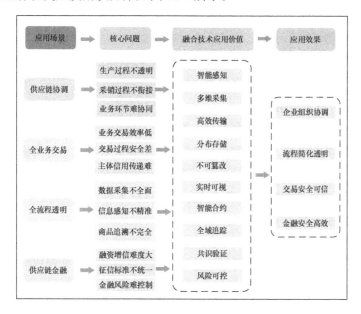

图 10-9　智慧供应链存在问题及解决方案

　　如图 10-9 所示，智慧供应链在供应链协调、全业务交易、全流程透明、供应链金融四个方面存在问题。可通过物联网与大数据、云计算、区块链、人工智能技术的融合应用来提供解决方案。

　　1）核心问题

　　（1）供应链协调方面。目前，供应链中各企业之间的协同合作有待加强，采购、生产、销售等环节信息流通存在一定障碍，供应链整体联动优势尚未充分发挥。

　　（2）全业务交易方面。一是交易过程涉及众多纸质运单，人工输入错误率高，并且存在信息记录不完全、信息被篡改等问题；二是供应链主体企业间各系统连接率低、对接度差，进而导致运输、仓储、交付、结算等过程效率低下；三是供应链主体企业的信用度难以传递给供应链上信用度较低的中小微企业。

　　（3）全流程透明方面。一是商品信息采集记录不全，信息链长度未能覆盖供应链全流程，导致信息丢失；二是物联网设备算法有待提升，无法实现

多维信息感知；三是信息追溯无法触及供应链全链条，只局限于一个或多个供应链环节的商品信息追溯。

（4）供应链金融方面。一是中小微和民营企业要想通过银行等金融机构获得贷款非常难；二是目前行业中征信背书机构繁多，导致行业缺乏统一管理机制，征信标准不统一、征信乱象时有发生；三是供应链核心企业数据单边化、私有化、分散化、封闭化等问题仍然普遍存在，缺乏统一金融信息服务平台，造成供应链条金融风险难以控制。

2）融合技术应用价值

依托人工智能技术的智能算法、深度学习理论，助力物联网的庞大感知元件群进行多维感知，获取海量初始数据；利用大数据技术对海量初始数据进行清洗、筛选后，获取有效数据；将有价值的海量数据上传至云端，利用云计算进行数据的处理与分析；结合区块链技术对有效数据进行分布式存储，进一步提升数据安全。

物联网与大数据、云计算、区块链、人工智能技术的融合应用，可实现智能感知、多维采集、高效传输、分布存储、不可篡改、实时可视、智能合约、全域追踪、共识验证、风险可控等应用价值。

3）应用效果

物联网与数字化技术的融合应用赋能智慧物流供应链，利用智能感知、多维采集、高效传输、分布存储、不可篡改、实时可视、智能合约、全域追踪、共识验证、风险可控等应用价值，对接智慧物流供应链四大业务场景，相互融合达到企业组织协调、流程简化透明、交易安全可信、金融安全高效四大全新应用效果，构建安全、透明、可信的智慧物流供应链组织形态。

10.3.2 智慧供应链瓶颈

1. 供应链运营体系尚待实现

通常，对于生产制造业的供应链管理，都会有一套适用的供应链管理标准。例如，汽车行业供应链管理有一套标准 *MMOG/LE*，是供应链链条主体企业要求所有供应商和物流服务提供商遵守和达成的供应链运作规章，其中对于如何建立战略、组织、流程、预测、计划、KPI、供应商管理、生产流转、包装、存储、库存、信息化等都有详细的规范和要求。并且，目前众多国际主流汽车品牌都在推广该标准，以期全供应链协同起来。更有供应链上的企业将其作为供应商取得供货资格的门槛，有些企业甚至花了超过 5 年的时间对所有供应商进行培训、评审和能力建设辅导，为未来的工业 4.0 工厂和智慧供应链铺路。

智慧供应链运营体系的推动，是实现工业 4.0 的一个必经之路。目前，我国仍有多个行业缺乏有效的供应链运营标准和管理机制，供应链运营体系尚待实现。这对于供应链协同化管理、高效化运营具有重大影响。

2．缺乏智慧供应链发展策略

智慧供应链布局需要顶层设计，是一个发展策略问题。但智慧供应链通常被认为就是现有的供应链的信息化集成，导致供应链整合过程变成简单的环节重组与拼接。

对智慧供应链认知不够，容易导致从传统供应链到智慧供应链的转型尴尬。比如零售行业，由于没有智能化的消费者数据分析、对产品的市场容量与接受度的分析，容易拘泥于销售好的产品，从而花费巨大资源备库存，尤其是在某些特殊的购买旺季，容易导致销量的不均衡形成库存风险；汽车行业的很多品牌厂商，其精益生产、供应链物流管理、信息管理等在业界堪称标杆，但是缺乏智慧供应链顶层设计规划与战略布局。建设智慧供应链和智能制造工厂不仅是简单的"机器换人"，而是需要结合 5～10 年的前瞻性、系统性发展规划来看现在的行动和迭代路径。

供应链的本质是快速响应客户要求，提供合格的产品和服务，获得客户满意度。智慧供应链的建设，势必影响和优化很多部门、环节，甚至供应链成员企业的利益，容易产生各种阻力。此时，需要智慧供应链战略来协同不同的思路和导向，避免沉溺于现状的平衡之中。没有智慧供应链的战略设计，也就无法实现智慧供应链的迭代升级，甚至容易误认为智慧供应链就是物流自动化。

3．"牛鞭效应"依旧存在

虽然各类数字化技术已经运用到供应链的诸多环节中，但在供应链中，"牛鞭效应"依旧存在。信息的不对称渗透在供应链的大多数环节：绝大多数企业都没有专业的预测和需求管理部门，更没有科学、精准的预测模型；当预测数据生成时，不能用软件评价预测的合理性和数据的准确性；从预测到计划达成，缺乏评价机制对预测过程进行评价。

在供应链中,零售企业常常依赖"经验数据"来对制造企业下达生产制造任务,而这些数据,并不是来自零售企业针对某一时间段的需求预测,而是来自"经验数据",最终导致"牛鞭效应"和不同供应链环节的巨大库存。

10.4　智慧供应链生态体系构建

智慧供应链生态体系框架主要介绍与分析智慧物流业务应用数字化技术过程中涉及的核心要素,主要包含支撑智慧供应链平台的技术要素、供应链业务体系、生态主体、平台发展目标及实施效果。这些要素共同组成的有机整体即智慧供应链生态体系。智慧供应链生态体系如图 10-10 所示。

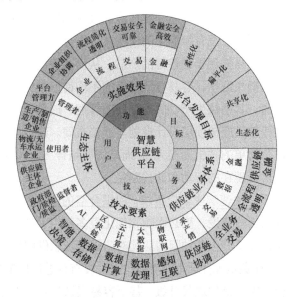

图 10-10　智慧供应链生态体系

如图 10-10 所示,智慧供应链平台是智慧供应链生态体系的核心,智慧供应链生态体系是智慧供应链平台的生存环境。柔性化、扁平化、共享化、生态化是智慧供应链领域的建设目标,这四个目标构成智慧供应链平台的发展目标。数字化技术间的融合应用,以及技术所支撑的集成化系统,助力智慧供应链业务高效、安全地进行,达到企业组织协调、流程简化透明、交易安全可靠、金融安全高效的实施效果。

10.4.1　技术要素

智慧供应链生态体系中的技术要素是智慧供应链平台的技术支撑，包括物联网技术、区块链技术、大数据技术、人工智能（AI）技术和云计算技术。其中，物联网技术作为数据采集的来源，是基础和底层的技术。

围绕物联网技术，云计算、区块链、大数据、人工智能这四项数字化技术在智慧物流领域进行融合应用，共同作为智慧供应链平台的技术支撑要素。物联网技术利用各种信息传感设备将运输、仓储、配送等物流业务进程中的物流活动信息和相关物流数据进行有效采集与整合；区块链技术在数据全生命周期保障数据的共享与安全；大数据技术进行物流数据的存储、分析；云计算技术进行物流数据的高效计算；人工智能技术进行智能决策及业务过程自动高效执行。

10.4.2　供应链业务体系

供应链业务体系主要针对供应链流通过程中的采产销、交易、数据、金融，提出供应链协调、全业务交易、全流程透明、供应链金融四个方面业务。

供应链协调通过开展原料联采共用、产品联储共备、全程联运共配等业务，推进供应链中企业的协同合作；全业务交易是指以物流畅通为基础，以系统联通为保障，以资金流通为支撑，结合数字化技术在金融、物流领域的应用，助力供应链业务全方面、全场景、全时段进行，实现供应链全业务交易；全流程透明通过数字化技术融合应用，实施业务数据共存、信息系统共通、市场风险共担等举措，促进链上数据公开透明，助力供应链全流程透明；供应链金融利用数字化技术，实现全域融资增信、全程风险管控、全链智能结算等功能。

10.4.3　生态主体

智慧供应链平台的生态主体可分为管理者、使用者、监督者。智慧供应链平台的管理者包含平台管理方，如运营企业、维护企业、技术安全企业等，并通过布控防火墙等技术防止平台被攻击造成数据丢失、交易中断等风险。智慧供应链平台的使用者包含供应链条主体生产企业、制造企业、销售企业，还包括物流企业/无车承运企业及供应链主体企业。智慧供应链平台监督者主

要包括政府部门、质检部门、质监部门、海关等。通过上述部门对平台的监督，实现平台的良好运作。

10.4.4 平台发展目标

平台发展目标主要聚焦于柔性化、扁平化、共享化、生态化四个方面。

1）柔性化

柔性化的智慧供应链平台以满足消费者需求为中心目标，从线上线下渠道收集消费者的行为数据加以分析和判断，建立起由消费者需求驱动生产的逆向智慧供应链模式，打通供应链的信息流，实现渠道下沉，打造柔性供应链。基于市场消费需求的供应链生态体系能够让供应链上游更加灵活、具有柔性，而数字化技术又保障系统内各个参与主体的信息共享，为参与各方快速决策提供数据支持，提升数字化服务水平。

2）扁平化

扁平化的智慧供应链平台以直接连接产销两端的供需关系而不需要中间商为发展目标。当供应链平台生态体系商业模式形成后，零售终端便可依托供应链所提供的完善物流服务，不通过中间商直接与品牌商进行联系，打通供应链两端的供需联系，实现精准匹配。这种扁平化的生态体系商业模式压缩了分销体系的生存空间、优化了整个供应链、降低了流通成本，整个流通供应链因此提升了盈利水平、效率水平。

3）共享化

共享化是智慧供应链平台转型升级的重要趋势之一。在供应链平台生态体系商业模式中，通过搭建交互平台，流通供应链的参与主体能够在信息、资源及利益上共享，线上线下渠道零售终端的库存信息、营销信息、物流信息、客户信息等能够通过大数据技术实现实时共享。资源和信息的共享会创造新的有价值的信息，这是供应链平台的独特优势，能够保持平台的可持续发展能力。

4）生态化

生态化要求有能力促进供应链各个环节的有机整合，是智慧供应链平台发展的终极目标。在智慧供应链平台生态体系中，需要一家同时具有优秀供应链管理能力、一流物流服务能力、先进技术和数据支持的公司作为核心企业，与大量商业伙伴建立广泛深入合作机制，链接供应链网络、物流网络和销售网络，最终形成庞大的供应链平台生态圈建设。核心企业需要将专业的服务资源进行整合，并不断扩充服务范围、深化服务内容，为供应链的参与主体提供个性化定制、品牌孵化、供应链金融及产品营销等服务；以核心企业为轴，整合生产服务商、金融服务商、商务服务商、信息技术服务商、物流服务提供商等，打造一体化的生态服务链。

10.4.5　实施效果

实施效果包含企业组织协调、流程简化透明、交易安全可靠、金融安全高效。

1）企业组织协调

通过重点关注采购、生产、销售等重要环节的联动，以及商流、物流、资金流、信息流的融合，促进企业之间、企业内部及业务环节三个层面的协调，实现企业合作协同化、部门协作一体化、业务环节集成化。

2）流程简化透明

通过重点关注智慧供应链平台在数据处理方面的应用，基于平台数据不可篡改性、区块链共识机制，实现供应链数据在区块链上的上传下载、信息追溯、共享使用的效果，促使流程更加简化透明。

3）交易安全可靠

通过将企业交易数据平台化，保证交易数据的真实可靠，实现交易安全高效、交易流程规范的效果。

4）金融安全高效

利用数字化技术，通过将智慧供应链平台应用于供应链金融领域，提供全域融资增信、全程风险管控、全链智能结算等功能，实现金融安全高效。

10.5　物联网在智慧供应链领域的应用展望

随着数字化技术的进步及各类数字化技术间的深度融合应用，物联网技术将在智慧供应链领域大有作为。本节将促进流通环节降本增效、实现仓储环节短时高效、保障末端配送集约智能、改变"最后一公里"服务模式四个方面，探讨物联网技术的发展在上述供应链环节的应用趋势。

10.5.1　促进流通环节降本增效

基于物联网技术的车联网是物联网在智慧供应链领域的下一步发展应用。依托物联网和 GPS，将车辆信息接入互联网，实现运输透明化管理、货

运资源优化整合、提升货物装载率、降低车辆返程空载率。随着互联网货运的进一步发展，车联网的使用场景将进一步扩大。

10.5.2 实现仓储环节短时高效

物联网技术的发展将进一步提升仓库管理效率。随着物联网技术的发展，仓库内拣选货物的智能手持终端产品、引导拣选货物的"电子标签拣选系统"、仓库监管的视频监控联网技术、自动识别与分拣技术，嵌入了智能控制与通信模块的物流机器人技术，嵌入了 RFID 的托盘与周转箱、智能穿梭车与货架系统等都会得到技术上的提升，这将极大地提高仓库管理效率。

10.5.3 保障末端配送集约智能

早期的无人机、机器人多用于军事领域，但随着物联网技术发展，消费级的无人科技产品正走向我们的生活中。例如，应用无人机进行恶劣地理环境的末端配送；利用机器人对社区及大学等密集型场所进行末端配送。未来，随着物联网技术的发展，无人机、配送机器人将向着集群化、智能化、网络化发展，提高末端配送能力。

10.5.4 改变"最后一公里"服务模式

智能快递柜具有寄递方便、时间窗约束自由等优点，成为解决"最后一公里"寄递问题的重要手段。智能快递柜集结了数以百计的物联网设备元件：摄像头、RFID 扩展板、Bluetooth 扩展板、GPS、条码扫描器、打印机出口、刷卡区、投币器、扬声器等。这些物联网设备元件的准确配合保证了"低头下订单，抬头收快递"的实现。未来，随着物联网的技术发展，智能快递柜将加大布局，提高覆盖率，增大客户满意度，多样化盈利方式，最终改变"最后一公里"配送模式。

10.6 本章小结

本章首先介绍了各种数字化技术特点及其优劣势，在此基础上，准确分析技术间的融合应用效果；罗列了技术间的融合应用所催生的集成化系统，以及集成化系统在供应链流通活动中的具体渗透；探究了智慧供应链应用场景，在准确把握智慧供应链四大应用场景后，聚焦技术瓶颈，探寻解决方案；

建立智慧供应链生态体系，从技术要素、平台、业务体系、主体企业方面把握生态体系的建设目标和实施效果；展望了物联网在智慧供应链领域的应用。

参 考 文 献

[1] 王喜富. 区块链与智慧物流[M]. 北京：电子工业出版社，2020.

[2] 王喜富，崔忠付. 供应链信息平台[M]. 北京：中国财富出版社，2018.

[3] 赵大岿，李帆. 大数据和云计算在物联网中的应用[J]. 中国新通信，2020，22(4)：126.

[4] 木尼拉·吐尔洪. 大数据与物联网的关联与应用[J]. 集成电路应用，2020，37(3)：102-103.

[5] 张雪晨. 论大数据及其智能处理技术在物联网产业中的应用[J]. 电子世界，2020(13)：167-168.

[6] 申世安. 云计算在物联网中的应用研究[J]. 数字技术与应用，2020，38(6)：69-70.

[7] 杜兆芳. 物联网中云计算的特点与关键技术的应用探究[J]. 网络安全技术与应用，2020(2)：71-72.

[8] 杨荣康. 物联网技术与人工智能的结合与应用探索[J]. 信息通信，2020(1)：252-253.

[9] 李天慈，赖贞，陈立群，等.2020 年中国智能物联网（AIoT）白皮书[J]. 互联网经济，2020(3)：90-97.

[10] 王华明. 浅谈智能物联网技术[J]. 中国安防，2020(8)：29-34.

[11] 王睿. 大数据时代物联网技术的应用与发展[J]. 网络安全技术与应用，2021(4)：67-68.

[12] MAKAROV A. AI、物联网和 5G 先进技术的背后[J]. 服务外包，2021(Z1)：92-93.

[13] 余文科，程媛，李芳，等. 物联网技术发展分析与建议[J]. 物联网学报，2020，4(4)：105-109.

[14] 王红平. 物联网下智能物流供应链管理探究[J]. 中国市场，2021(7)：168-169.

[15] 陈增发. 基于物联网的智慧物流供应链优化探究[J]. 中小企业管理与科技（下旬刊），2020(12)：156-157.

[16] 吴浩楠，向永胜，沈心童，等. 数字化转型下供应链集成服务创新路径分析——以物产中大集团为例[J]. 中国经贸导刊(中)，2021(03)：140-141.

[17] 燕晨屹. 跨境供应链网络若干优化问题研究[D]. 北京：北京交通大学，2020.

反侵权盗版声明

　　电子工业出版社依法对本作品享有专有出版权。任何未经权利人书面许可，复制、销售或通过信息网络传播本作品的行为；歪曲、篡改、剽窃本作品的行为，均违反《中华人民共和国著作权法》，其行为人应承担相应的民事责任和行政责任，构成犯罪的，将被依法追究刑事责任。

　　为了维护市场秩序，保护权利人的合法权益，我社将依法查处和打击侵权盗版的单位和个人。欢迎社会各界人士积极举报侵权盗版行为，本社将奖励举报有功人员，并保证举报人的信息不被泄露。

举报电话：（010）88254396；（010）88258888

传　　真：（010）88254397

E-mail：　dbqq@phei.com.cn

通信地址：北京市万寿路173信箱
　　　　　电子工业出版社总编办公室

邮　　编：100036